马来西亚沐若水电站水库大坝

电站厂房

大坝泄洪

专家彭启友现场查勘

院士在施工现场

设计大师在施工现场

设计团队

现场专家会议

独立评审团现场技术
审查会议

大坝建基面开挖清理

坝段下游块建基面

基坑混凝土开浇

"圣石"保护

大坝廊道混凝土浇筑

大坝碾压混凝土浇筑养护

大坝台阶施工

厂房水轮机安装

国际大坝委员会第三届碾压混凝土坝
里程碑奖

中国电力优质工程奖

湖北省优秀工程勘察设计一等奖

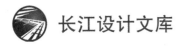

长江设计文库

国家大坝安全工程技术研究中心支撑项目

热带雨林巨型水库
设计关键技术

杨启贵　崔玉柱　刘晖　肖浩波　著

中国水利水电出版社

www.waterpub.com.cn

·北京·

内 容 提 要

本书对热带雨林巨型水库工程——马来西亚沐若水电站设计关键技术及相关资料进行了系统和全面的总结。全书共9章，内容包括：概述，水文气象，工程地质，枢纽布置及主要建筑物，碾压混凝土重力坝，泄水建筑物，引水发电系统，导流建筑物，机电及金属结构等。

本书可供从事国内外水电站工程建设的勘测、设计、施工、管理及科研人员使用，也可供大专院校相关专业师生参考学习。

图书在版编目（CIP）数据

热带雨林巨型水库设计关键技术 / 杨启贵等著. --
北京 ：中国水利水电出版社，2021.5
 ISBN 978-7-5170-9532-3

Ⅰ．①热… Ⅱ．①杨… Ⅲ．①水力发电站－工程设计
－马来西亚 Ⅳ．①TV753.38

中国版本图书馆CIP数据核字（2021）第064252号

书　　名	**热带雨林巨型水库设计关键技术** REDAI YULIN JUXING SHUIKU SHEJI GUANJIAN JISHU
作　　者	杨启贵　崔玉柱　刘晖　肖浩波　著
出版发行	中国水利水电出版社 （北京市海淀区玉渊潭南路1号D座　100038） 网址：www. waterpub. com. cn E - mail：sales@waterpub. com. cn 电话：（010）68367658（营销中心）
经　　售	北京科水图书销售中心（零售） 电话：（010）88383994、63202643、68545874 全国各地新华书店和相关出版物销售网点
排　　版	中国水利水电出版社微机排版中心
印　　刷	北京博图彩色印刷有限公司
规　　格	184mm×260mm　16开本　17印张　420千字　4插页
版　　次	2021年5月第1版　2021年5月第1次印刷
印　　数	0001—1000册
定　　价	**160.00元**

前言

马来西亚沐若水电站是首次采用中国规范建设的海外大型水电站EPC项目,是中国公司组团出海的成功典范,对中国技术标准向世界推广具有重要意义。该EPC项目业主为SEB(马来西亚砂捞越能源公司),由三峡技术经济发展有限公司牵头长江设计公司、中国水利水电第八工程局和中国机械设备进出口总公司,本着强强联合,优势互补,风险共担,利益共享的原则合作建设完成。其中,长江设计公司承担主体工程的勘察设计工作。

海外项目前期勘察工作深度浅、实物工作量少,EPC项目工期及资金限制紧,欧美专家不认可中国规范等因素都给设计工作带来很大困难。同时工程本身存在坝肩"圣石"保护、岩体软硬相间左右岸不对称条件下的大坝布置、高水头泄洪消能、高温多雨地区碾压混凝土施工温控等技术难题,对设计工作提出了很大挑战。建设各方通力合作,基于对工程风险的总体把控,同步开展设计、施工、勘探及科研工作,现场根据施工进展及开挖揭示对设计方案进行及时、动态调整,采用先进的孔内录像等勘探手段随时对可疑的不利地质情况进行甄别确认,通过现场设计、动态调整保证了项目进度。为控制工程费用不超出合同限额,现场根据具体地形地质条件,对每个坝段进行个性化设计,充分利用可以利用的岩体,减少开挖,控制投资。对于业主聘请的独立评审团对中国规范不熟悉不认可,设计人员耐心解释,认真沟通,对他们提出的好建议积极响应采纳,较好地结合了中西方技术中的优点。对于工程中的技术难题,设计人员开展了大量的研究,进行多方案比较论证,并请专家咨询把关,都得到了很好的解决。其中特别值得提出的是对坝肩"圣石"的保护和利用,不但很好地保留了这一当地人朝拜的圣物,还通过对其加固和利用节省了大坝混凝土量,做到了环境-人文-工程的和谐统一。设计工作获得了业主、独立评审团及建设各方的认可和好评。

2013年9月,沐若水电站下闸蓄水,经过多年运行,各主体建筑物运行状况良好,特别是大坝台阶溢洪道经历了长期超设计标准泄洪,经检查未出现任何损坏。工程设计、施工质量十分优良。

作为马来西亚砂捞越州样板工程，沐若水电站获得了众多荣誉。2013年5月，世界水电大会在砂捞越召开，沐若水电站作为马来西亚水电示范项目被指定为考察工程；2015年9月，获国际大坝委员会第三届碾压混凝土坝里程碑工程奖；2015年12月，荣获第三届武汉设计双年展"十大最有影响的设计工程"；2016年6月，荣获2016年度中国电力优质工程奖；2016年11月，荣获"境外工程鲁班奖"；2016年12月，荣获湖北省优秀工程设计一等奖。

本书对沐若水电站设计工作及相关资料进行了整理和总结，期望能给读者提供有用的信息，为海外水电站工程的勘测、设计工作提供参考。本书的出版，要感谢所有为设计工作做出贡献的单位和个人、为本书整理编辑提供帮助的单位和个人。

首先，要感谢以彭启友为代表的老一辈水利水电工程专家，他们的咨询把关保证了设计工作沿着正确的方向前进，不走弯路和少走弯路。郑守仁院士和徐麟祥大师也多次亲临工地现场指导设计工作。

其次，要感谢所有参建单位和建设人员，三峡技术经济发展有限公司、中国水利水电第八工程局、中国机械设备进出口总公司、福建隧道有限公司等，他们给设计工作提供了极大的支持和帮助。

另外，要感谢业主和独立评审团。在与独立评审团的交流、碰撞中，中西方文化和技术得到了很好的融合。他们的成员包括 Sadden Brian、Carlos Jaramillo、Brian Forbes 等都成了我们最好的朋友。

长江委网信中心的孙远、黎刚、罗伟伟等在资料收集、翻译、整理等方面做了大量工作，提供了很多帮助。

最后，要感谢的是以项目总工程师胡进华为代表的全体勘测、规划、设计和科研人员，本书的全部内容是他们辛勤、创新劳动成果和智慧的结晶。

书中尚有错误和不足之处，敬请同行专家和广大读者批评指正。

作者

2020年7月

目录

1 概述

1.1 工程概况

沐若水电站位于马来西亚砂捞越州拉让河源头沐若河上，为拉让河流域第一梯级，距下一梯级巴贡水电站约 70km，距民都鲁市约 200km，电站地理位置见图 1.1.1。坝址属热带雨林地区，植被茂密，人迹稀少；坝址控制流域面积约为 2750km²。

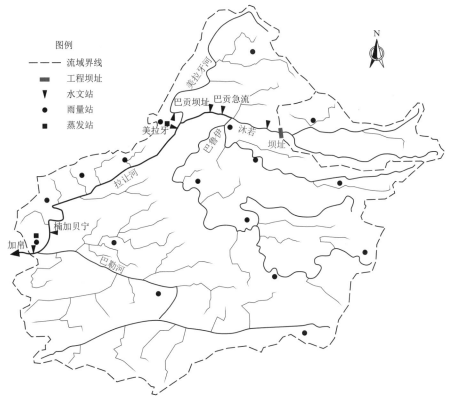

图 1.1.1 沐若水电站地理位置

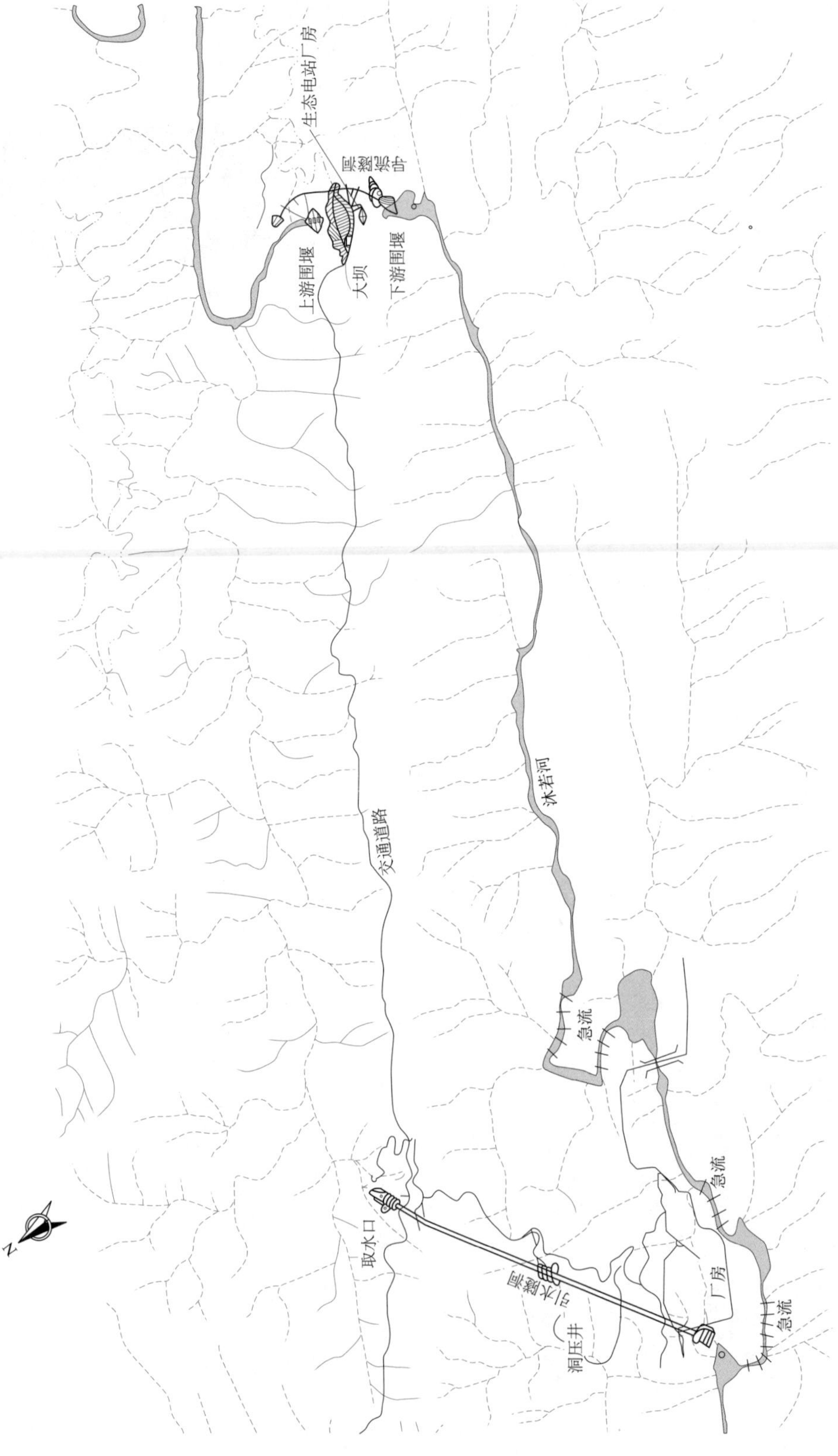

图 1.1.2　沐若水电站枢纽总平面布置图

生态电站厂房

溢流坝

上游围堰

大坝

下游围堰

交通道路

沐若河

急流

急流

取水口

引水隧洞

调压井

厂房

急流

N

　　沐若水电站装机容量 944MW，水库正常蓄水位 540.00m，相应库容 120.43 亿 m³，死水位 515m，调节库容 54.75 亿 m³，设计洪水位 541.91m，校核洪水位 542.46m，PMF 洪水位 545.79m，相应库容 139.69 亿 m³。

　　沐若水电站由碾压混凝土重力坝、坝身无闸控泄洪表孔、坝后生态电站以及右岸进水口、引水隧洞、地面厂房等建筑物组成。右岸进水口与坝址直线距离约 7km，引水隧洞长约 2.7km，厂房位于大坝下游约 12km（沿河道的距离）。本工程采用河床一次性断流、隧洞泄流、围堰全年挡水的导流方案。沐若水电站枢纽总平面布置见图 1.1.2。

　　沐若水电站于 2008 年 10 月开工，2015 年 5 月竣工交付使用，自 2014 年 11 月 26 日蓄至正常水位以来，大坝挡、泄水建筑物和引水发电建筑物运行良好。

　　沐若水电站由三峡技术经济发展有限公司牵头 EPC 总承包，长江设计公司为 EPC 合同设计方。2013 年 5 月，世界水电大会在砂捞越州召开，沐若水电站作为马来西亚水电示范项目被指定为考察工程。2015 年 9 月，沐若水电站获国际大坝委员会第三届碾压混凝土坝里程碑工程奖。2015 年 12 月，沐若水电站荣获第三届武汉设计双年展"十大最有影响的设计工程"。2016 年 6 月，沐若水电站荣获 2016 年度中国电力优质工程奖。

1.2　规划设计

　　马来西亚砂捞越州雨量充沛且分布均匀，境内适合修坝建库，水电开发潜力大。1962 年，澳大利亚雪山公司对砂捞越州水电蕴藏量进行了全面考察。1979 年，砂捞越能源公司对全州电力开发进行了总体规划，德国和瑞士公司组成的 SAMA 联合体提交了《电力系统开发总体规划报告》，沐若水电站是规划的 4 个最佳水电项目之一，装机容量 992MW。

　　1993 年，瑞士苏黎世 Electrowatt 工程服务公司对沐若水电站进行了可行性研究，并于 1994 年编制完成《沐若水电项目工程可行性研究报告》。报告确定水库库容 120 亿 m³，装机容量 900MW（4×225MW），年发电量 56.8 亿 kW·h，采用混合式开发方案，主要建筑物包括：141m 高混凝土面板堆石坝、无闸控斜槽溢洪道、1 条泄水洞和生态流量放水管，电站进水口，引水隧洞、调压井、斜井和压力钢管，大坝与电站相距 7.5km。

　　2007 年 8 月，马来西亚砂捞越能源公司委托三峡技术经济发展有限公司对沐若水电项目进行技术咨询。受三峡技术经济发展有限公司委托，长江设计公司开展了技术建议书编制工作。通过对可行性研究报告提供的水文、气象、地质等基础资料以及设计方案进行分析，技术建议书对坝型选择、导流建筑物、引水隧洞和厂房布置、装机容量及机组安装高程、施工规划等方面进行了系统的研究论证，对可研报告提出多项重大变更设计，主要包括：①坝型由面板堆石坝改为碾压混凝土重力坝；②泄洪方式由普通溢洪道挑流消能改为坝身台阶式溢洪道衔接挑流消能；③利用生态流量增设生态电站；④将引水隧洞的斜井调整为竖井；⑤装机高程由 210m 抬高至 218m；⑥电站装机容量由 900MW（4×225MW）增大到 944MW（4×236MW）；⑦主变压器由单相调整为三相。2007 年 11 月，长江设计公司完成技术建议书。

　　2008 年 10 月，三峡技术经济发展有限公司与砂捞越能源公司签订 EPC 承包合同。

长江设计公司为 EPC 合同设计方，承担各主要建筑物土建、机电、金结及导流隧洞设计工作。施工组织及围堰设计由 EPC 合同施工方——中国水利水电第八工程局承担。根据合同规定，设计采用中国规范，其中压力容器、消防等设计同时需要满足当地强制性要求及标准。设计分为初步设计、详细设计和施工详图设计 3 个阶段。长江设计公司在对水文、地质等基础资料进行必要复核和补充的基础上，进一步对技术建议书的枢纽建筑物布置进行了研究，将坝轴线由直线调整为弧线，以充分利用第 10 段巨厚层砂岩，增大坝体整体性，并确定了保护"圣石"的布置方案。

2015 年 5 月，沐若水电站工程竣工，长江设计公司完成全部设计工作，成功解决了高水头泄洪消能、复杂地质条件下的大坝布置、碾压层面防渗、复杂基础上大坝稳定、多雨地区碾压混凝土施工、高石粉含量岩体利用等诸多难题，部分技术已达世界领先水平；巧妙地运用工程措施对"圣石"加以利用和保护，在坝后建设生态厂房利用下泄生态流量发电，同时可为移民村供电，做到了工程与人文景观、生态环境的有机结合。沐若水电站是首次采用中国规范进行设计的国外大型水电站 EPC 项目，对中国技术标准向世界推广具有重要意义。

1.3 工程主要特点及难点

沐若河流域属热带雨林气候，最低温度 18℃，年平均气温 26.5℃，季节性温度变化不大；相对湿度全年都比较高，平均在 86% 以上；流域降雨呈微弱季节性，年降雨量 4456mm，年径流雨量 2777mm，年蒸发量 1607mm。沐若水电站坝址集水面积 2750km²，多年平均流量 242m³/s，平均年径流量 76.37 亿 m³，径流年内差别不大。坝址最大可能洪水为 16000m³/s，10000 年一遇洪水为 8100m³/s，5000 年、1000 年、100 年一遇洪水洪峰流量分别为 7040³/s、5050³/s、3670m³/s；沐若坝址年泥沙沉积量为 $4.9×10^6$ m³。

沐若水电站位于巽他大陆架西部边缘，坝址周围 400km 范围内未见发生大地震的主要构造特征。工程区最大可能地震强度（MCE）为 5.5 级，地震动峰值加速度（PGA）大约为 0.1g。

沐若水电站地处深山雨林的土著地区，环境敏感，交通不便，运行管理人才缺乏，设计原则以人为本，提高工程的安全性和运行的自动化程度。

沐若水电站装机容量 944MW，正常蓄水位库容 120 亿 m³，工程总投资 66 亿元，合同工期 67 个月（2008 年 10 月 1 日至 2014 年 4 月 30 日），是马来西亚第二大水电项目，也是砂捞越政府有史以来第一个由自己组织兴建的水电站。

1.3.1 主要特点

（1）大坝为碾压混凝土重力坝，最大坝高 146m，是马来西亚最高的混凝土坝。

（2）大坝自 2011 年 1 月底开浇碾压混凝土，2013 年年底全线到顶，浇筑混凝土总量近 166 万 m³，施工高峰月浇筑强度达到 12 万 m³，高峰年超过 110 万 m³，是马来西亚施工进度最快的大型水电项目。

（3）电站为引水式，引水隧洞长 2.7km，额定发电水头 300m，是马来西亚发电水头最高的大型电站。

（4）大坝坝身设生态放水孔，向大坝与电站厂房之间12km长的河道泄放生态流量，并在坝后设生态电站利用生态流量发电，在保护生态环境的同时，充分开发利用水资源。

（5）全面采用中国规范作为设计标准，并在项目实施过程中得到了由西方发达国家技术人员组成的独立评审团的认同，为中国规范走向世界迈出了有力的步伐。

1.3.2 主要难点

· 沐若水电站设计中存在以下主要难点：

（1）人文自然环境协调融合的枢纽布置。大坝所在河段两岸谷坡大体对称，岩层走向与河谷近正交，为横向谷。坝轴线处两岸杂砂岩山脊，被斜穿河床断层在顺河流方向错开约40m。河床高程约418m，谷底宽30～60m。山脊硬岩处岸坡陡立，左岸坡度43°，右岸坡度55°；其余地段山坡较缓，左岸坡度为20°～25°，右岸坡度为25°～30°。

坝址河谷狭窄，两岸硬岩错位，坝址右岸为当地土著居民朝拜的"圣石"，必须加以保护，大坝布置难度大。

（2）软硬相间坝基处理。坝区基岩属于早第三纪始新世滨海相地层，为第三系贝拉加（Belaga）组的Pelagus段，岩层陡倾，由老至新（上游至下游）划分为16个亚段。大坝基岩软硬相间，主要为第10亚段厚层砂岩，部分为第9亚段与第11亚段砂、页岩互层岩体。坝基岩体软硬相间，对大坝受力和变形不利。地质构造主要包括褶皱、断层、层间剪切带及裂隙，没有区域性大断裂通过。坝区褶皱强烈；顺软弱岩层剪切破坏明显，泥化强烈；裂隙较为发育，倾向河流上游或下游，坝基抗滑稳定问题突出。

（3）碾压混凝土坝坝体防渗。大坝采用碾压混凝土，工期紧，受热带高温多雨气候影响大，EPC合同对经济性要求高，大坝防渗体设计难度大。

（4）高水头消能。坝址所在河谷狭窄，纵坡较陡，坝后地质条件较差。大坝最大高度146m，泄洪水头达130m以上，泄洪消能设计难度大。

（5）单薄山体软弱狭小空间下大型调压井布置及结构设计。引水发电系统沿线岩层陡倾，总体走向290°～310°。地层主要为砂岩、页岩及砂页岩互层。引水隧洞与岩层大角度相交，有利于开挖洞室稳定；但洞室围岩以Ⅲ类、Ⅳ类为主，裂隙及地下水发育，对稳定不利。进水口、调压井及厂房后边坡主要为逆向坡，与岩层交角较小或近平行，岩层主要为砂页岩互层，边坡岩体风化较严重、风化深度大，其次地表径流及地下水丰富，因此边坡稳定问题突出。引水隧洞布置有两个直径28m、深度75m的调压井，调压井所处位置山体单薄，布置场地狭小，岩体为砂页岩互层、风化深厚，地下水丰富，调压井布置难度大，围岩稳定问题突出。

（6）高温多雨条件下碾压混凝土温控。沐若水电站属热带雨林气候，全年均为高温多雨天气，高温多雨环境对碾压混凝土温控、连续施工和层间结合等均有非常不利的影响。

1.4 建设管理

2006年8月至2007年5月，马来西亚砂捞越能源公司先后3次来中国长江三峡集团公司进行考察和技术交流。中国长江三峡集团公司在"风险可控、密切合作、互利共赢"的工作方针指导下，积极组织长江设计公司、中国水利水电第八工程局和中国机械设备进出口总公司组成沐若考察组，开展沐若水电站项目前期调研。

沐若考察组全面考察了项目建设背景、社会环境和建设条件，并收集了巴贡项目的相关资料，认为承担沐若项目的有利因素在于：①有国家的鼓励政策作支撑；②中国长江三峡集团公司具备丰富的工程建设管理经验；③巴贡项目的经验和教训可资借鉴；④可以利用中方在马来西亚的施工队伍和设备；⑤马来西亚稳定的政治和经济环境以及良好的中马关系；⑥现场具备初期施工的对外交通条件；⑦当地有较为完备的设备租赁市场及项目分包商。不利因素在于：①中国长江三峡集团公司缺少海外工程管理经验；②承担大型水电项目建设存在较大地质风险；③水文和气象资料匮乏；④当地物价波动较大；⑤设计变化可能较多；⑥涉外项目的劳务管理问题。根据有利因素与不利因素分析得出的总体结论为：有利因素充分，不利因素风险可控，中国长江三峡集团公司成立沐若项目筹备组开展工作。2007年8月11日，中国长江三峡集团公司与砂捞越能源公司签订备忘录，同年11月15日提交了技术建议书，2008年1月提交了商务建议书。

2008年3月，马来西亚砂捞越能源公司重新组织招标；2008年7月31日，砂捞越州内阁一致同意中国长江三峡集团公司中标；2008年8月11日，中国长江三峡集团公司收到授标函；2008年10月19日，双方签订EPC总承包合同。

1.4.1 合作模式

中国长江三峡集团公司委托三峡技术经济发展有限公司承担此项目。2008年1月15日，三峡技术经济发展有限公司与长江设计公司、中国水利水电第八工程局和中国机械设备进出口总公司签署了《关于马来西亚沐若水电工程的项目建设管理与实施协议》，明确了各方权利、义务和责任。

合作方以简化管理关系为指导，创新管理机制，各方派出代表成立管理委员会，每年召开一次会议，解决沐若工程建设管理中出现的重大问题。同时实施动态管理，合作各方承诺不扯皮、不内耗，合作方之间相互不索赔，以诚相待，及时沟通并解决问题，为工程建设创造了良好的施工氛围。与此同时，以调动各方的积极性为前提创新利益平衡机制，在投标阶段充分考虑各方的投入和利益诉求，并进行合理平衡。在合同实施阶段，以工程建设为中心，公平合理地处理各种商务问题。

1.4.2 亮点及特色

（1）技术领先，商务保障。中国长江三峡集团公司介入沐若水电站工程项目最早是从技术咨询做起的，由此建立起合作共赢的第一块基石。2007年，经过半年的精心准备与方案对比，沐若项目筹备团队利用以往的经验和先进的技术对可行性研究报告提出了多项修改建议，如将混凝土面板堆石坝改成碾压混凝土重力坝，这一方案的调整使原计划需要7.5年的建设工期缩短到5年，能够为砂捞越能源公司带来超过100亿 kW·h 的发电效益。其他调整方案具体技术指标详见表1.4.1。

表 1.4.1 沐若水电站工程原方案和建议方案技术指标对比表

项 目	原 方 案	建 议 方 案
大坝	面板堆石坝	碾压混凝土坝
导流工程	50 年一遇标准，洞径 11.5m	30 年一遇标准，洞径 10.5m
引水隧洞	下平洞 39% 为斜井	13% 斜井 + 7% 竖井
厂房进水口	安装高程 210m，进水口高程 493m	安装高程 218m，进水口高程 496m
主变压器	单相	三相
生态机组	无	有
泄水底孔	有	无

经与业主谈判，三峡技术经济发展有限公司在沐若项目上取得了合理的 EPC 合同商务条件，主要包括：同意采用中国设计和施工标准，主要材料（水泥、粉煤灰、钢筋、油料和炸药等）调整价差，地质风险采取暂定价方式，采用人民币和马币报价。另外，业主的资金筹措到位，工程预付款和进度款足额及时支付到位。合同执行中，在合同边界条件更加明朗的情况下，按照业主的要求对合同所有商务问题进行梳理和友好协商，签订了EPC 补充协议；这些条件和做法对保证工程进展和化解风险起到了关键作用。

（2）专家把关，少走弯路。沐若工程从开工起就成立了沐若工程管理委员会领导下的专家委员会，专家委员会由合作各方（中国长江三峡集团公司、长江设计公司和中国水利水电第八工程局）的资深专家组成，负责解决沐若工程建设中遇到的重大技术问题。工程建设期间先后召开 7 次专家研讨会，研究解决了大坝、厂房、进水口、引水系统和调压井建设中遇到的所有重大技术问题，并通过连续跟踪、逐步深化的方式，使问题的解决具有连贯性，也充分调动专家对项目的感情投入和责任心。实践证明，历次专家会形成的意见是正确的，符合沐若工程实际，避免工程建设走弯路。

此外，马来西亚砂捞越能源公司邀请国际著名的水电专家组成独立评审团，连续跟踪评价工程建设。工程建设期间，独立评审团 11 次到工地检查，通过不同的考察方式对工程建设提出了一些好的建议，并为业主所采纳。每次评审实际上是不同技术标准、不同文化和习惯做法的碰撞与交流，通过充分交流沟通，逐步加深理解，认识趋向一致，独立评审团所提出的问题也逐渐减少，肯定性评价持续增高。

（3）诚信为本，质量第一。在前期争取"设计、采购、施工"总承包合同的过程中，三峡工程的品牌影响力以及整个项目团队的努力，为顺利承揽项目奠定了一个很好的信誉基础，赢得了业主的信任。在工程建设过程中，信守承诺，严格按合同要求办事，执行中国规范。始终坚持诚信为本、质量第一的理念，建立了以 EPC 总承包商自律为主，接受外部和内部专家检查指导，接受业主见证的质量控制体系，通过中西方文化、习惯、技术的冲突与交融，形成了沐若工程的质量文化。

为确保质量，整个项目团队立足长远，把质量、品牌、信誉优先放在了第一位。例如，在水轮发电机组采购招标时，经过模型对比试验，在总报价范围内选择了比平均报价高出几千万元的厂商中标。为了确保压力钢管岔管焊接质量，投入的保质措施费用也高达千万元之巨。又如，在大坝防渗区和非防渗区取芯长度达 18m 和 20m，压水试验满足规范要求。芯样检测情况表明，层间结合密实，试验结果合格。大坝预制廊道尺寸精准、表面平整、轮廓顺直、整齐美观。固结灌浆和帷幕灌浆的压水试验均满足合同要求，且大部分小于 1Lu（规范要求 3Lu）。压力钢管的中心线误差控制在 15mm 以内（规范要求 25mm），焊接一次合格率平均为 99.37%；厂房尾水基坑进水一年多，一直保持 14m 多的水位差而未发生渗漏现象。除此之外，我们对出现的质量问题和缺陷从不回避，认真处理，不留隐患，从而赢得了业主的充分肯定与赞扬。

（4）重视差异，相互融合。在进度管理、技术要求、设备监管、图纸控制和灌浆方法等方面，中外差异表现得尤为明显。在工程开工的一年多时间里，由于这些认识上的差异，导致工作上非常被动。例如，提交的进度计划、图纸和技术要求得不到业主批准，设备验收很难通过，灌浆方法达不成一致而停工整改等，针对存在的问题，我们认真听取业主的意见，分析存在的差距，有针对性地落实整改措施。又如，在进度管理上，中方建设管理人员起初都是兼职做进度计划，对专业软件的应用不熟悉，S 曲线绘制不能满足要求。业主认为我方所做的进度计划是静态的，不能根据现场变化及时更新，现场施工与计划脱节。因此，2011 年成立了进度管控中心，配备并升级了专业进度软件，培训了进度管控人员，经与业主相关人员反复沟通，最终满足了业主的要求。

在工程管理方面，中马双方存在文化思维和管理理念上的差异。可以简要概括为以下方面：①进度管理，中方主要采取经验、静态与灵活的做法，而马方则注重遵循依据、执行动态、严格管理的方法；②技术要求，中方一般考虑通用性和专家导向，管理分散；马方则强调专用性，以工程师为导向，集中管理；③设备监管，中方重结果、重经验、重监造，马方则重过程、重计算和重文件对照；④图纸控制，中方审批环节少、重经验，以规范为导向，马方审批环节多，重计算，按设总导向控制。

再如，根据国内有关灌浆规范的要求，采用由稀变浓的原则选用多级水灰比进行灌注，以便对各类不同的裂隙进行有效填充，但马方认为操作复杂，质量不易控制，灌浆量大，并对灌后的强度存在疑虑。而马方所接触的是西方规范，认为灌浆应该采用单一水灰比的浓浆，既操作简单、经济，且强度高，但中方认为水灰比过大，浆液淅水沉淀后裂隙仍会留下较大空洞，不能保证灌浆质量。如何既保证灌浆质量满足设计要求，同时又让双方接受认可，这便需要经过现场试验，以试验结果来说话。因此，在沐若工程中无论是在固结灌浆还是帷幕灌浆水灰比的选用上，都进行了大量的现场生产性试验和室内浆液试验，试验均有外方现场工程师见证。经过试验，发现完全按照中国规范可以满足要求但变浆次数太多，操作复杂，不是最好方案，完全按照外方的要求压水试验不合格。最终采取经试验确定的方法，即采用 1.5：1、1：1、0.5：1 三级水灰比进行固结和帷幕灌浆施工，不仅使灌后压水检查透水率全部满足设计要求，而且通过孔内录像也发现基岩裂隙均见水泥填充，检查孔芯样水泥结石充填饱满密实，强度较高，灌后物探测试声波值较灌前有较大提高，得到了双方共同认可。

（5）狠抓安全，注重环保。按照国内通行的做法，在马来西亚开展沐若工程安全和环保工作有一定作用，但也遇到很多麻烦，收到很多附署不合格项的整改通知，以致一段时间的工作处于被动状态。工程开工，首当其冲的是安全和环保规划，必须聘请有资质的咨询公司进行编制。其次是必须聘请当地有资质的安全官和环境官与当地的安全和环保部门对口衔接,同时也通过他们向中方人员普及当地的安全和环境管理法律法规知识。因此,按照杜绝"硬伤"、消除"内伤"的思路开展安全环保工作,所谓"硬伤"就是法律法规上的不符合项,"内伤"就是内部管理的缺陷。一方面,充分发挥安全官和环境官的作用,主动邀请当地安全和环保部门到工地检查、指导和交流,对不符合项及时整改;另一方面,要求中方安全环保人员转换角色、转变观念,逐步适应当地的要求与习惯做法。

(6)工程、生态与文化和谐融合。在设计和施工过程中,尊重和保护当地文化是沐若工程建设始终坚持的理念。沐若大坝右坝肩为一巨大陡峭岩体,这一山体又被当地居民称为"圣石",对其利用还是挖除成为争论的焦点,挖除不会被当地人接受,同时也会增加工程量,不挖除又担心岩体稳定对大坝施工和长期运行产生影响。因此,围绕"圣石"开展了进一步的勘探工作,并组织专家进行专题论证,通过调整坝线、加固"圣石"等一系列措施,不仅保住了"圣石",而且使"圣石"与大坝和谐地融为一体,成为沐若大坝一道独特的风景线,受到了当地社会各界的大力赞扬,成为工程、自然与文化和谐融合的范例。

沐若工程采用引水式电站布置方式,工程蓄水后大坝下游到厂房约12km河段将干涸,会对生态产生一定影响。因此,在大坝设计上布置了生态流量闸孔,确保大坝下游河道保持一定流量,同时又利用生态流量闸孔布置了生态小电站,为业主提供了额外的电力。

考虑到沐若工地上的施工人员来自多个不同的国家,他们的宗教信仰、风俗习惯、生活方式,以及价值观念、文化差异各不相同,加之沐若工程所在地砂捞越地区是一个多种文化交汇地区,因此,三峡技术经济发展有限公司沐若项目公司出资在工程所在地专门修建了基督教堂、清真寺及穆斯林餐厅,组织员工为当地灾民捐款等,很好地履行了社会责任,受到了广泛赞誉。

2 水文气象

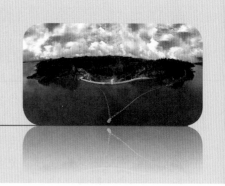

2.1 概况

2.1.1 流域概况

沐若水电工程地处马来西亚婆罗洲岛的砂捞越州，坝址位于拉让河流域源头沐若河上，地理坐标为东经114°5′、北纬2°30′。沐若河的两条主要支流丹依河和普列让河汇合后形成沐若河，沐若河继续向西，在隆沐若附近巴贡急流的上游汇入巴鲁伊河，在汇合处，流域面积已超过14000km²，汇合后的河流称为巴当拉让河；再向下汇合美拉牙河后称为拉让河，河流展宽，向西南弯，沿途汇入加帛河和巴勒河，继续向西流过约190km后，汇入南中国海。

拉让河流域约占砂捞越州面积的一半。部分地区森林茂密，尤其是上游，人迹稀少。沿拉让河虽建立了许多水文站和气象站，但这些测站的数据长度和数据质量不尽相同，整个地区的水文资料有限。

沐若坝址控制流域面积约为2750km²，坝址处水面海拔高程约为410m，流域内山脉最高海拔高程约为2000m。

尽管地形相对平缓，但流域几乎全部为原始雨林覆盖，径流对降雨的快速响应是沐若河径流的主要特点。

2.1.2 气候

砂捞越属于热带季风气候，最低温度18℃，年平均温度26.5℃，最干旱的月份平均降雨量至少60mm。月平均降雨量表明砂捞越地区降水的季节性差别不大。东北季风是雨季的主要天气系统，虽然在旱季雨量较小，但西南季风也带来降雨。季节性温度变化不大，而相对湿度全年都比较高。

工程所在地区可获得的最有代表性的气候数据见表2.1.1。

表 2.1.1　　　　　　　　　流 域 气 候 特 征 值 表

月　份		1	2	3	4	5	6	7	8	9	10	11	12	全年
降水 /mm	平均	368	320	365	365	285	228	215	256	307	332	322	381	3681
	最大	613	737	694	694	516	400	444	625	660	520	584	874	4633
	最小	160	95	160	158	113	62	74	72	111	164	137	196	2938
气温 /℃	平均	25.8	26.0	26.5	26.9	27.1	26.9	26.6	26.6	26.5	26.5	26.2	26.1	26.5
	最大	29.4	29.5	30.3	31.1	31.5	31.5	31.3	31.4	31.0	30.8	30.6	30.2	30.7
	最小	23.0	23.1	23.4	23.6	23.7	23.4	23.1	23.1	23.1	23.2	23.1	23.1	23.2
湿度/%	24h平均	88.1	87.7	87.2	86.8	86.2	85.5	85.7	85.7	85.9	86.6	87.1	87.8	86.7
降水>10mm 天数/d		12	10	11	9	8	8	6	9	9	11	11	14	118
日照时数/(h/d)		5.1	5.2	5.7	6.5	6.7	6.6	6.4	6.0	5.8	5.3	5.5	5.3	5.8
最大风速/(m/s)		3.5	3.6	3.4	3.1	2.9	2.9	2.9	3.0	3.0	3.0	2.8	2.9	3.1
蒸发/mm		121	115	131	132	132	132	136	130	130	41	26	131	1607

注　降水为加帛气象站 1948—1990 年观测资料；降水天数为加帛气象站 1962—1972 年观测资料；蒸发为加帛气象站 1963—1991 年观测资料；气温、湿度为民都鲁气象站 1968—1985 年观测资料；日照时数为民都鲁气象站 1966—1979 年观测资料；最大风速为民都鲁气象站 1968—1992 年观测资料。

2.2　水文资料来源

1994 年瑞士苏黎世 Electrowatt 工程服务公司编制的《沐若水电工程可行性研究报告》所用水文资料主要来源于灌溉和排水部（DID）以及马来西亚气象局（MMS）。

（1）灌溉和排水部。负责建立大多数水文和气象站，配备水尺和自动水位记录仪（浮筒式和压力式），并对这些测站的流量进行测验，收集记录仪器的图表，对泥沙采样进行现场指导。同时，灌溉和排水部也对气候和常规的雨量站进行管理。在某些情况下测量风速、温度和其他数据。通过每年出版的《砂捞越水文年鉴》公布收集的数据，包括日降雨量、河流和蒸发量等。

（2）马来西亚气象局。管理的大多数气象站位于飞机场附近，进行雨量、温度、气压、相对湿度、风速、日照时间等的观测，主要服务于航空目的。马来西亚气象局在其编制的《气象观测月报》中发布数据。

马来西亚砂捞越州能源公司提供的《沐若水电项目径流和水能修正报告》中的水文资料主要来源于灌溉和排水部以及坝址下游巴贡水电项目发展公司，其中《砂捞越水文年鉴》延长至 2001 年。

2.3　水文站网

2.3.1　雨量站网

尽管沐若流域附近地区有许多雨量站，但只有隆卢尔雨量站位于沐若流域中，而且大多数雨量站的资料不全，所有资料系列均有不同程度的中断，只有 1981—1988 年的数据资料齐全。

在坝址下游约 20km 处的塞里库设有一个雨量站，该站建立于 1991 年。但在工作一段时间后废弃，1993 年 4 月起移交给塞里库伐木营地。

2.3.2 水文站网

在工程工地下游约 20km 处的塞里库伐木场设有一个水文站（沐若 17 号），但是由于观测中断，仅有从 1991 年 8 月至 1993 年 11 月间不连续的 480d 的记录。

为了分析计算长系列河道流量序列，基于各水文站的布设与工程所在流域的关系，考虑各水文站控制流域面积的大小和水文站可用水文资料的情况，确定了两组设计依据水文站，各水文站点分组情况如表 2.3.1 所示。

表 2.3.1   主要依据水文站分组情况表

分　　组	水文站名称	所在河流	流域面积/km²
第一组	楠加梅达米达	林梦河	2400
	隆特拉旺	都道河	3210
	隆积根	廷牙河	2485
	隆匹拉	巴兰河	9285
	利奥马都	巴兰河	2687
第二组	塞里库（沐若 17 号）	沐若河	3035
	巴贡 DMS	拉让河	14760
	巴贡急流	拉让河	14750
	巴贡营地	拉让河	14750
	美拉牙	拉让河	18190
	楠加贝宁	拉让河	21192
	加帛	拉让河	33932

通过对表中各站月径流进行交叉相关性分析，发现第一组各水文站之间的相关性不大，而第二组各水文站之间的相关性很好，因此选取第二组中的各水文站作为研究的主要依据站。

2.4　降雨及可能最大降水分析

2.4.1　年降雨量分布

拉让河流域年降雨量等值线如图 2.4.1 所示，从图中可以看出，沿海地区和山脉的迎风面降雨量较大（超过 5000mm），而流域内陆地区降雨量较小（低至 3400mm）。受地形与水文站网布设的限制，对与加里曼丹接壤的山区降雨量知之甚少，但是隆卢尔、楠加恩他瓦乌和隆辛吉它等站降雨量表明，子流域的上游降雨量相对较高，在制绘降雨量等值线图时对此加以考虑。根据图 2.4.1，可查算得到沐若流域的年平均降雨量约为 4456mm。

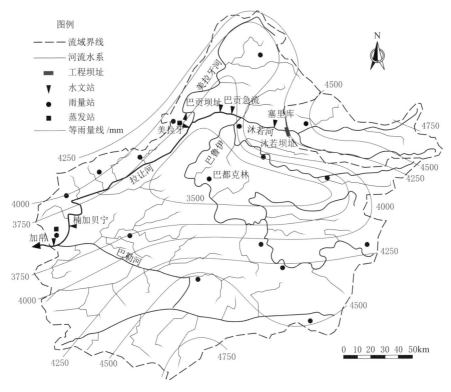

图例
- - - 流域界线
—— 河流水系
■ 工程坝址
▼ 水文站
● 雨量站
■ 蒸发站
—— 等雨量线/mm

图 2.4.1　拉让河流域年降雨量等值线图

2.4.2　降水季节和长期变化趋势

（1）1994 年成果。降水的季节性变化趋势根据对加帛、美拉牙、隆利瑙、楠加恩他瓦乌、隆加威和隆卢尔等站的资料进行分析，结果表明：流域降水的雨季和旱季区分不明显。通常，7—9 月，降雨量较小，其余月份，降雨量较大。这种季节性变化出现两个高峰，一个在 12 月，另一个在 3 月与 4 月之间，这与热带辐合带的偏移有关，也与山区地形风向有关。对加帛和美拉牙站降水资料进行了 10 年滑动平均分析，分析结果见图 2.4.2，从图中可以看出：1955—1965 年和 1974—1978 年为干旱年，而 1970—1973 年和 1980—1984 年为丰水年。

（2）新增资料。根据新增加的降水资料，绘制隆利达姆站 1981—2006 年、美拉牙站 1981—2006 年以及美拉牙站 1948—2006 年多年平均降水年内分配如图 2.4.3 所示。从图 2.4.3 中可以看出，对于美拉牙站，其 1981—2006 年降水量年内分配接近于该站长系列（1948—2006 年）降水量年内分配。另外，邻近站塞里库、隆卢尔、隆利达姆等站的 1981—2006 年降水量年内分配同样接近于这些站的长系列降水量年内分配。

经过统计，美拉牙站 1949—1992 年多年平均降水量为 3552mm，隆利达姆站 1981—1992 年多年平均降水量为 3662mm，隆卢尔站 1981—1992 年多年平均降水量为 4583mm；根据新增加的资料统计，上述各站至 2006 年的多年平均降水量分别为 3533mm、3645mm、4610mm，与 1994 年成果相对误差分别为 −0.53%、−0.46%、0.59%，可见

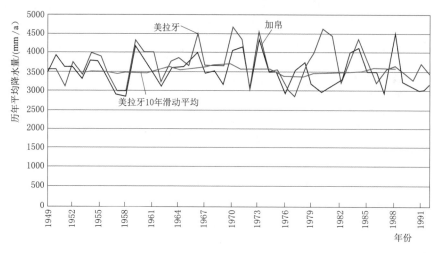

图 2.4.2 加帛和美拉牙雨量站历年平均降水量及滑动平均图

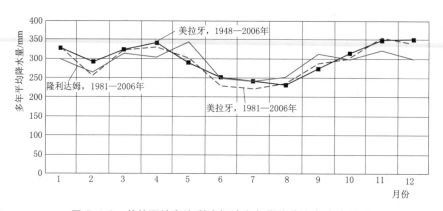

图 2.4.3 美拉牙站和隆利达姆站多年平均降水年内分配图

各降水系列均比较稳定，没有明显增加或减少趋势，受全球气候变暖的影响不大。

2.4.3 当地降水频率和历时

沐若流域的降雨频率高，根据隆加威、楠加恩他瓦乌和加帛的资料估计了沐若流域不同降雨强度的天数和历时。从表 2.4.1 可见，流域发生降雨的频率大于 100d/a，其中大于 10mm/h 和 20mm/h 的平均降雨天数为 60d 和 25d。对于约 50% 的降雨，降雨历时超过 1h，25% 的降雨历时超过 2h。

表 2.4.1 当地降水频率和历时表

雨强 /(mm/h)	每年天数/(d/a)			降雨历时 /h	每年天数/(d/a)		
	低	中	高		低	中	高
>5	70	100	170	>1	30	70	140
>10	25	60	115	>2	10	35	95
>15	15	40	100	>1	10	30	110
>20	10	25	75	>2	5	15	55

2.4.4 可能最大降水

（1）主要暴雨的选择。在沐若流域选取了以下测站的 5 次暴雨记录：

1963 年 1 月 15—18 日：美里；

1963 年 1 月 26—28 日：古晋；

1971 年 1 月 8—10 日：古晋；

1971 年 2 月 6—9 日：民都鲁；

1976 年 1 月 11—13 日：古晋。

对 5 次暴雨进行了暴雨等雨量线图的分析。通过面积测量，对每个等雨量线进行了分析，结果表明：暴雨中心在美里附近的 1963 年 1 月 15—18 日的雨深，超过了所有其他暴雨的雨深，尤其是暴雨面积和历时。因此选取 1963 年 1 月 15—18 日暴雨作为典型暴雨，暴雨等值线如图 2.4.4 所示。

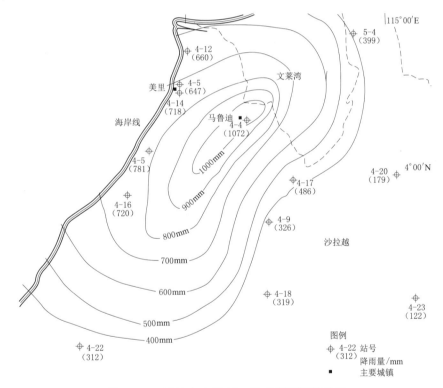

图 2.4.4　1963 年 1 月 15—18 日暴雨等值线图

雨量计的降水深以 6h 为统计时段，即最大 6h 降雨、最大 12h 降雨直到最大 72h 降雨，将这些值用其占暴雨总降雨量的百分比表示。然后，该百分比乘以在每个暴雨等雨量线中的暴雨深，并将结果绘制在半对数图表上，即为水深—面积—历时曲线。1963 年 1 月 15—18 日暴雨水深—面积—历时曲线见图 2.4.5。

（2）暴雨放大。选取大气湿度作为暴雨放大的指标，湿气越大，降雨量越大，估计大气湿度的方法是用地面露点代替难以得到的高空探测。基于大气湿度的放大系数相当于在暴雨的

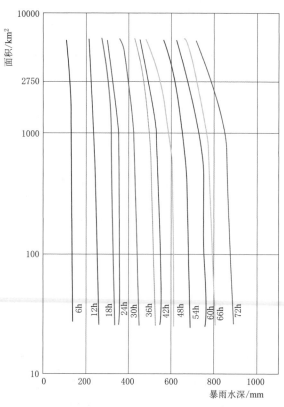

图 2.4.5　1963 年 1 月 15—18 日暴雨水深—
面积—历时曲线图

露点温度与在该位置记录的最大值之比。尤柳艾水电工程的可行性研究采用的放大系数如下：

暴雨露点温度为 23℃（1963 年 1 月暴雨），1 月极大露点温度为 27℃，放大系数为 1.41；巴贡水电工程的可行性研究采用的放大系数为 1.4。

（3）暴雨移植。暴雨移植考虑的变量有：至海岸的距离、平均高程、百年一遇最大 3d 和平均年降雨量等。经过综合分析，选取百年一遇最大 3d 降雨量作为移植指标：

区域Ⅰ——百年一遇最大 3d 降雨量为 464mm；区域Ⅱ——百年一遇最大 3d 降雨量为 301mm。

移植系数为 301/464＝0.65。

综合考虑湿气最大化和移植系数，得到一个综合的移植调整系数，即 1.41×0.65＝0.92 化整为 1.0。

从 5 次暴雨得到的最大 3d 降雨量为 790mm，化整为 800mm，将其作为沐若流域的地区平均值。

考虑可能最大降水代表了最不利的天气情况，因此设想了一种理想的暴雨分布：降雨的增量最初以降序安排，最高值位于暴雨历时的 2/3 处，其他时段雨量以 2∶1 的比例分布在最高值的两侧。这种雨形既能保证在开始时有大的雨量（对于水文演算方法）又能有适当的排列（对于单位过程线方法），最终将产生很高的洪峰流量。

2.5　径流

2.5.1　塞里库水文站径流分析计算

（1）塞里库水文站径流系列的插补。塞里库水文站的流量系列从 1991 年 8 月至 1993 年 11 月，共有 15 个完整月份的 594d 的日流量资料，其日平均流量为 268m³/s。

利用塞里库的日流量资料与塞里库及隆利达姆站（最接近于沐若上游流域的水文站）的日降雨量建立自相关模型，插补塞里库水文站缺测的径流资料。经统计，插补的径流系列均值为 264m³/s。对于塞里库水文站，利用插补的资料与实测资料共同组成了 21 个月的流量系列。

（2）巴贡径流修正。利用美拉牙站降水量与巴贡径流建立相关关系，对巴贡 1967—1981 年的年月径流进行了修正，修正后的径流系列统计值如下：

巴贡的长系列（1976—1992 年）多年平均流量为 1260m³/s；

巴贡的短系列（1982—1992 年）多年平均流量为 1286m³/s。

同样的，对美拉牙站 1981 年前的记录进行处理，得到修正的径流统计值如下：

美拉牙的长系列（1967—1992 年）多年平均流量为 1398m³/s；

美拉牙的短系列（1982—1992 年）多年平均流量为 1418m³/s。

（3）基于巴贡和美拉牙流量同期观测记录塞里库的河道流量。

1）日资料。与巴贡站建立相关关系：巴贡与塞里库的流量系列之间有 15 个月的同期观测（但不连续）日流量数据，选取与塞里库的日流量资料相对应的 218d 的日流量进行相关分析。

与美拉牙站建立相关关系：在塞里库的 22 个月不连续的日流量资料与美拉牙对应的日流量资料之间有 594d 同期观测的资料。

塞里库与巴贡和美拉牙的同期观测的日流量资料统计如表 2.5.1 所示。

表 2.5.1　　　　塞里库与巴贡和美拉牙的同期观测的日流量资料统计表

统　　计	同期观测的日流量的统计			
	塞里库	巴贡	塞里库	美拉牙
重合的日记录/d	218		594	
平均日流量 Q/(m³/s)	301	1453	267	1446
比率	0.207		0.185	
相关系数 R	0.398		0.569	
偏态	1.24	1.64	1.21	1.24
变化系数	0.74	0.49	0.81	0.67

将比值应用于巴贡和美拉牙的流量系列，得到塞里库的长期流量的估计值见表 2.5.2。

表 2.5.2　　　　　　　　塞里库长期流量表

统　　计	重合的日流量的统计			
	塞里库	巴贡	塞里库	美拉牙
1967—1992 年的长期流量（塞里库推断的）/(m³/s)	261	1260	259	1398
1982—1992 年的流量（塞里库推断的）/(m³/s)	266	1286	262	1418

综合考虑上述成果，对于塞里库的多年平均流量取 265m³/s。

2）月资料。与巴贡站建立相关关系：在巴贡和塞里库的记录之间，只有 9 个经插补的不连续的同期观测的月份。

与美拉牙站建立相关关系：塞里库和美拉牙之间可用的同期观测资料延长至 1993 年 11 月，总共有 21 个月有同期观测的月数据。其平均流量分别为 268m³/s 和 1467m³/s，相关系数为 0.64。

按照 0.183 的比率和正比关系，利用美拉牙的流量估计塞里库的月流量，得到 64 m³/s 的标准误差。用 60m³/s 的比例值将塞里库-美拉牙的标准误差移植到巴贡，并建立

以下关系式,可得到塞里库 26 年的径流系列:

$$Q_{塞里库}=0.207Q_{巴贡}+R×标准误差 \qquad (2.5.1)$$

2.5.2 沐若坝址径流系列

沐若坝址与塞里库之间的子流域面积约为 285km^2,小于整个塞里库流域面积的 10%,因此,降雨径流水平衡法可在沐若和巴贡之间线性内插。根据等雨量线,沐若坝址至塞里库区间的子流域平均降雨量约为 4100mm,损失为 1291mm,可知当地径流为 25.8m^3/s,从而计算得到沐若坝址的径流量约为塞里库径流量的 92.3%。

为了将巴贡和塞里库站的实测和插补的流量系列移植到沐若坝址,采取了以下方法:

方法 1——移植巴贡流量序列。将巴贡月流量系列按比值 0.207 从巴贡移植到塞里库,然后用降雨径流水平衡法从塞里库移植到沐若。

塞里库和巴贡的同期观测日流量系列:

巴贡平均流量 $Q=1260$m^3/s

巴贡到塞里库的移植系数 =0.207

塞里库到沐若坝址的移植系数 =0.923

沐若坝址平均流量 $=1260×0.207×0.923=241$m^3/s

方法 2——移植美拉牙流量序列。直接用降雨径流水平衡法从巴贡移植到沐若坝址。

基于塞里库和美拉牙的同期观测日流量系列:

美拉牙平均流量 $Q=1398$m^3/s

美拉牙到塞里库的移植系数 =0.185

从塞里库到沐若坝址的移植系数 =0.923

沐若坝址平均流量 $=1398×0.185×0.923=240$m^3/s

方法 3——移植塞里库站流量系列。采用降雨径流水平衡法直接从塞里库移植到沐若。

将塞里库站径流移植到坝址:

推断的塞里库平均流量 =265m^3/s

从塞里库到沐若坝址的移植系数 =0.923

沐若坝址平均流量 $=265×0.923=245$m^3/s

3 种方法推算的坝址流量相差不大,因此采用平均值 242m^3/s 作为沐若坝址的多年平均流量。

将巴贡站实测 26 年的月流量系列移植到沐若坝址,对于整个水库运行研究来讲,其序列长度仍然是不够的。因此,选择自回归模型,应用修正的 1967—1992 年巴贡的径流统计特性,生成若干 50 年的随机序列,并将这些随机生成的径流序列移植到沐若坝址,得到了 3 组沐若坝址的径流系列:

(1)巴贡站移植 1967—1992 年 26 年的实测资料;

(2)从巴贡站移植 10 个生成的 50 年随机序列;

(3)根据塞里库、美拉牙和巴贡同期观测的月流量记录的统计特性,生成并移植得到 1967—1992 年的序列。

　　3 组径流系列的月流量频率分布如图 2.5.1 所示，从图中可以看出 3 组成果是非常接近的。

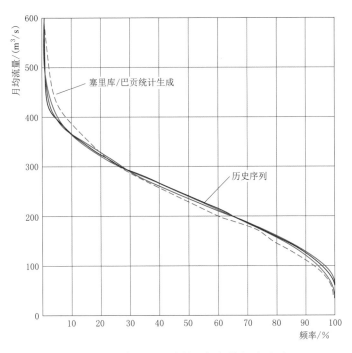

图 2.5.1　历史的、生成的和假想的径流系列图

2.5.3　径流成果合理性分析

　　（1）成果合理性分析。为了分析沐若坝址径流成果的合理性，采用马来西亚巴当艾水电工程的研究成果，进行径流合理性分析。巴当艾水电工程坝址控制流域面积为 1200km²，多年平均流量为 122m³/s，多年平均径流量约为 38.5 亿 m³，流域多年平均降水量为 4500mm，径流系数为 0.706；沐若坝址多年平均流量为 242m³/s，多年平均径流量 76.4 亿 m³，多年平均降水量为 4456mm，其径流系数为 0.65，与巴当艾水电工程相比是比较保守的，但是考虑到由于资料系列较短以及资料插补所带来的不确定性，沐若坝址的径流成果是基本合理的。

　　（2）成果复核。根据砂捞越能源公司提供的《沐若水电项目径流和水能修正报告》对沐若坝址径流系列进行了复核。

　　塞里库水文站一共有 594d 日流量资料（1991 年 8 月至 1993 年 12 月），其中包含 15 个完整月份的流量资料，应用这些资料在塞里库的流量和塞里库、隆利达姆水文站同期观测降水量之间构建一个自相关模型。

　　隆利达姆站有 1981—2006 年的降水资料，而塞里库站仅有 1995—2003 年的降水资料，两站同期观测资料很短，难以同时应用两站的资料来延长塞里库当前的流量，因此，采用隆利达姆站长系列降水资料来模拟沐若坝址的径流成果。

　　经分析，隆利达姆站的降水比美拉牙站的降水要大 7.3% 左右，据此对美拉牙站

1949—2006 年的降水资料进行调整，并近似作为隆利达姆的降水系列，采用相同的自相关模型计算得到塞里库站连续的流量系列，然后，将日流量资料转化为月流量资料，并根据坝址与塞里库站的流域面积比 2750/3030，将塞里库的径流系列缩放到沐若坝址，经计算，坝址多年平均流量为 236m³/s，复核成果比 1994 年得到的 242m³/s 偏小约 2.5%；复核结果见表 2.5.3。

表 2.5.3   沐若坝址径流复核结果表   单位：m³/s

年份	月 份												平均
	1	2	3	4	5	6	7	8	9	10	11	12	
1950	189	245	146	314	252	174	157	121	299	308	464	454	260
1951	282	462	244	220	176	83	97	127	93	229	392	269	223
1952	235	239	255	177	272	92	105	48	82	183	341	291	193
1953	228	191	243	111	123	178	141	51	64	280	171	182	164
1954	273	250	125	252	86	119	313	215	175	301	233	257	217
1955	280	249	314	141	158	232	183	64	83	368	221	237	211
1956	287	294	207	206	101	74	73	47	140	119	397	354	192
1957	335	280	228	286	141	143	180	299	187	317	282	176	238
1958	602	342	178	161	105	18	20	30	48	215	426	441	216
1959	292	211	176	248	228	378	220	156	127	185	360	336	243
1960	256	270	206	200	96	73	69	49	139	111	388	344	183
1961	249	263	158	273	169	149	80	59	128	396	313	282	210
1962	446	353	342	475	272	165	94	121	95	81	175	240	238
1963	474	643	548	239	129	180	186	169	88	162	171	345	278
1964	224	236	167	355	237	120	143	153	224	167	342	262	219
1965	153	106	385	429	512	291	114	78	130	262	377	354	266
1966	216	308	267	336	163	167	209	352	218	372	331	206	262
1967	469	367	369	263	494	272	85	45	254	187	275	232	276
1968	458	602	517	602	336	246	262	104	66	154	256	205	317
1969	170	98	159	117	89	73	145	115	128	287	354	265	167
1970	326	261	287	533	336	258	202	340	393	198	237	327	308
1971	374	498	266	137	109	147	108	374	483	224	332	567	301
1972	652	279	156	128	97	15	18	25	40	176	351	367	192
1973	306	105	229	655	428	358	141	129	224	312	414	353	304
1974	251	332	175	177	181	129	166	156	392	236	203	313	226
1975	210	80	93	119	82	195	235	193	368	436	378	292	223
1976	571	280	156	128	97	15	18	25	40	176	228	441	181
1977	348	378	586	501	319	333	122	119	80	189	260	304	295
1978	185	176	269	242	255	249	415	202	263	187	275	232	246

续表

年份	月 份												平均
	1	2	3	4	5	6	7	8	9	10	11	12	
1979	148	208	228	180	188	173	186	65	277	125	180	300	188
1980	343	167	169	256	154	117	55	233	137	115	146	139	169
1981	158	92	62	274	211	88	58	60	162	99	243	288	150
1982	422	333	221	236	242	165	94	121	68	130	181	256	206
1983	300	213	29	101	247	215	137	261	623	286	261	455	261
1984	468	468	455	399	649	485	270	176	171	327	180	227	356
1985	187	88	253	403	233	233	122	107	206	359	663	383	270
1986	408	268	323	561	303	199	81	75	102	129	332	127	243
1987	127	113	195	170	205	300	131	124	76	278	549	413	223
1988	424	304	288	151	262	88	177	336	489	244	320	281	280
1989	237	199	184	213	206	170	137	91	300	272	354	347	226
1990	283	190	205	197	189	87	70	110	105	302	322	361	202
1991	326	285	197	443	412	123	77	102	127	335	341	362	261
1992	212	213	116	98	174	281	280	152	145	330	326	593	243
1993	360	107	120	206	347	194	188	39	169	260	329	390	226
1994	260	264	356	377	235	141	105	98	48	77	260	242	205
1995	223	210	432	368	198	202	270	552	231	156	264	417	294
1996	348	556	317	244	143	204	271	84	226	266	320	298	273
1997	144	262	98	107	152	132	130	20	95	310	484	306	186
1998	132	69	86	184	146	94	246	369	453	344	340	311	231
1999	621	299	305	343	381	116	124	67	262	570	335	312	311
2000	427	345	218	297	143	172	103	137	159	426	517	295	270
2001	303	373	306	283	170	198	56	155	289	248	283	324	249
2002	229	269	359	356	250	189	62	77	148	104	212	265	210
2003	307	246	286	416	242	160	185	81	98	169	298	423	243
2004	403	191	199	267	229	110	81	84	277	246	296	367	229
2005	217	114	181	165	189	209	166	119	117	347	408	362	216
2006	390	280	176	422	316	143	48	78	122	88	112	259	203
平均	311	265	242	276	226	174	144	139	188	241	312	316	236

2.6　泥沙

对于水库泥沙采取以下步骤进行计算：

（1）流量输沙率曲线。流量输沙率曲线可通过泥沙采样得到的数据推导。在塞里库站，没有进行定期的泥沙采样，但是，在坝址下游的其他位置一直在进行泥沙采样。在巴鲁伊河上的巴贡 DMS 以及拉让河上的美拉牙和楠加贝宁可得到泥沙数据。将上述站点的泥沙数据点绘在一起，发现巴贡和楠加贝宁有相同的趋势，而美拉牙的含沙量较大且更加分散，经过分析，采用楠加贝宁和巴贡 DMS 的泥沙数据，推导出流量输沙率方程如下：

$$Q_s = 0.235 Q_w^{1.5209} \tag{2.6.1}$$

式中：Q_s 为输沙率，t/d；Q_w 为流量，m^3/s。

（2）流量历时曲线。坝址处的日流量历时曲线直接用塞里库（沐若 17 号）的日流量推得。

（3）输沙量计算。输沙量通过流量输沙率方程与日流量历时曲线来计算。对于每个流量间隔通过相应的输沙率乘以该间隔相应的径流量计算出输沙量，然后将输沙量增量积分，得到悬移质泥沙。在缺少有关推移质泥沙数据的情况下，采用悬移质的 20% 作为最不利的情况。整个流域的泥沙产量约为 0.21mm/a，其他研究的输沙率见表 2.6.1。

表 2.6.1　　　　　　　　　其他研究的输沙率表

位　　置	流域面积/km²	泥沙产量/(t/km²)	泥沙深度/(mm/a)
巴贡急流	14750	508	0.51
楠加贝宁站	21192	521	0.52
巴贡站	14750	501	0.50
比拉加斯站	21020	449	0.45
巴当艾站	1200	1250	0.96
上巴当斯河站	1790	205	0.16
里瓦古站	2318	800	0.61

以上对于沐若估计的泥沙产量与在砂捞越的其他流域的估计比较是较小的。表 2.6.1 中某些数据是在该地区的主要伐木活动开始之前进行的，但是通常低于 1mm/a。

在塞里库站（沐若 17 号）采集了 6 个水样进行泥沙含量分析。在流量为 300m³/s 和 820m³/s 时，取得的泥沙含量分别为 312mg/L 和 444mg/L。采用泥沙率定方程与这两个值拟合，计算出年泥沙产量，等效泥沙产量为 1.16mm/a。该值的可靠性不高，因为它仅基于两个点，但是它反映了由于该地区的伐木活动而使泥沙输移增加的趋势。如果伐木活动继续进行下去，则输沙率会继续增加。因此，对于沐若流域，采用较高的 2mm/a 产沙量。则据此计算，对于沐若坝址 2450km² 的流域面积（扣除库区面积），年产沙量约为 $4.9 \times 10^6 m^3$。

2.7　设计洪水

2.7.1　可能最大洪水

报告采用美国垦务局无量纲单位线法计算流域可能最大洪水，基本步骤如下：

（1）估计设计暴雨 PMP。

（2）推导单位过程线（利用美国垦务局的单位过程线法）。

（3）计算设计洪水（单位过程线的卷积）。

单位线根据在沐若第 17 号测站观测到的实际洪水过程线确定。沐若流域太大，不能满足线性要求，因此，将其划分为 4 个子流域，对于每个子流域分别制定一条单位线。

根据其他研究，采用了一个 4mm 的初损和 2.5mm/h 的后损。在测定了塞里库（沐若 17 号）的流量后，对于基流假设一个常数损失率为 $0.1\text{m}^3/(\text{s}\cdot\text{km}^2)$。

将 4 个子流域的设计洪水过程线综合起来，得到沐若坝址可能最大洪水设计洪峰流量为 $16000\text{m}^3/\text{s}$，沐若坝址可能最大洪水过程线如图 2.7.1 所示。

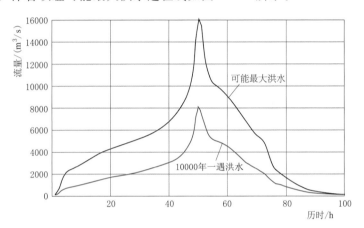

图 2.7.1　沐若坝址可能最大洪水过程线图

图 2.7.2 给出了马来西亚和东南亚地区有关水利工程的可能最大洪水研究成果，将沐若流域可能最大洪水成果点绘在图中，发现沐若流域可能最大洪水与其他工程的可能最大洪水成果很好地吻合，尤其是与沙巴的里瓦古工程和马来西亚丁加奴州的肯育工程非常吻合，考虑到它们的流域面积非常接近，据此认为沐若流域可能最大洪水成果基本合理。

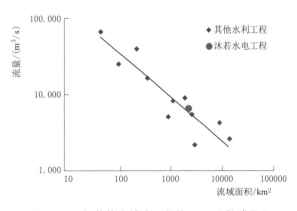

图 2.7.2　与其他流域或工程的 PMF 比较成果图

2.7.2　10000 年一遇洪水

10000 年一遇设计洪水的估算过程遵循与 PMF 相同的步骤，在分析中采用可能最大洪水相同的单位线。

根据砂捞越地区最大 3d 设计暴雨成果计算得到沐若流域 10000 年一遇最大 3d 降雨量为 450mm，暴雨时程分布采用与可能最大降水相同的方法。

将 10000 年一遇设计暴雨应用于每个子流域的单位线，演算各子流域的设计洪水，并综合得到 10000 年一遇的洪水过程线，见图 2.7.1。

2.7.3 其他重现期设计洪水

采用区域洪水频率分析成果估计同类地区河流中不同重现期的洪峰流量。在分析中使用了指标洪水法和两种概率分布函数（PDF），即耿布尔（Gumbel）和对数皮尔逊（Log Pearson）Ⅲ型。所采用的区域洪水频率计算结果见图 2.7.3，沐若坝址处每个重现期所采用的洪峰流量见表 2.7.1。

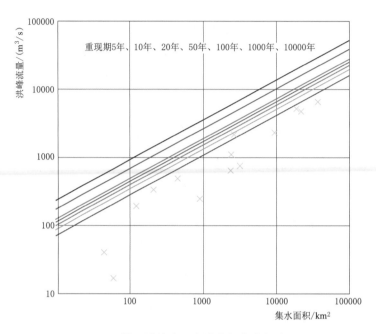

图 2.7.3　地区洪峰流量和洪水频率分析成果图

表 2.7.1　　　　　　　　　　　　　沐若坝址设计洪水成果表　　　　　　　　　　单位：m³/s

重现期/a	耿布尔概率分布函数		对数皮尔逊Ⅲ型概率分布函数		沐若坝址采用值
	50%置信度	95%置信度	50%置信度	95%置信度	
10	2126	2299	2201	2447	2450
20	2391	2600	2468	2806	2800
50	2734	2975	3816	3266	3270
100	2990	3275	3080	3666	3670
1000	3839	4222	3988	5048	5050
10000	4636	5190	4975	6781	8120

2.8　水位流量关系

（1）塞里库站水位流量关系。塞里库站总共已经进行了约 80 次流量测量，包括低水到中水范围，砂捞越能源公司根据测流资料拟定了塞里库站的中低水水位流量关系；后来利用曼宁公式对水位流量关系做了修正，以便能够计算高水位的流量；塞里库站水位流量关系曲线见图2.8.1。

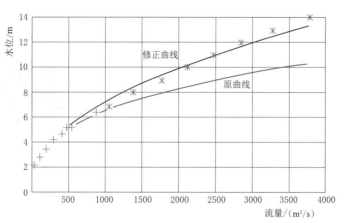

图2.8.1 塞里库水文站水位流量关系图

（2）沐若坝址水位流量关系。对于沐若坝址水位流量关系有两种方法：一是根据坝址与塞里库的水位比测资料或河道比降将塞里库水位流量关系移植到坝址；二是根据坝址大断面资料利用曼宁公式推算。由于缺少坝址的大断面资料以及坝址与塞里库的水位比测资料，因此采用通过比降推求得到沐若坝址水位流量关系，见表2.8.1。

表2.8.1   沐若坝址水位流量关系表

水位/m	403	404	405	406	407	408	409	410	411	412
流量/(m³/s)	30	110	220	405	705	1150	1680	2310	3060	3950

水位/m	413	414	415	416	417	418	419	420	421	
流量/(m³/s)	4960	6080	7290	8600	10000	11500	13100	14700	16600	

3 工程地质

3.1 地质勘察方法

    沐若水电站地处砂捞越州民都鲁省的拉让河流域源头的无人区，植被茂盛，交通不便，早期勘察工作主要借助直升机完成。受工作条件的制约，勘察工作难以做深、做精，只能大致了解一下工作区的基本地质概况。前期仅有的成果为：对工程区域稳定与地震进行了简略的初步分析评价，而对水库库区基本未进行地质勘察工作，岩体的物理力学性质试验、天然建筑材料的研究成果也十分有限。此外，前期大坝设计为面板堆石坝，相对来说对地基及环境要求较低。施工阶段大坝设计变更为碾压混凝土坝，对地基的要求提高，针对碾压混凝土坝基本上没有开展地质勘探工作及相应的分析研究。

    该项目为 EPC 合同，合同签订后立即开始施工，不可能再有阶段、开展系统的勘察和研究工作，且由于工程所处热带雨林中，地表露头极少，常规勘察方法存在耗时较长、勘探工作量大等缺点。基于上述原因，在勘察工作中，根据自然条件特点，采取了因地制宜、实用、灵活的勘察方法。

    根据总承包水电工程的勘察、设计、施工平行推进的特点，以及当地热带雨林的自然条件，制订了以下勘察技术线路：

    （1）工作准备。工程前期投标准备时，仔细分析招标文件中有关土建条款及工程可行性报告中的地质条件部分，搜集资料，并进行了现场踏勘，考察了邻近地区在建水电工程的地质条件，分析前期工作的不足之处及该工程可能存在的主要工程地质问题，策划实施方案、制定工作大纲。

    （2）基本工程地质条件勘察。坝址区的峡谷为横向谷，岩石为碎屑岩，岩层陡倾。工程初期重点解决地层岩性工程地质单元划分，结构面组合特征与优势结构面组类、结构面充填特征，两岸地形地貌特点研究，可利用的天然建筑材料层分析研究等问题。根据物探试验成果，分析研究各类岩石特点，结合已建工程类似岩石物理力学指标，提出岩石物理力学指标建议值供设计使用。

    （3）主要建筑物工程地质条件分析研究。工程建筑物大坝为碾压混凝土重力坝，采用左岸隧洞导流，厂房位于大坝下游12km处河谷，距坝区较远，为引水式地面厂房。针对主要建筑物的结构特点，布置必要的勘探工作，分析坝基岩体特点，确定坝基岩体的结构类型与岩体质量，分析导流隧洞与引水隧洞岩体特征，岩体稳定条件，确定隧洞围岩级别，并对进、出口部位工程地质条件进行分析研究，提出处理措施的建议。

（4）主要地质问题勘察研究。经分析研究认为该工程主要工程地质问题为大坝抗滑稳定问题，厂房引水系统进、出口高边坡的稳定问题，软岩成洞问题等。针对重点问题开展必要的补充勘探，进一步查明地质情况，并提出处理措施建议。主要包括导流洞进、出口复杂地质条件的补充勘察与分析研究，大坝抗滑稳定边界条件的分析研究，大坝防渗帷幕边界分析研究，引水发电系统边坡稳定性与地基不均匀问题补充勘察与分析研究，岩体物理力学性质的分析研究与补充勘察，天然建筑材料的补充勘察与分析研究，大坝河谷两岸山头不对称原因分析与验证勘察研究等。

（5）施工中具体工程问题的研究。根据实际开挖揭示的地质条件，对前期勘探研究成果进行复核，与设计人员共同研究处理方案的优化调整。

这些工作只能充分利用现有的工作条件，以现场地质调查、分析、类比、研究为主，充分利用施工方的设备、资源，尽量避免现场的密林覆盖、交通不便等给勘察带来的不利影响，从而最大限度地节约勘察时间。并在施工过程中，针对具体建筑物随时增加勘探工作，及时分析地质资料，循序渐进地推进地质勘察工作，以满足现场设计、施工要求为原则，以利于及时调整设计及施工方案。

3.2 区域稳定与地震

沐若水电站位于巽他大陆架的西部边缘，而巽他大陆架是一个很稳定的板块，近期内没有发生过地质构造运动。在坝址周围400km的范围内没有发生大地震的主要构造特征，最近的地震活动区域也远在菲律宾和苏拉威西岛北部。

沐若工程区最大可能地震强度（MCE）为5.5级，地震动峰值加速度（PGA）大约为0.1g。设计PGA按0.07g考虑。

沐若地区所在区域的地质构造稳定，在水库及其邻近区域内没有活跃断层。沐若水库的库容为120亿 m^3，最大深度为140m。巴贡坝所在地的地质环境与沐若工程类似，其水库库容为450亿 m^3，最大深度为190m，发生水库诱发地震（RIS）的潜在可能性较低，而且微震的范围也较小，强度为3.0～3.5级。相对于巴贡坝来说，沐若水库对岩石应力的影响小一些，水库可能诱发地震强度等级小于4级。

3.3 库区地质

3.3.1 水库封闭条件

库区的绝大部分岩层由相对单一的砂岩、粉砂岩、泥岩和页岩构成，仅在水库上游，沿着普列让河有玄武岩熔出露。库区没有大型的可溶性或喀斯特岩层出露。因此，单从地层岩性的角度考虑，水库基本上具备了阻止库水向邻谷渗漏的必要条件。

3.3.2 库岸稳定

依据合成孔径雷达成像分析、直升机巡视以及坝址周边的野外调查，该地区丛林茂密，库岸未见大规模的滑坡体，仅有少量残积土和全风化岩边坡中发育的规模非常小的滑坡。

3.4 坝区工程地质条件

坝址区主要分布第三系砂岩、页岩，在大多数地段以砂岩、页岩互层或页岩夹砂岩为主，但连续分布的砂岩较少。根据坝址区地层岩性的组合特点，将地层划分为 12 个亚段，坝基涉及第 9、第 10、第 11 等 3 个亚段。第 10 亚段（P_3pel^{10}）为厚层砂岩，厚 127.72～129.6m，强度高，缓倾角结构面发育少，是大坝稳定的主要依托。坝址区地质平面见图 3.4.1。

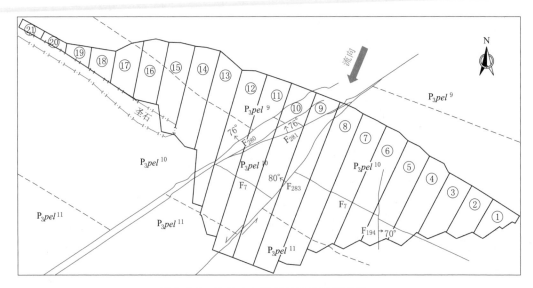

图 3.4.1 沐若水电站坝址区地质平面图

坝址区岩体物理力学参数见表 3.4.1，结构面抗剪断参数见表 3.4.2。

表 3.4.1　　　　　　　　　　　岩体物理力学参数表

岩石名称	密度 /(kN·m⁻³)	变形模量 /GPa	泊松比	抗剪断强度			
				岩体		混凝土/岩接触面	
				f'	c'/MPa	f'	c'/MPa
P_3pel^9	25.2	1.5～3.5	0.32～0.35	0.6～0.7	0.5～0.7	0.6～0.7	0.45～0.55
P_3pel^{10}	25.2	9.0～12.0	0.28	1.1～1.3	1.1～1.3	1.0	1.0
P_3pel^{11}	25.2	8.0～11.0	0.28～0.31	1.0～1.2	1.0～1.2	0.9～1.0	0.9～1.0

表 3.4.2　　　　　　　　　　　结构面抗剪断参数表

结构面类型	抗剪断强度		结构面类型	抗剪断强度	
	f'	c'/MPa		f'	c'/MPa
裂隙	0.2～0.6	0.01～0.1	断层	0.25～0.3	0.2～0.3
软弱夹层	0.45～0.55	0.3～0.4			

3.4.1　地形地貌

坝址位于沐若河一顺直的河段上，直线河道长约 1050m，河床纵向坡比约 2.5%。

大坝所在河段两岸谷坡大体对称，坝轴线处两岸均为山脊，左岸谷坡坡度约为 43°，右岸谷坡坡度约为 55°。轴线处河床高程约为 418m，谷底宽 30～60m。岩层走向与河谷呈大角度相交，为横向谷。

坝址区河道均覆盖第四系冲、洪积物，厚度不大，岸边可见巨大的砂岩块石，部分直径 10～20m。

3.4.2　地层岩性

坝区岩石主要属于早第三纪始新世海相地层，也可能属于厚达几千米的美拉牙岩组的变种。大致可分为：①砂岩、杂砂岩；②粉砂岩、泥岩、页岩；③砂岩与泥岩或页岩互层三种类型。

3.4.3　地质构造

（1）褶皱。坝区褶皱主要呈 NWW～SEE 向，呈强烈紧闭型。根据合成孔径雷达（SAR）图像解释，地貌上显示由硬质砂岩和杂砂岩构成山脊，软弱的泥岩、砂岩构成山谷。坝址区岩层总体倾向 SW，陡倾，倾角一般在 80° 以上，地表偶见地层反倾现象。

（2）断层及破碎带。现场地质测绘、河床钻孔和合成孔径雷达图像解释，发现沿沐若河发育一条断层 F_1 破碎带，宽约 30m，为带有部分左旋特征的走滑断层。断层向坝址上、下游各延伸几公里。另有几个较小的破碎带，可见断面具有滑动特征，破碎带岩体完整性差，钻孔岩芯获得率低。

（3）层间剪切带。坝区岩层总体具有软硬相间的特征，岩层陡倾，褶皱强烈，因此，顺软弱岩层发生剪切破坏的现象显然是存在的。按一般的情况常发育两类剪切带，即剪切破坏充分的剪切带与剪切破坏不充分的剪切带。

（4）裂隙。坝址区调查主要发现有 4 组优势结构面：第一组：岩层层面，倾向 209°，倾角 80°；第二组：张裂隙，倾向 303°，倾角 81°；第三组：倾向 179°，倾角 81°；第四组：倾向 248°，倾角 81°。

3.4.4　水文地质

砂捞越州的气候为热带季风性气候，最低温度约为 18℃，平均最旱月份的降雨量约为 60mm，平均年降雨量约为 4456mm，蒸发量约为 1607mm（卡皮特数据），相对湿度平均为 87%；估计降雨历时超过 1h 的降雨事件在沐若坝址每年约 140d。估计沐若坝址处的长期平均流量为 236m³/s。

（1）水文地质结构。坝址区无可溶岩，主要为一套砂岩、泥岩、页岩等碎屑岩类，岩层陡倾，主要为层面/裂隙性含水介质。但可能具有多层含水单元，即砂岩与页岩、泥岩分属不同的含水单元。

（2）地下水动态特征。坝址区对部分钻孔进行了水位观测，发现钻孔地下水位主要在地表以下 0~12m 之间变动。部分钻孔未见地下水位，如钻孔 DS8 靠近沐若河边，居然没有发现地下水。

（3）岩体透水性。钻孔压水试验统计成果分析表明，岩体的渗透性主要以弱透水和中等透水为主，并且随深度的增加渗透性逐渐递减。在地表以下 30~45m 范围内岩体的透水性较强，以中等透水为主，岩体的透水率介于 10~100Lu 之间，一般为 35~45Lu。在距地面 100m 深度以内，透水性一般大于 5Lu。

3.4.5 岩石风化

（1）风化特征及分带。坝区岩石可分为残积土、全、强、中等、微风化等风化带，岩石风化分带及特征见表 3.4.3。

表 3.4.3　　　　　　　　　　　　　岩石风化分带及特征表

风化分带	简称	特 征 描 述
残积土	D	完全化学分解；已看不到原岩结构
全风化岩石	CW	近乎完全分解，仍可见很多抗风化能力强的矿物，原岩结构可见；节理被严重的铁质浸染或完全褪色
强风化岩石	HW	岩石褪色或完全被铁质浸染，节理被严重铁质浸染和（或）充填黏土
中等风化岩石	MW	原岩结构有一些风化迹象，通常情况下轻微褪色；所有节理均被严重铁质浸染
微风化岩石	SW	部分节理轻微铁质侵染；原岩结构没有被风化
新鲜岩石	F	未风化

（2）坝区地层风化深度。全风化带或残积土一般厚 3~5m，最厚 16.1m；强风化带一般厚 1~3m，最厚 8.7m；中等风化一般厚 1~3m，最厚 5.4m；微风化带一般厚 0.5~3m，最厚 5.9m。坝址区一般可见完整的风化分带，局部可见风化带缺失现象。

根据坝区岩石特点，岩体风化具有不均一与快速风化特征，主要表现在软硬岩之间存在的差异，即软岩快速风化的特点。

3.5　主要工程问题

坝址区主要工程地质问题包括：①坝基软、硬岩体的受力及变形协调问题；②坝基抗滑稳定问题；③基础岩体利用问题；④消能防冲问题；⑤边坡稳定问题；⑥软岩成洞问题；⑦坝址防渗问题；⑧天然建筑材料问题等。

3.5.1 坝基软、硬岩体的受力及变形协调问题

从坝区工程地质条件可知，建坝岩体主要有两类：第一类是以硬岩为主的岩体，该类岩体强度、完整性皆较好，大体属 A_{III1} 类，作为坝基岩体不存在大的抗变形问题；第二类是泥岩、页岩等软岩组成的岩体，该类岩体强度低，完整性也差，大体属 C_{IV} 类，抗变形能力差，作为坝基岩体需要进行专门处理。此外，据勘察成果表明，河床中有一条顺河向宽大的断层，断层破碎带性状较差，抗变形能力也差，作为坝基岩体也需要进行专门处理。

沐若水电站采用碾压混凝土坝，最大坝高 146m。由于地层展布具有变化性与不规则性，因此坝基不可能完全落在同一类岩体上，而是必须跨越第一类、第二类以及断层破碎带等三个地质单元。由于这三个地质单元岩体的物理力学性状差异较大，因此坝基岩体存在受力和变形不均的问题。

3.5.2 坝基抗滑稳定问题

坝区岩层倾角较陡，层间泥化夹层也基本处于垂直状态，因此大坝不存在顺层滑动问题。但坝区地层早期挤压作用较为强烈，在挤压过程中往往会形成"X"形剪节理，这些"X"形剪节理在岩层陡立后就成为一系列缓倾角结构面，或者在缓倾角结构面的基础上发生强烈推挤破坏而形成性状更差的缓倾角断层，即坝区存在发育缓倾角泥化结构面，这样的结构面对坝基的抗滑稳定十分不利。

3.5.3 基础岩体利用问题

河谷两岸山体呈脊状，两岸槽状地形发育，地形变化很大，充分说明岩体的抗风化、抗冲能力的差异性。坝区硬岩主要以顺层面、结构面溶蚀风化为特征，深度发育较大，呈块状风化、囊状风化类型，总体具有由上至下减弱的特点。坝区软岩抗风化、抗冲蚀能力差，但风化相对较均匀，具有碎裂风化的特点，风化深度则相对略浅。砂岩全、强、中等风化深度一般在 6m 以上，最深 22.9m，全、强深度最深也达 17.5m，且越靠近岸边风化深度越强烈；而页岩全、强、中等风化深度一般为 5～6m。

3.5.4 消能防冲问题

沐若坝址多年平均径流量为 242m³/s，天然洪峰来量分别为 5050m³/s（$P=0.1\%$）、8100m³/s（$P=0.01\%$）、16000m³/s（PMF），经水库调洪后下泄流量分别为 275 m³/s（$P=0.1\%$）、550m³/s（$P=0.01\%$）、1600m³/s（PMF）、2100m³/s（PMF＋基本流量）。

坝后岩体为砂岩与页岩、泥岩的复杂岩石组合体，抗冲能力较差，此类岩石允许抗冲流速应在 3.5m/s 以下，而且下游水深较小。因此，设计消能方式不当将造成坝后严重冲刷，从而影响大坝稳定。

3.5.5 边坡稳定问题

工程开挖必然会形成一系列边坡，由于坝区地层陡倾，岩体中又夹有较多的页岩、泥

岩等软岩，在顺向坡地段，一旦脚部岩层被挖断，就可能出现严重的边坡稳定问题。

3.5.6 软岩成洞问题

坝区软岩主要为页岩、泥岩及粉砂岩，这类岩石强度低、完整性差，工程岩体级别基本属Ⅳ～Ⅴ类围岩，成洞难度大。虽然陡倾的岩层对洞室的形成具有有利的一面，但由于隧洞穿过的软岩层多、层厚，软岩的稳定问题依然是十分突出的，特别是对大跨度的隧洞。

3.5.7 坝基防渗问题

坝区岩体主要为碎屑岩类，总体上坝址防渗条件较好，不存在管道式渗漏问题。但是由于坝基岩体十分破碎，并且有大的断层带顺河发育，因此坝基岩体的透水性较强，坝基渗漏问题较为严重：①根据钻孔压水试验成果表明，地表30m深度范围内，透水性一般为35～40Lu；30m以下透水性一般稳定在10Lu左右；在距地面100m深度以内，透水性一般大于5Lu。②坝址河床发育一条宽约30m的断层破碎带，将有可能成为贯穿大坝上下游的透水通道。

3.5.8 天然建筑材料问题

由于坝区及近坝区大范围皆为第四系及砂岩、页岩分布区，河床内也不存在可利用的天然砂砾石料，因此，大坝所需混凝土骨料只能采用人工骨料。

砂岩作为混凝土骨料存在的主要问题是碱活性反应问题，试验结果表明，部分骨料的碱活性反应较强烈，可能对混凝土造成一些危害。

坝区及近坝区砂岩露头少，多为第四系所覆盖，且常常风化强烈，地表剥离层较厚，料场开采弃料多。

其次，工程所需的防渗土料（两个土料场）天然含水量均偏高。

3.6 主要建筑物工程地质条件及评价

沐若水电站主要工程建筑物包括大坝、引水隧洞、厂房以及导流隧洞等。

3.6.1 大坝

坝区两岸山体较单薄，地层陡倾，岩性以砂岩、页岩、泥岩及其组合为主，岩相一般变化较大，在很短的距离内，岩石的性质变化都很大，几十米厚度的均质岩层很少。

碾压混凝土坝坝轴线沿山脊方向布置。坝轴线右岸为相对坚硬砂岩、硬砂岩岩床，左岸主要为泥岩或页岩与砂岩互层，岩层倾向209°，倾角85°，为横向谷。坝基下顺河发育断层破碎带，贯穿整个坝基。

由于碾压混凝土坝适应变形的能力相对较差，对基础的处理要求也较高，最主要的工程地质问题包括以下几个方面：

（1）坝基的开挖深度问题。大坝基础建议置于微、新岩体上，坝基的开挖范围与开挖深度相对较大，特别是穿过 F$_1$ 顺河断层破碎带时，开挖深度将会更大。

（2）基础的不均匀变形问题。碾压混凝土坝坝基宽度为 139.3m，由于坝区岩性变化多且不规则，因此坝基不可能完全落在同一类岩体上，必须跨越三类岩石，即砂岩类，页岩、泥岩、粉砂岩类，砂岩与页岩、泥岩、粉砂岩的组合岩类。由于这三类岩体物理力学性状差异较大，因此坝基存在较为突出的不均匀变形问题。

（3）抗滑稳定问题。坝区岩层倾角较陡，早期挤压作用强烈，虽然目前因地表覆盖严重暂未发现缓倾角结构面，但按一般的构造发育规律，坝区存在发育缓倾角泥化断层的条件与可能，如果存在这样的结构面，对坝基的稳定是十分不利的。

（4）开挖边坡的稳定问题。河谷为横向谷，开挖边坡上游总体为逆向坡，下游总体为顺向坡，由于地层陡倾，倾角达 80°～85°，一般不会形成高坡切脚问题，但有些地段岩层反倾，因此开挖后会形成局部边坡稳定问题，施工应根据具体地质条件调整边坡开挖的坡度与方式。

3.6.2 引水隧洞及厂房

引水发电系统主要由进水口、引水隧洞、电站厂房三个部分组成。电站进水口布置在大坝西北约 7.5km 处的双溪沙河谷，共设置两条大体相互平行的引水隧洞，电站厂房布置在大坝下游沿河道约 12km 的岸边。

3.6.2.1 进水口

进水口边坡岩体为第三纪始新世砂岩与泥岩或页岩呈软硬相间互层，岩层倾向 241°，倾角 85°。岩体风化不均，强风化深度一般为 5～15m。开挖边坡结构基本为逆向坡，岩层陡倾坡内。边坡一带裂隙、剪切带较发育。

由于岩层陡倾，倾角达 85°，尽管是逆向坡，开挖边坡形成挖脚而使层面临空的可能性不大，但边坡开挖卸荷后，岩体易沿层面拉开而发生倾倒或变形，因此存在边坡稳定问题，需对边坡岩体进行加固处理。

边坡开挖坡度较高，应采取台坎分级开挖方式，每级边坡高度以 10m 为宜，建议坡度按 1∶0.3 或 1∶0.5 设计，马道宽 3～5m。

3.6.2.2 引水隧洞

引水隧洞穿越的岩体为第三纪始新世软硬相互更替的杂砂岩、砂岩、粉砂岩和泥岩。岩石陡倾，地层倾向 SW244°，倾角 85°。出露于引水隧洞顶板与底板的泥岩、页岩等软岩岩组，总长约 1729.93m、1720.52m，约占 65.11%、64.97%；以砂岩、杂砂岩为主的硬岩岩组则占 34.89%、35.03%。引水隧洞轴线与岩层走向之间的夹角在 60°～80°之间。经雷达图像解译，没有重要的断层横跨隧洞轴线，但可能遇到与岩层层面方向大体垂直的拉张裂隙。

引水隧洞穿过的岩石基本有三类组合，第一类是基本完全由砂岩、杂砂岩等硬岩构成的岩体，强度高，完整性好，基本质量为Ⅱ级围岩。第二类是由砂岩、杂砂岩夹页岩、泥岩、粉砂岩等软岩的岩石组合，该类组合岩体质量受软岩的影响较大，一般较破碎，岩体基本质量按Ⅲ级考虑较为合适。第三类是由页岩、泥岩、粉砂岩等软岩的岩石组合，岩体强度低，一般完整性差，岩体基本质量按Ⅳ～Ⅴ级考虑较为合适。岩体的工程级别尚应根据隧洞一线地应力、地下水以及主要软弱结构面产状影响程度加以修正。围岩的支护应与各类岩体工程级别相一致，施工中应加强围岩稳定监测。

引水隧洞主要的工程地质问题为软岩成洞问题及隧洞涌水问题。软岩多属Ⅳ～Ⅴ级围岩，自稳能力差，施工中应加强支护。在工程区局部存在承压水，引水隧洞可能会遇到与岩层层面大致垂直的拉张裂隙，在相当高的水头作用下，这些裂隙可能会导致短期的涌水现象，尤其在砂岩地段；此外涌水也可能沿层面流出。

3.6.2.3　调压井

调压井地层主要由砂岩-泥岩互层所组成，覆盖层包括全风化岩石在内厚度约为10m。调压井附近ST1钻孔表明，在最上面的30m内，除几处破碎带外，岩石质量相当好。压水试验结果表明，在地面约20m以下的岩石基本上不透水。但是钻孔ST1实际距调压井约150m，由于在比较短的距离内岩性的变化都很大，因此在准确的调压井位置的岩石性质可能没有ST1处的那么好。对调压井附近ST1孔内岩体应用巴顿等制定的Q系统对围岩进行了分类，岩体的质量Q值平均为8.24，属一般岩体。

3.6.2.4　厂房

发电厂房位于沐若河上一个天然水池的附近，沿河流水道约在坝址以下12km处。

发电厂房建基面大部分位于砂岩和泥岩中，或者在两种岩石的互层中。初步勘察成果表明，建基岩体性状较差，厂房部位钻孔PH4和PH5揭示岩体破碎，岩芯损失严重，岩体的强度与完整性很差。

厂房系统最主要的工程地质问题为边坡稳定问题与基础处理问题。厂房一带岩层陡倾，朝开挖临空方向呈顺向坡结构特征，边坡开挖切层的可能性不大，边坡的稳定问题主要表现在两个方面：一是沿临空结构面与其他结构面形成的块体的稳定，这种块体可能不多，但危险性大，极易产生顺结构面滑动破坏。二是岩层的倾倒破坏，这主要是因岩层陡倾，开挖后因卸荷回弹，可能导致顺层面拉开，在降雨等因素的作用下，发生倾倒破坏现象。厂房基础岩体条件较差，强度及完整性具有不均一性，存在不同程度的溶蚀风化，开挖后对破碎及泥化岩体应采取掏挖回填混凝土的处理措施，并应加强基础固结灌浆处理。此外，由于厂房基础较低，存在基坑涌水问题。

3.6.3　导流隧洞

导流隧洞穿过的主要地层包括：砂岩、杂砂岩、粉砂岩、泥岩、页岩等，岩层产状近直立。

两条导流隧洞的大部分洞段与岩层的走向相垂直，整个隧洞仅有20%的洞段洞轴线与岩层走向近似呈45°的夹角，主要在进口直线段部位。

从坝区工程地质图上的地形特征看，导流隧洞进、出口处皆为山脊，初步分析山体岩石可能以砂岩为主，特别是进口为逆向坡，对洞口形成较为有利。从工程地质条件分析，导流隧洞的布置较为合理，进、出口的可变空间基本不大，进口下移或出口上移皆会给施工及工程处理增加较大的难度。

导流隧洞围岩基本级别：完全由砂岩、杂砂岩构成的洞段，岩体基本质量可按Ⅱ级考虑；由砂岩、杂砂岩夹页岩、泥岩、粉砂岩等软岩构成的洞段，岩体基本质量按Ⅲ级考虑较为合适；完全由页岩、泥岩、粉砂岩等软岩构成的洞段，岩体基本质量按Ⅳ级考虑较为合适。岩体的工程级别可根据坝区地应力、地下水以及主要软弱结构面产状影响程度适当折减。总体上看，导流隧洞主要的工程地质问题为软岩成洞问题，施工中对软岩洞段应采取短进尺、弱爆破、加强临时支护的防护措施，并应加强围岩稳定监测。需要一提的是导流隧洞进、出口靠近岸边，岩体的风化卸荷更为强烈，支护措施更应加强。

此外，导流隧洞靠近岸边，高程较低，存在江水顺张开层面、裂隙倒灌问题，其次在隧洞的中段，地下水静水压力将达到100m高水头，而且局部也可能因存在承压水而出现更高的水头，从而导致隧洞涌水量可能较大，因此施工中应加强抽排水措施。

3.6.4 防渗帷幕

坝区岩体主要为砂岩、粉砂岩、页岩、泥岩等一套碎屑岩，除砂岩、杂砂岩可能裂隙较发育，透水性较强外，页岩、泥岩都是很好的隔水岩体，因此坝址防渗相对容易，具有做到全封闭的地质条件。

坝址区共完成小口径钻孔12个，进行压水试验260段，其中Lu值≤1，共52段，约占20.0%；1<Lu值≤10，共95段，约占36.5%；10<Lu值≤100，共112段，约占43.1%；Lu值>100，1段，仅占0.38%。可以看出，岩体的渗透性主要以弱透水和中等透水为主，并且随深度的增加渗透性逐渐减弱。一般在地表30~45m范围内岩体的透水性较强，以中等透水为主，岩体的透水率介于10~100Lu之间，多为35~45Lu，以下多为10Lu左右，在距地面100m深度以内，岩体透水性一般大于5Lu。

压水试验（WPT）值和注浆量的关系一般有以下四种情况：

（1）高WPT值和高注浆量。大孔隙造成的高渗透性促使岩体吸收的灌浆量大增，这时灌浆是必要的，也是可灌的。

（2）高WPT值和低注浆量。岩体的渗透性是由非常细小的孔隙形成的，而这些孔隙具有不可灌性。封堵是必要的，但可能不能采用灌浆手段。

（3）低WPT值和低注浆量。显然岩体不具渗透性：不吸水也不吸浆，灌浆是不必要的，也是不可灌的。

（4）低WPT值和高注浆量。岩体中少量的结构面在很大的注浆压力条件下被压裂开，从而导致大量的浆液消耗，这种情况下注浆是不必要的。

4 枢纽布置及主要建筑物

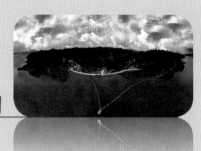

4.1 工程等别及设计标准

（1）工程等级。根据《水电水利工程等级划分及设计安全标准》（DL 5180），沐若水电站水库总库容 139.69 亿 m^3，装机 944MW，本工程为Ⅰ等大（1）型工程。挡水建筑物、泄水建筑物为Ⅰ级建筑物，大坝下游护坦及消能区护岸等为 3 级建筑物，大坝左、右坝肩部位的边坡为Ⅰ级边坡，其余部位为Ⅱ级边坡。

（2）洪水标准。大坝设计洪水重现期取 1000 年，校核洪水重现期取 5000 年。从大坝运行安全考虑，按 PMF 进行保坝复核，下游消能防冲设计洪水重现期取 100 年。引水发电建筑物中进水口、引水隧洞及调压井、主厂房设计洪水重现期取 200 年，校核洪水重现期取 1000 年。

各种洪水标准对应水库特征水位及流量见表 4.1.1。

表 4.1.1　　　各种洪水标准对应水库特征水位及流量表

名　称	洪峰流量 /(m³/s)	库水位 /m	下泄流量 /(m³/s)	下游水位 /m
正常蓄水位		540		
死水位		515		
$P=1\%$洪水	3670	541.39	190	412.27
$P=0.1\%$洪水	5050	541.91	270	412.57
$P=0.02\%$洪水	7040	542.46	380	412.99
PMF	16000	545.79	1570	415.61

（3）地震烈度。工程区域地震基本烈度为 6 度，大坝按 7 度抗震设计。

根据工程区地震危险性分析成果，最大可能地震强度（MCE）为 5.5 级，对应的地震动峰值加速度（PGA）大约为 0.1g。沐若水库及其邻近区域内没有活跃断层，水库可能诱发地震强度等级小于 4 级。在坝体和其他构筑物的设计中，使用拟静力法，水平抗震

系数取 $0.1g$，垂直抗震系数取 $0.05g$。

（4）荷载组合工况。

1）基本组合（正常蓄水位工况）：自重＋正常蓄水位时的上下游水压力＋扬压力＋泥沙压力。

2）偶然组合①（校核工况）：自重＋校核洪水时的上下游水压力＋扬压力＋泥沙压力。

3）偶然组合②（地震工况）：正常蓄水位工况＋地震荷载。

（5）计算方法及控制标准。

1）大坝应力标准。根据《混凝土重力坝设计规范》（DL/T 5108）规定，大坝应力采用刚体极限平衡方法计算时，应按正常使用极限状态计算，坝基及坝体上游面垂直应力不出现拉应力，短期组合下游坝面的垂直拉应力不大于 100kPa。

采用有限元等数值方法计算时，坝基上游面垂直拉应力区的宽度小于坝底宽度的 0.07 倍或小于坝踵至帷幕中心线的距离；大坝上游面垂直拉应力区的宽度小于计算截面宽度的 0.07 倍或小于计算截面上游面至排水孔（管）中心线的距离。

2）抗滑稳定标准。坝基面和坝体抗滑稳定采用抗剪断公式进行计算，按承载力极限状态计算，控制标准应满足以下表达式：

$$\gamma_0 \psi S(\gamma_G G_K, \gamma_Q Q_K, a_K) \leqslant \frac{1}{\gamma_d} R\left(\frac{f_K}{\gamma_m}, a_K\right) \tag{4.1.1}$$

3）坝顶超高。根据《混凝土重力坝设计规范》（DL/T 5108）规定，坝顶安全超高应符合表 4.1.2。

4）边坡稳定标准。边坡稳定按刚体极限平衡或平面有限元方法进行计算，边坡稳定控制标准见表 4.1.3。

表 4.1.2　　坝顶安全超高表　　单位：m

相应水位	安全超高
正常蓄水位	0.7
校核洪水位	0.5

表 4.1.3　　边坡稳定控制标准表

级别	持久状况	短暂状况
1	1.3～1.25	1.20～1.15
2	1.25～1.15	1.15～1.05
3	1.15～1.05	1.10～1.05

4.2　主要设计参数

（1）基岩物理力学参数。采用的基岩物理力学参数见表 4.2.1。

表 4.2.1　　　　　　　　岩（石）体物理力学参数表

位　置	岩体		与混凝土接触面		备　注
	f'	c'/MPa	f'	c'/MPa	
$P_3 pel^{9-1}$ 层			1.0	1.0	仅利用砂岩部分
$P_3 pel^{9-2}$ 层（前部 22m）	0.55	0.4	0.55	0.25	
$P_3 pel^{9-2}$ 层（后部 5.9m）	0.85	0.7	0.7	0.5	
$P_3 pel^{9-3}$ 层	1.1	1.1	0.95	0.95	

续表

位置	岩体		与混凝土接触面		备注
	f'	c'/MPa	f'	c'/MPa	
P_3pel^{9-4} 层	0.85	0.7	0.7	0.5	
P_3pel^{10} 层	1.2	1.2	1.1	1.1	水平接触面
			1.0	1.0	斜坡接触面
P_3pel^{10} 层（弱风化）	0.9	0.6			
P_3pel^{11} 层（页岩）	0.5	0.3	0.5	0.2	
P_3pel^{11} 层（砂岩）	1.1	1.1	0.95	0.95	
常态混凝土层面	1.2	1.5			
碾压混凝土层面	1.0	1.0			
混凝土	1.2	2.0			
硬性结构面	0.45~0.55	0.1			
局部泥化结构面	0.3~0.35	0.05			

（2）设计中使用的其他参数。碾压混凝土容重为 22.7kN/m³。

建基面扬压力在防渗帷幕后，排水孔处折减系数河床部位 $\alpha=0.25$，两岸 $\alpha=0.35$，坝体内排水孔 $\alpha=0.2$。

设计条件下，风速采用重现期为 100 年平均年最大风速；校核条件下，采用重现期为 10 年平均年最大风速。

泥沙淤积高程 435m，浮容重取 8kN/m³，内摩擦角 ϕ_s 取 12.5°。

4.3 枢纽布置

沐若水电站主要包括大坝建筑物和引水发电建筑物两个部分，其中大坝建筑物包括：碾压混凝土重力坝、坝身无闸控泄洪表孔、坝后生态电站等；引水发电建筑物包括：进水口、引水隧洞及调压井、河岸式地面厂房等；沐若水电站枢纽总布置见图 4.3.1。

4.3.1 碾压混凝土重力坝

坝址处两岸山脊不完全对称，左岸山脊位于右岸山脊上游，岩层垂直于河流流向，但各岩层左岸较右岸向上游错开约 35m。为充分利用力学性能较好的岩石，坝轴线采用弧线布置，半径 893m，溢流坝段中心线方位角 25.23°，右岸轴线为了与地形衔接，岸边坝段往上游方向逆时针转动约 21°。整个大坝轴线长 439.68m，分成 21 个坝段，见图 4.3.2。其中，9~11 号坝段为溢流坝段，16 号坝段以右的坝段将"圣石"下部作为坝体的一部分联合受力。

大坝为碾压混凝土重力坝，坝顶高程 546m，河床最低建基面高程 400m，最大坝高 146m；大坝上游坝坡在 470m 以下为 1:0.2，以上为垂直，下游坝坡 1:0.7~1:0.8，最大底宽 150m。

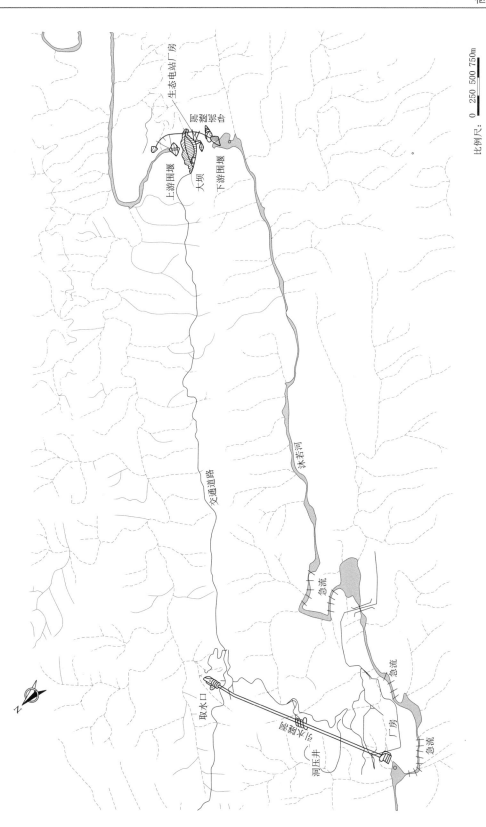

比例尺: 0 250 500 750m

图 4.3.1 沐若水电站枢纽总布置图

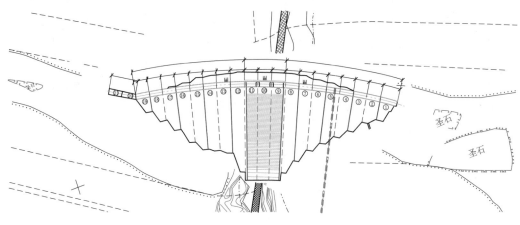

图 4.3.2 大坝布置图

4.3.1.1 坝段布置

（1）左岸非溢流坝段。左岸非溢流坝段分 8 个坝段（1～8 号坝段），1～5 号坝段沿坝轴线长分别为 25m、17.5m、17.5m、23.26m、22.26m，6～8 号坝段沿坝轴线长为 20.26m，总长 166.82m。

坝体上游面高程 470m 以上垂直，高程 470m 以下坝坡 1∶0.2，1～5 号坝段下游坝坡 1∶0.75，6～8 号坝段下游坝坡 1∶0.8；坝轴线与 470m 以上坝体上游面重合。左岸非溢流坝段典型剖面见图 4.3.3。

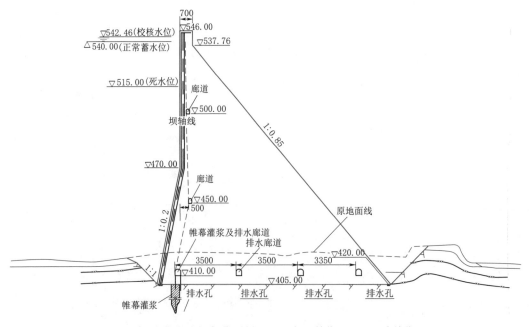

图 4.3.3 左岸非溢流坝段典型剖面图（高程单位：m；尺寸单位：cm）

在 7 号坝段设生态电站进水口及引水管，进口中心高程 510m，进水口尺寸 2.8m×2.8m，引水管直径 1.5m。

（2）河床溢流坝段。河床溢流坝段分 3 个坝段（9~11 号坝段），每个坝段沿坝轴线长为 20.26m，总长 60.78m，相邻坝段横缝中心角 1.3°。坝体上游面高程 470m 以上垂直，以下坝坡 1:0.2，下游坝坡 1:0.8。河床溢流坝段典型剖面见图 4.3.4。

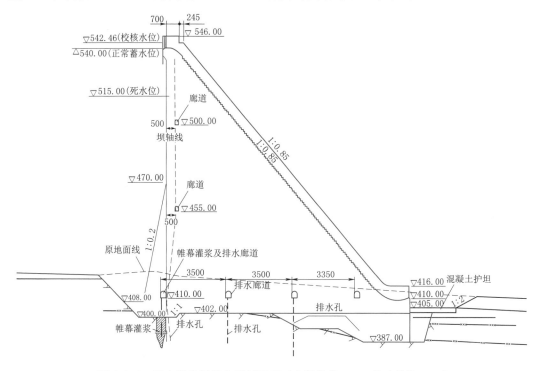

图 4.3.4 河床溢流坝段典型剖面图（高程单位：m；尺寸单位：cm）

（3）右岸非溢流坝段。右岸非溢流坝段分 10 个坝段（12~21 号坝段），其中 12~19 号坝段坝轴线为弧线，20~21 号坝段坝轴线为直线，直线坝轴线较弧线坝轴线切线向上游偏转 21°。20~21 号坝段沿坝轴线长为 12.5m，其他坝段沿坝轴线长为 20.26m，总长 212.08m。

12 号坝段坝体上游面高程 470m 以上垂直，高程 470m 以下坝坡 1:0.2，下游坝坡 1:0.8；13 号坝段上游起坡点高程由 470m 逐渐抬高至 530m、坝坡 1:0.2，下游坝坡 1:0.75；14~16 号坝段上游起坡点高程 530m、坝坡 1:0.2，下游坝坡 1:0.7 至 T_3 夹层处；17 号坝段上游起坡点高程由 530m 逐渐降低至 490m、坝坡 1:0.2，下游坝坡 1:0.7 至 T_2 夹层处；18~19 号坝段上游面垂直，下游坝坡 1:0.7 至 T_2 夹层处；20~21 号坝段仅在圣石上游做 7~9m 厚的混凝土墙作为防渗和坝顶交通，各坝段上游垂直面与坝轴线重合。右岸非溢流坝段典型剖面见图 4.3.5。

4.3.1.2 坝顶布置

非溢流坝段坝顶为实体结构，宽度一般为 7m，上游侧人行道宽 1.5m，顶高程 546.3m；行车道宽 5m，顶高程 546m；7 号坝段及 8 号坝段左侧 5m 范围坝顶考虑生态电站进水口布置及检修门启闭要求，在坝轴线上游加宽 3m，加宽范围左侧 10m 内不设人行道，其余部分上游侧人行道宽 1m。溢流坝考虑检修门启闭要求，宽度为 8m，采用钢筋

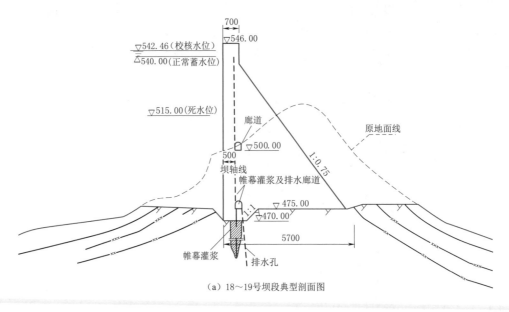

（a）18～19号坝段典型剖面图

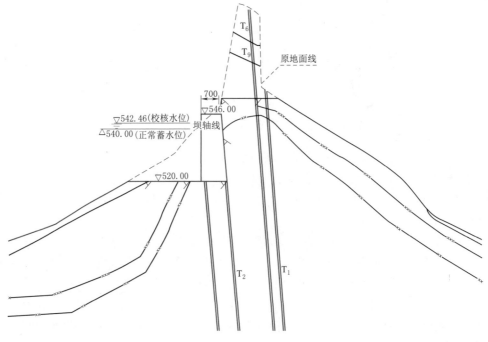

（b）20～21号坝段典型剖面图

图 4.3.5　右岸非溢流坝段典型剖面图（高程单位：m；尺寸单位：cm）

混凝土梁。

坝顶道路与左岸上坝公路连接，仅作为坝区运行维护、检修、巡视交通通道，设计通行荷载标准为"汽车-20"，可满足汽车吊的工作及闸门、拦污栅等设施的运输。

坝顶上游侧设实体防浪墙，防浪墙顶高程 547.5m，下游为栏杆。

4.3.1.3 廊道及垂直交通布置

根据大坝的基础防渗、坝体排水、坝内观测及交通等要求，坝体上游布置三层廊道，即基础灌浆廊道、高程 455.00m 及 500.00m 的排水廊道。河床坝段下游布置一层下游排水廊道，在基础灌浆廊道和下游排水廊道之间设两条排水廊道。岸坡坝段设有数条横向排水交通廊道，其中 6 条通向下游坝外。廊道通向坝外的进出口，设保安防护门。

大坝下游水位很低，设计洪水、校核洪水对应下游水位分别为 412.57m、412.99m，PMF 对应下游水位分别为 415.61m，因此考虑两岸基础廊道高于 415m 的坝段的渗水采用自排方式；河床坝段基础廊道低于 420m 的部分渗水设集水井集中抽排，在 10 号坝段设集水井。

（1）基础灌浆廊道。基础灌浆廊道布置在 1～19 号坝段坝体上游侧，距坝上游面 11～5m，断面尺寸 3.0m×3.5m，河床坝段基础廊道高程 410.00m，在两岸随坝体建基面抬高逐渐爬高，廊道坡度 1:1.1～1:3，主要作用为灌浆、排水、坝内观测及交通等。

（2）下游排水廊道。在 8～12 号坝段下游侧设纵向排水廊道，断面尺寸 2.0m×2.5m，高程 410.00m，主要作用为排水。

（3）中间排水廊道。在 8～12 号坝段坝体中间侧设两条纵向排水廊道，断面尺寸 2.0m×2.5m，高程 410.00～422.00m，主要作用为排水。

（4）上游排水廊道。在坝体上游侧高程 455.00m 和 500.00m 设上游排水廊道贯穿整个大坝，距坝上游面分别约 8m 和 5m，断面尺寸 2.0m×2.5m，主要作用为排水、坝内观测及交通等。

（5）横向排水交通廊道。在 8 号坝段高程 422.00m、12 号坝段高程 418.00m 和 10 号坝段高程 410m 分别设横向排水廊道连接基础廊道、坝体中间廊道与下游排水廊道，断面尺寸 2.0m×2.5m，其中 8 号和 12 号坝段廊道通至下游坝面。

1 号坝段高程 511.00m 设横向交通廊道，上游与基础灌浆廊道连接，下游通至坝外，与坝后交通衔接。

3 号坝段高程 500.00m 设横向交通廊道，上游与高程 500.00m 排水廊道连接，下游通至坝外，与坝后交通衔接。

4 号坝段高程 478.00m、13 号坝段高程 437.00m 设横向排水交通廊道，上游与基础灌浆廊道连接，下游通至下游坝面。

5 号坝段高程 455.00m、12 号坝段高程 420.00m 设横向排水交通廊道，上游与基础灌浆廊道连接。

横向廊道兼作交通、观测及排水等多种用途。

（6）其他廊道。根据结构需要，在 6 号坝段内须布置预应力锚索，其中 20 束布置在高程 441.5m 廊道内。该廊道与 6 号坝段下游高程 441m 平台连接，断面尺寸 3.0m×3.5m。

为监测大坝横缝的开合情况，并考虑在必要时对横缝进行灌浆处理的需要，在 4～14 号坝段高程 476.00m、距坝轴线 28.5m 处布置一条 3.0m×3.5m 的廊道，左侧与 4 号坝段 478m 横向排水交通廊道连接，右侧设横向廊道通至下游坝面。

（7）垂直交通。在 4 号坝段、18 号坝段布置楼梯井，底部与基础灌浆廊道连通，上部通至坝顶。

（8）集水井。在 10 号坝段内布置集水井，平面尺寸 5.0m×3.5m，底高程 401.00m；在高程 410m 设泵房，平面尺寸 7.5m×3.7m；泵房与 10 号坝段横向排水交通廊道连接。

4.3.2 泄水建筑物

水库在正常蓄水位 540.00m 以下的库容为 120.43 亿 m³，对应的水库面积 245km²，正常蓄水位 540.00m 与死水位 515.00m 之间的有效调节库容为 54.75 亿 m³，库容和水库面积大，具有较强的蓄水能力和滞洪能力。沐若水库调洪起始水位采用正常蓄水位，并采用敞泄方式进行洪水调节。

沐若水电站泄水建筑物采用无闸控表孔，布置在河床中间 9～11 号坝段。堰顶高程同正常蓄水位 540m，溢流堰净宽 54m，设 4 个孔。泄水槽分两区以便于检修，两侧边墙高 5m，中隔墙高 3.5m。在表孔上游设检修门，检修门挡水高度按 5 年一遇洪水设计。

由于下泄的单宽流量较小，校核洪水的下泄单宽流量仅 7.04m³/(s·m)，因此表孔采用坝身台阶式泄槽＋挑流的消能方式。起始台阶高程 535.57m，挑流的末级台阶高程 415.57m，台阶高 1.0m，宽 0.8m；台阶下游接反弧段及挑坎，反弧半径 15m，挑坎高程 410m，挑角 25°。

为避免小流量下水流完全不起挑，直接从鼻坎上跌落冲刷坝趾，溢流坝段下游设长 24m 的护坦。

4.3.3 引水发电系统

4.3.3.1 电站总体布置

沐若水电站厂房引水发电系统主要建筑物包括进水口、引水隧洞、调压井、河岸式地面厂房、尾水渠、开关站等。

进水口包括引水渠、进水塔及交通桥等，引水渠宽 50m，渠底高程 494.50m；进水塔平面尺寸 50m×18.6m，分两段布置，单段长 25m，建基面高程 492.50m，塔顶高程 547.00m，塔高 54.50m，设交通桥与上坝公路相连。

引水隧洞两条，采用二机一洞布置，隧洞进口底板高程 500.00m，洞轴线间距 25～35m；出口中心高程 218.00m，洞轴线间距 17m。从进口到出口依次为渐变段、上平段、调压井段、上弯段、竖井段、下弯段和下平段。上平段、上弯段、竖井段、下弯段流道洞径分别为 8m、7m、6m，下平段经渐变后洞径为 5.5m，其中竖井段深度约 140m。每条引水隧洞下平段末端布置 Y 形钢岔管，岔管后接直径 3.4m 的支管进入主厂房。

调压井为直径 25m 的简单式调压井，顶高程 558.00m，底高程 498.00m，为钢筋混凝土结构。调压井段上游侧隧洞为钢筋混凝土衬砌，调压井下游侧隧洞（含调压井段、上弯段、竖井段、下弯段和下平段）为钢衬钢筋混凝土衬砌。

河岸式地面厂房布置在大坝下游约 12km 的河道右岸，厂房纵轴线近平行于河道流向。自左至右依次布置有安装场、机组段、右侧副厂房，在右侧回填区域布置有室外透平油库和柴油机房。厂房平面尺寸 102.5m×42m，其中机组段长 70m，二机一缝分两段布置。安装场布置在左端（河道上游侧），长 25m，副厂房布置在主厂房右端及上游侧区域，中控室布置在上游副厂房内。

主厂房下游为尾水管、墩及尾水平台，布置有机组检修闸门及启闭门机，尾水平台高程 239.00m；尾水管出口接尾水渠并进入下游河道。

主厂房上游侧 239.00m 高程平台处为 275kV 地面变电所，变电所平面尺寸 102.5m×37.3m，布置有 4 台主变压器、GIS 室及 GIS 控制室等，发电机低压母线经过上游副厂房后与主变压器相接，经 GIS 后向第一线塔出线。

电站机修车间、绝缘油库及其油处理室等其他辅助设施，布置在安装场左侧边坡 258.00m 高程的平台区域。

进场公路布置在安装场和尾水渠左侧，公路高程 239.00m，与安装场左端的进场大门相接，电站主要机电设备和变压器可用平板车运至安装场或变电所，由厂内桥机或汽车吊进行吊运及安装。

根据坝址区的地表降雨特性和地下水径流特性，电站厂房和主要建筑物四周依据地形设有地面排水设施，以排除地表降水；另在进水口边坡、调压井边坡、主厂房边坡等主要建筑物边坡，均设系统排水孔以排除边坡地下水。引水发电系统总体布置见图 4.3.6。

4.3.3.2 进水口布置

进水口位于大坝西北约 7.5km 处的双溪沙河岸，进水口建筑物包括引水渠及边坡、进水塔、交通桥及进水口变电所等。在库边开挖岸坡形成引水口，其布置根据地形、地质条件及进水塔基础承载要求，在满足进水口水力学条件的前提下，结合进水口边坡的开挖稳定需要确定。

（1）引水渠。引水渠宽 50m，渠底高程 494.50m，顺水流方向长约 140m。两侧综合坡比 1∶1，底板 $i=1/12000$，可满足进水塔的取水要求。

（2）进水塔。进水塔布置形式为岸塔式，采用两个塔体单元分别控制两条独立的引水隧洞。进水塔为钢筋混凝土建筑物，由水库正面取水。进水塔平面尺寸 50.00m×18.60m，分两段布置，单段长 25m，建基面高程 492.50m，塔顶高程 547.00m，塔高 54.50m。每座进水塔塔顶均设有液压启闭机的操作控制室。

进水塔顺水流向总长 18.6m，依次设拦污栅段、喇叭口段、事故检修闸门井段、通气兼检修进人楼梯井、渐变段等。

进水塔塔顶原布置有供闸门和拦污栅启闭用的门机及其轨道，以及其他运行控制、监测设施。塔顶门机可满足闸门的安装、运行及检修，同时可兼顾拦污栅的安装检修。在每座塔顶的闸门槽部位布置一套液压启闭机，以满足在无人状态下，事故检修闸门的启闭要求。

进水塔最低运行水位为 515.0m，进口流道底板高程为 496.0m，底板厚度为 3.5m，建基面高程 492.5m，塔顶平台高程 547.0m。

进水口拦污栅为直立布置形式，过流栅孔总尺寸 18m×25m，为避免低水位运行时漂浮物绕过拦污栅进入流道，在 514m 高程设置了水平封闭孔板，拦污栅清污采用提栅清污方式。

检修闸门段为单孔布置，上游侧止水，闸孔尺寸 8.7m×8m。通气及检修进人楼梯布置在检修闸门井下游侧，顺水流向宽 1.6m，井内布置有钢制爬梯下至引水隧洞内，除满足隧洞充水通气外，还可方便隧洞的施工及检修。

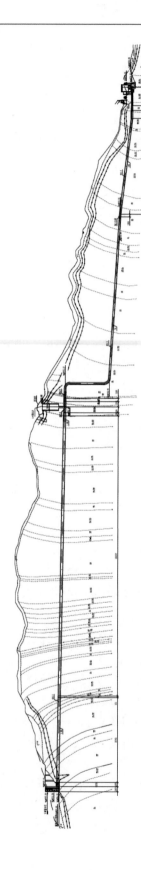

图 4.3.6　引水发电系统总体布置图

因受进水口边坡地质条件限制，实施过程中无法形成引水隧洞洞脸直立边坡，洞脸边坡调整为 1∶1 斜坡，原埋设在岩体中的渐变段将暴露在库水中。为连接进水塔与引水隧洞，在两者之间设置钢筋混凝土连接段，并在其中布置方变圆渐变段。渐变段顺流向长15m、外围混凝土断面尺寸 13m×13m（宽×高）、流道起始断面尺寸为 8m×8m 矩形、末端为直径 8m 的圆形断面后接引水隧洞进口。

（3）进水塔交通。塔顶通过 6m 宽 4 跨交通桥与库岸及外界公路相接。交通桥设计通行荷载标准为"汽车-20"，可满足进水塔门机及闸门、拦污栅等设施的运输。

进水口交通桥采用预制钢筋混凝土简支梁结构，单跨长度为 15m。

4.3.3.3 引水隧洞及调压井布置

（1）引水隧洞。电站共布置两条引水隧洞，每条引水隧洞分别由上平段、调压井段、上弯段、竖井段、下弯段、下平段、岔管段及支管段等组成。

进口处的洞轴线间距为 25m，距进水塔约 250m 经一弧段后，洞轴线间距渐变为35m。其后，两条引水隧洞平行布置，至 Y 形岔管后，变为 4 条平行布置的支管，各支管间距 17m，后接主厂房内球阀。其中，1 号隧洞洞身轴线平面上由 NE66.26°，经半径为300m 的平弯段过渡为 NE56.52°；2 号隧洞洞身轴线平面上由 NE66.26°，经半径为 300m的平弯段过渡为 NE56.52°。

引水隧洞进口中心线高程为 500.0m，下平段出口中心线高程 218.0m。1 号隧洞上平段纵坡为 1.47%，1 号隧洞进口至调压井中心长度为 1361.5m，调压井后 68m 接半径为18m 的上弯段，竖井段长度为 138.1m，下弯段半径为 18m，下平段纵坡为 7%，下弯段出口至岔管长度为 965.2m。2 号隧洞上平段纵坡为 1.53%，2 号隧洞进口至调压井中心长度为 1311.1m，调压井后 40m 接半径为 18m 的上弯段，竖井段长度为 134.9m，下弯段半径为 18m，下平段纵坡为 7%，下弯段出口至岔管长度为 1022.7m。

引水隧洞直径上平段为 8m，在调压井前渐变为 7m，调压井后渐变为 6m，在下弯段后再渐变为 5.5m，经 Y 形岔管后，支管直径变为 4.2m，并渐变至 3.4m 接主厂房球阀。在机组设计流量条件下，流道上平段流速为 3.42m/s，下平段流速为 7.2m/s，支管流速为 6.2m/s。

根据引水隧洞衬砌内外水压力及围岩条件的不同，在引水隧洞上平段采用了钢筋混凝土衬砌，在调压井以下部分采用钢衬混凝土衬砌，以满足高内水压条件下引水隧洞的结构及运行安全。同时，对引水隧洞全程采取回填、固结灌浆的措施，以加强围岩的稳定性能、减少内水外渗的不利影响，满足引水隧洞的正常运行。

引水隧洞上平段采用钢筋混凝土衬砌，隧洞围岩为 Ⅱ 类、Ⅲ 类围岩时，衬砌厚为0.5m；隧洞围岩为 Ⅳ 类围岩时，衬砌厚为 0.8m，衬砌按限裂设计，隧洞内水压力主要由围岩承担；引水隧洞调压井段以下至岔管段，采用钢衬混凝土衬砌，为满足钢衬正常施工安装空间，混凝土层厚 0.8m。

（2）调压井。调压井布置在引水隧洞流道的中部，依据地形高程及调压井水力学特性确定。调压井采用简单式调压井，在满足机组水力过渡过程要求的前提下，调压井筒直径25m、升管直径 7m、下部流道直径 7m。

调压井内的静水位与库水位相同，正常运行工况下水位为 540.0m，水力过渡过程计算表明，甩负荷工况下，调压井最高涌浪为 557.00m、最低涌浪为 509.00m。调压井顶部地表高程为 558.0m，混凝土衬砌顶部高程为 560m，井筒露出地面；井筒底板底部高程为 506.0m，井筒底板厚 2.0m；井筒高度为 52m，阻抗孔高度为 24.5m，调压井总高度约 76.5m。井筒衬砌 538.00m 高程以上厚度为 1.0m，538.00m 高程以下厚度为 1.5m，阻抗孔衬砌厚度为 0.8m，均为钢筋混凝土衬砌。

施工前期，调压井平面位置的确定主要考虑调压井最高涌浪、引水隧洞布置、地形及地质条件等因素，选择合适高程的地形，按距主厂房最近的条件进行确定。施工期，根据调压井补充勘探地质钻孔揭示的调压井围岩地质条件以及调压井边坡开挖揭示的地质地形条件，对调压井边坡布置和调压井井筒位置进行了部分调整。

调压井布置的调整，首先根据补充勘探的调压井中心钻孔资料以及地质工程师对调压井井筒围岩层位、风化性状的分析成果，将调压井井筒位置向山里侧进行了平移，以减少性状较差的强风化页岩层对井筒竖井开挖稳定的不利影响。同时，为减少对机组水力过渡过程的不利影响，保持了调压井下部升井的中心位置不变，仅将井筒位置向上游及山体里侧进行了平移，井筒与升井为非同心圆布置。相应地，根据调整后的调压井位置，对调压井井筒周边的调压井边坡开挖轮廓进行了协同调整。

调压井井筒直径 25m，将采用钢筋混凝土衬砌结构，并与喷锚支护系统相结合。调压井主井段的钢筋混凝土衬砌厚度 1.00～1.50m，升井段与调压井段的引水隧洞衬砌采用钢板衬砌，升井段衬砌混凝土厚度 0.80m。

为减小调压井衬砌开裂引起的内水外渗对调压井外侧边坡形成的不利影响，采取了对调压井井筒周边围岩进行加强固结灌浆的措施。

为避免调压井顶部井口已开挖岩体进一步风化，加强护壁钢筋混凝土衬砌在井口抵御侧向变形的刚度，同时为井口围岩固结灌浆形成封闭条件，实施过程中在调压井顶部高程558.30m 平台，布置了厚度 50～30cm 的场坪护面混凝土。

4.3.3.4 主厂房布置

（1）厂区布置。沐若电站主厂房厂址选择在坝址下游约 12km 处沐若河右岸的一天然水潭处，厂址处河道开阔、地势较平坦，后缘山体较高。

据总体布置，电站厂区地面高程 239.00m，高于下游校核洪水位。自左至右依次布置有安装场、主厂房及右侧副厂房。安装场左侧为场前区，接进厂公路，副厂房位于主厂房上游侧，与主厂房同长，副厂房地面以下各层分别与安装场、发电机层、水轮机层的高程相同。副厂房上游侧的边坡开挖平台处布置有 275kV 变电所，场内布置有四台主变压器和 GIS 室，并且预留了一台高压电抗器的位置。上游副厂房和主变压器之间布置有场区内交通消防通道。

进厂公路由安装场左侧方向进厂区，行车道净宽 15m，满足电站厂房的设备进出。

（2）主厂房布置。电站厂房外形尺寸为 102.5m×43.5m×53.9m（长×宽×高）。厂房建筑物结构形式采用钢筋混凝土框架结构，地面以上围护结构为填充墙、机组段、右侧副厂房段及安装场，跨度为 26.5m，副厂房跨度为 9.0m；厂房横剖面见图 4.3.7。

水轮机安装高程为 218.00m，尾水管底板高程为 207.50m，主厂房建基面高程为204.00m。根据蜗壳断面最大直径 3.4m 以及厂房上游侧球阀尺寸及其安装要求，确定的

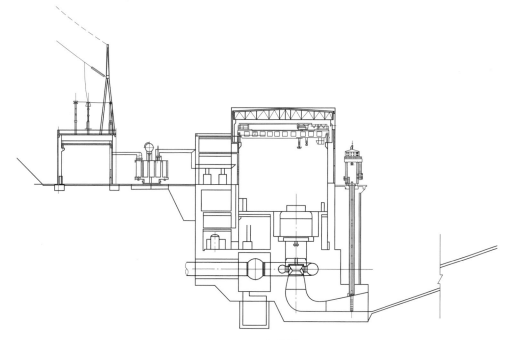

图 4.3.7 厂房横剖面图

水轮机层地面高程为 222.90m，发电机层高程为 232.30m。厂内起吊设备为一台双小车的中级工作制桥式吊车，起吊重量为 2×300t，桥机轨顶高程由发电机转子带轴起吊高度控制，其轨顶高程为 251.00m。主厂房屋顶高程为 260.40m。

机组段长度根据机型、蜗壳尺寸、蜗壳外包混凝土以及必要的结构厚度等综合确定；厂房宽度主要是由厂房水下部分的尺寸控制，水下部分下游侧由蜗壳尺寸、基本通道、尾水管盘型阀的布置和必要的结构厚度确定，上游侧主要根据球阀的尺寸和必要的结构厚度确定。根据以上原则，初步确定 2 号、4 号机组单机长度为 17m；而 1 号、3 号机组受球阀尺寸控制，单机长度增加为 18m。机组段总长为 70m，宽为 34.74m，采用两机一缝。

机组段共三层，分别为发电机层、水轮机层及球阀廊道层，其中发电机层高程为 232.30m，水轮机层高程为 222.90m，球阀廊道层高程为 213.00m。发电机层上游侧布置有励磁盘等，并设有球阀吊物孔，下游侧布置有机旁盘等设备。水轮机层上游侧布置励磁变、球阀吊物孔等，下游侧布置中性点接地装置、尾水管放空控制操作阀。球阀廊道内布置有球阀、检修排水泵及渗漏排水井。球阀上游侧连接内径 3.4m 的压力引水钢管，球阀中心线高程 218.0m，底板安装高程 213.00m。

安装场布置在主厂房机组段左侧，平面尺寸为 25m×26.5m，按一台机扩大性检修放置转子、顶盖、转轮及上机架等的需要进行设置，并考虑了设备进厂卸货所需的场地要求。安装场分为两层及左、右两端布置，两层的楼面高程分别为 239.00m、232.30m。其中左端高程 239.00m 段为安装场卸货平台，与进场公路同高程，运输平板车可以直接进入，利用厂房桥机起吊卸货。卸货平台下部为空压机室，楼面高程 232.30m 与发电机层同高。安装场右端与发电机层同高，安装检修期可满足发电机转子带轴的整体吊装要求。

为减小安装场结构尺寸，在满足机组安装检修的条件下，将通常布置在安装场下部的机修间、油处理室、透平油库等移到主厂房外，并布置在安装场左侧边坡258.00m高程的平台上。

主厂房右侧副厂房段共两层，楼面高程分别为232.30m、222.90m，与发电机层、水轮机层相接。右侧副厂房段长度7.5m，宽度与主厂房相同，厂房结构形式采用钢筋混凝土框架结构，地面以上围护结构为砖墙。

（3）副厂房布置。副厂房由机组段上游副厂房、安装场上游副厂房和右侧副厂房上游副厂房三部分组成。均位于主厂房上游侧，与主厂房同长。

机组段上游副厂房与机组段同长，共五层。地面以上的高程247.00m部分主要布置有电气试验室、公用设备控制室、计算机室、中控室、通信电源室、通信机房、值班室和会议室等，地面以下分为四层，分别是地面层高程239.00m，该层布置有PT柜、避雷器柜和高压厂用变等设备，四台变压器的低压母线也从主厂房经此层引出；厂用电设备层高程232.30m，布置有厂用电变压器、11kV开关柜等设备；电缆夹层高程228.90m；技术供水室层高程222.90m，布置有机组供水泵、油压装置等设备。

安装场上游副厂房与安装场同长，分为四层，地面以下一层，高程为222.90m，平面尺寸为14m×9m。地面以上三层，平面尺寸为25m×9m；高程分别为239.00m、243.00m和247.00m。该部分主要布置有电气试验室、直流电源蓄电池室、值班室和会议室等。

右侧副厂房上游副厂房主要是满足交通需要，布置有2号电梯及楼梯。

（4）厂内交通布置。在安装场上游副厂房右侧布置有一处通往各层的电梯及1号楼梯间，该楼梯间能通达电站主厂房内，上至中控室、下至球阀室的各高程部位，运行高程为247.00～213.00m，为厂内主要的垂直交通；在右侧副厂房上游副厂房左侧，也布置有一处电梯（兼货运电梯）及2号楼梯间，通过该楼梯间可直接通达主厂房和机组段上游副厂房各层，运行高程为247.00～213.00m。在安装场下游侧左端，布置有从安装场高程239.00m通往发电机层（高程232.30m）的3号楼梯间。安装场左侧端墙设进厂大门，门洞尺寸为9m×4m（宽×高）。

安装场上游副厂房左侧的走道端设一主要人行出口，通过走道可方便地从1号楼梯和3号楼梯到达各个部位。

（5）尾水平台。尾水平台位于主厂房下游侧，横贯主厂房下游左右两端，平台宽8.0m，布置有机组检修闸门启闭门机及其行走轨道。平台高程239.00m满足下游校核洪水位（高程237.00m）及其安全超高要求，经进场公路可直达尾水平台。尾水平台下部由尾水墩支撑在厂房下部基础混凝土上，尾水墩共六个，其中边墩厚3.8m，中墩厚7.6m；尾水墩中部设有机组尾水检修闸门槽、有机组检修叠梁门，闸门孔口尺寸9.35m×4.8m（宽×高），由布置在尾水平台上的门机进行启闭操作。

4.3.3.5 尾水渠、变电所及附属建筑物布置

（1）尾水渠。厂房尾水渠位于主厂房至下游河道间，由开挖Ⅰ级阶地形成。尾水渠渠

底最低高程 207.50m（与尾水管出口底板同高程），渠底宽 68m，长 63m，以 1∶3 的坡度与天然河床相接。尾水渠末端设有尾水控制宽顶堰，堰顶高程 224.00m，可保证在下游河床水位低于高程 224.00m 时，尾水满足机组运行的最小淹没深度要求。设计尾水位高程 228.00m。

尾水渠渠底建基岩体基本为全强风化的砂岩及页岩，建基面岩石的稳定情况较差，为防止电站尾水对渠底及其边坡基岩的冲刷破坏，尾水渠渠底需采用钢筋混凝土护坦进行保护，两侧边坡也需进行钢筋混凝土护坡，钢筋混凝土护坦及护坡的厚度为 0.5m，并在其中布置排水孔减压。

（2）275kV 变电所。275kV 变电所位于副厂房上游的开挖平台上，与主厂房走向平行布置，平台地表高程 239.00m。变电所长 126m，宽 15～40m，占地面积约 4800m²，布置有 4 台主变压器及其与之配套的 GIS 室及 GIS 控制室。

变电所采用 GIS 配电装置与主变压器布置在地面同高程的平面布置方式，主变压器布置在 239m 高程的户外。GIS 室布置在上游靠山里侧，中部并排布置 1～4 号机变压器及阻抗器等配套设备，各变压器之间轴线间距 17m，主变压器下游侧为副厂房。GIS 室与主变之间间隔 3.9m，副厂房与变压器之间设有 7m 的行车道，可作为变压器运输通道，两者间形成变电所厂内循环通道。该通道在变电所左端下游侧与安装场大门及进场公路连接，为人员、设备运输进出厂的主要通道，右端可达主厂房右侧副厂房段。变压器与副厂房之间通道下部，布置有地下事故油池。

GIS 室为单层框架结构建筑物，地面高程 239.00m，布置 GIS 配电装置室、专为 GIS 设置的风机房、高压出线架及其相关设备。

GIS 控制室布置在 GIS 室左侧，为一栋 4 层钢筋混凝土框架结构建筑物。

4.3.3.6 生态电站

在电站发电运行过程中，为避免大坝下游至电站主厂房尾水间 12km 河段出现断流，设计上考虑了在大坝未泄洪时，下泄 8m³/s 的生态流量，以保护下游河道内的水生环境，并尽量减少对生态环境的不利影响。为充分利用水能，同时结合电站保安电厂布置以及大坝和库区移民点的供电需求，可利用生态流量在大坝下游设置水电站。生态电站采用坝后式，布置在大坝左岸 7 号、8 号坝段的坝趾处，进水口及压力引水钢管（兼生态流量放水管）布置在 7 号坝段内。

（1）进水口。进水口布置在 7 号坝段。为满足生态流量取水及发电淹没深度等要求，生态流量电站进水口设置在 515m 高程以下，并预埋一根内径 150cm 钢管穿过坝体通向下游坝面。

作为进水口闸门平台的悬挑牛腿设置在 508.60m 高程，牛腿上依次布置有拦污栅槽及事故检修门槽，直通至坝顶高程 546.0m。坝顶未设固定的起吊设备，需要检修拦污栅或闸门时，采用移动起吊设备操作。闸门槽后的坝内采用喇叭形的连接段与内径 150cm 钢管相接。

（2）压力钢管布置。为减小压力钢管埋设对碾压混凝土施工带来的不利影响，对引水压力钢管，在总体上采用了"坝后背管"的布置方案。同时，针对当地雨水较多、干湿交替频繁、紫外线照射强烈，暴露在外的钢管后期维护成本大、维修困难的具体情况，采用了在大坝混凝土浇筑时预留台阶式钢管槽及插筋，后期安装钢管后再回填常态混凝土的"埋管"设计方案。

为兼顾发电及生态放水要求，生态电站共安装两台机组和一个生态放水管阀。引水管路由布置在 7 号坝段的一条内径为 150cm 的压力钢管，经"一管三岔"的"卜"形岔管后，支管分别与机组阀门或生态放水管阀门相接，岔管后的支管内径变为 100cm。压力钢管由进口上平段、上弯段、斜直段、岔管段、渐变段、1 号、2 号支管段、下弯段、下平段等组成，在上平段设有压力钢管检修进人孔，与大坝坝内廊道网相通。

（3）发电厂房布置。按照总体格局，厂房的布置只能控制在 7 号、8 号坝段的坝趾上部水平段范围内，受范围及可利用尺寸的限制，厂房平面尺寸为顺水流向 19m，垂直水流向 35m。

在垂直水流向，厂房右侧接大坝台阶消能坝段右导墙、左侧接 6 号坝段的左岸边坡挡墙，厂房基础底板混凝土跨 7 号、8 号坝段布置，其重量可作为提高坝体稳定安全系数的有效载荷。

进厂道路利用现有施工临时道路，与厂房大门平顺相接。厂房卸货及安装场布置在两台机组中间，以方便机组及附属设备的运输，同时与 2 号机组共用安装及检修空间，达到合理利用空间的目的。

生态放水阀布置在主厂房外，厂房内自左至右依次布置有生态放水管、1 号水轮发电机组、安装场、2 号水轮发电机组；副厂房布置在上游侧，与主厂房同高程，根据机电设备的组成、功能及布置要求，分为 3 层，以达到合理利用有效空间、方便运行管理的目的。

生态电站厂房设置在溢流表孔台阶式溢洪道左边墙外侧，沐若水库大多数时间在正常蓄水位以下运行，水库泄洪的时间很少，生态电站厂房采用基本封闭的结构，以避免泄洪对生态厂房产生影响。

（4）尾水及出口布置。生态电站机组采用卧轴混流式水轮发电机组，尾水管为弯锥形，其后接尾水流道。尾水出口末端设置了溢流挡水堰，尾水溢出挡水堰后直接排入大坝下游河道内，跌水处布置在钢筋混凝土护坡上，形成生态流量。

厂房右侧采取了悬挑式的结构，以便布置挡水堰。下部为大坝护坦左侧护坡，为尾水溢出挡水堰后直接排入河道提供了条件。

电站尾水流道按机组分别设置挡水堰，尾水互不连通，便于单台机组检修时不影响另外一台机组运行发电。每个挡水堰底部低洼处设置小直径连通管，通向外部，作为检修排水管，使机组发电时不影响机组对淹没深度要求，机组检修时能排空流道及挡水堰内的水，给机组检修创造条件。

4.4 枢纽布置关键技术问题研究

4.4.1 复杂地质条件和人文要求下大坝布置

重力坝往往是枢纽中最重要的建筑物，其布置根据河流开发目标和枢纽功能要求，合理规划，理顺泄洪、发电等建筑物位置关系，避免施工和运行相互干扰。重力坝布置在满足安全和功能要求的基础上，应使建筑物的工程量小、造价低，并具有美观、适宜环境的外形。重力坝布置中优先考虑坝身泄洪，对于狭窄河道尤其如此。

在满足功能要求的条件下，重力坝的布置主要考虑适应地形地质条件。重力坝的轴线一般采用直线，但对于地质条件复杂的，也有在两岸部分采用折线或曲线布置的。

如龙滩水电站，河床坝段位于强度较高的以砂岩为主的岩层，相对较弱泥板岩岩层只在建基面较高的左岸山坡通过，为避开左岸上游的蠕变岩体和右岸冲沟的影响及减少开挖和混凝土工程量，两岸坝轴线分别向上游折转 27° 和 30°，最终形成了一个折线型重力坝坝轴线。

向家坝重力坝轴线在两岸以 54° 的夹角向上游转折，坝基坐落于岩性为巨厚至厚层砂岩的 T_3^3 岩组内，避开不良岩体，使坝基处理工作得到简化。

百色重力坝受右岸地形地质影响，大坝轴线在河床部分与河流正交，右岸坝轴线顺辉绿岩展开布置成折向上游，左岸略折向下游。

安康混凝土重力式拦河坝，采用了折线型坝线，溢流段轴线基本垂直下游河道，左岸为了不跨越 F_3 断层轴线向下游转了 35°，为了调整坝基应力状态，右岸坝线也向下游转了 10° 角，较好地利用了河道地形特点。采用的坝线使坝基落在较坚硬、完整的岩体上，避开了区域性断层 F_3 和侵入体下游的 F_{10} 断层破碎带，避开了下游大片滑坡分布区和河床深潭地形。

沐若水电站大坝基础为横河向陡倾砂、页岩互层岩体，大坝稳定主要依托第 10 亚段厚层砂岩。但该层砂岩分布范围有限，且被河床断层在上、下游方向错开 40m 以上。同时，坝址右岸为当地土著居民朝拜的"圣石"，必须加以保护；且"圣石"产状略倾上游，开挖扰动后稳定性受影响。

4.4.1.1 坝型改选

沐若水电站坝址地形地质条件满足修建面板堆石坝或碾压混凝土重力坝的要求。瑞士苏黎世 Electrowatt 工程服务公司 1994 年编制的《沐若水电项目工程可行性研究报告》中，对面板堆石坝和碾压混凝土重力坝进行了比选，两种坝型投资相当，碾压混凝土坝投资略低，但考虑"坝基岩体软硬相间不利于重力坝受力及稳定，右岸存在当地人崇拜的'圣石'影响重力坝布置，当地降雨频繁影响碾压混凝土施工速度和质量，水泥和粉煤灰供应难以保障"，选择了面板堆石坝。

大坝，尤其是大库的高坝，在水工建筑物中具有举足轻重的地位。沐若水电站地处深山雨林的土著地区，环境敏感，交通不便，运行管理人才缺乏，因此，对大坝的安全性和运行的自动化程度要求更高。

相比重力坝而言，尽管面板堆石坝方案对水泥和粉煤灰需求量小，但其骨料用量达到重力坝骨料量的 4 倍以上，骨料开采对环境影响大；高陡岸坡和软硬相间基岩，不利于面板坝趾板与基础的结合及协调变形；面板坝后期变形观测及资料分析复杂，变形病害处理难度大；面板坝设计洪水标准比重力坝高；面板坝不宜布置坝身泄洪设施，需布置岸边溢洪道，高面板坝需设放空洞以备防震、检修等放空需要，挡泄水建筑物布置复杂。

重力坝方案，其安全性更高；坝基软硬相间岩体受力及右岸"圣石"保护问题可以通过大坝的巧妙布置予以解决，骨料用量少，对环境影响小；可布置坝身开敞式无闸控泄洪表孔，实现无人值守，运行方便，且不会造成人工洪水。充分体现了"以人为本，保护环境"的理念。此外，重力坝方案在可研报告的基础上，工程量及投资还有一定的优化余地。从安全、技术和经济角度讲，重力坝方案较优。

对于 Electrowatt 公司在可研报告中提出的"频繁降雨对混凝土施工和质量的影响"以及"水泥和粉煤灰供应"问题，长江设计公司进行了专门研究。

泰国科隆塔丹坝（坝高 92m，碾压混凝土总量约 540 万 m^3），智利潘戈坝（坝高 113m，碾压混凝土量 66 万 m^3）等所在地区气候条件与沐若水电站相近，均成功解决了频繁降雨的应对问题。

原可研报告完成时间为 1994 年，当时存在原材料供应保障问题。经过 13 年的经济发展，至该工程 EPC 招标时，据调查，砂捞越能够连续保障大量的水泥和粉煤灰供应。

因此，沐若水电站大坝选择碾压混凝土重力坝。

在大坝实际施工中，立足于近年碾压混凝土筑坝技术长足发展所积累的丰富实践经验，通过分析沐若水电站降雨时间和强度的规律，制定严密的雨季施工措施，成功应对了频繁降雨，碾压混凝土浇筑进度快，质量好。水泥和粉煤灰的供应，除对外交通受阻影响外，保证了大坝混凝土施工需要。重力坝方案工期比原可研报告预计的建设工期缩短 16个月。

4.4.1.2 大坝布置原则

根据本工程地形地质特点，大坝布置原则包括以下几个方面内容：

（1）充分利用第 10 亚段的硬砂岩。

（2）根据当地宗教文化要求，右岸"圣石"必须保留，大坝布置应充分考虑。

（3）坝趾压应力较大，应使坝趾落在第 10 亚段硬砂岩范围内。

（4）尽量利用两岸山脊，减少开挖和混凝土工程量。

（5）溢流坝段中心线应尽量与河床方向一致，以便下泄水流归槽。

4.4.1.3 坝轴线选择

坝址河道长约 1050m，较明显的山脊有两处，分别离直线河段进口约 400m 和 600m，在正常蓄水位时，库水面宽分别为约 650m 和 450m，高宽比分别为 4.6 和 3.2；而且下游山脊位于第三系美拉牙组 P_3pel 段的第 10 亚段（P_3pel^{10}），该亚段岩体为砂岩，总厚度较大，约 130m，因此，选择离进口约 600m 处的山脊作为坝轴线。

由于两岸岩层在上、下游方向错开约 40m，为使坝趾落在第 10 亚段范围，同时尽量利用两岸山脊减小工程量，坝轴线比较了直线、折线和弧线三种形式，见图 4.4.1。

采用直线坝轴线，若要让大坝与两岸突出山脊衔接，则河床部位坝段坝趾将落在第 11 亚段上，该段基础岩石较软弱，坝体易产生不均匀变形。若要利用左岸突出山脊，且河床部位坝段坝趾坐落在第 10 亚段上，则右岸将落在第 9 亚段深沟里，开挖量和混凝土量增加较多。

若采用折线坝轴线或弧形坝轴线，则可以保证大坝同时与两岸突出山脊衔接，且河床部位坝段坝趾落在第 10 亚段上。但对于折线布置，弯折部位坝段上下游坝轴向尺寸差异大，坝趾应力大，稳定性差；而弧线布置，各坝段轴向尺寸沿轴线均匀过渡，上下游尺寸

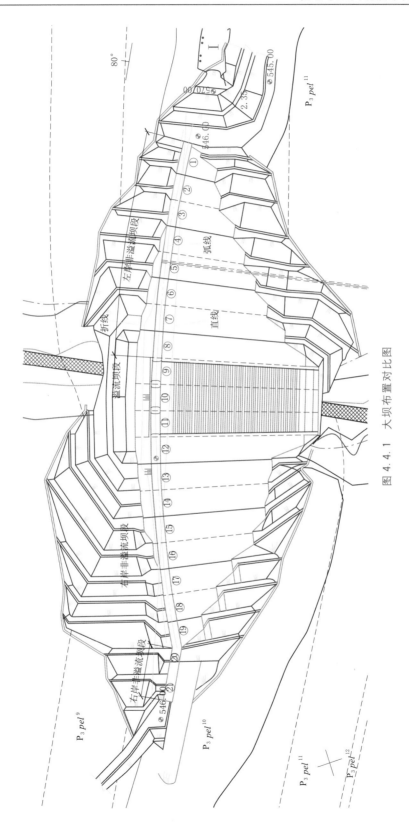

图 4.4.1 大坝布置对比图

差异小，受力条件较好。

经比较，确定大坝采用弧形坝轴线。

4.4.1.4 大坝布置方案拟定

坝址处两岸岩体明显突出，并向河床伸展。左岸岩体脊线（横河向）坡度30°~60°，上游面坡度40°~70°，下游面坡度35°~55°。在高程546m平面，左岸岩体临近河床部分厚度较大，岩体较完整。右岸岩体脊线（横河向）坡度50°~60°，上游面近乎直立，甚至倒倾，下游面坡度40°~70°。在高程546m平面，右岸岩体临近河床部分厚约30m。右岸岩体裂隙发育，在顺流向被陡倾角裂隙（软弱夹层）T_2及T_3分割为体型相对独立的三部分。T_2与T_3之间岩层厚10余m，为右岸砂岩体核心部分。上游面岩壁可见T_4、T_{13}、T_{14}、T_{19}等长大缓倾角裂隙。

左岸山脊较厚实，顺流向岩体风化线较平缓，山脊部位略高于两侧，大坝正对山脊布置，可利用山脊岩体作为大坝建基面，减小坝高，对于顶部高程高于546m突出的完整岩体可直接挡水，布置较为简单，选择的余地比较小。

右岸山脊较单薄，风化深度大，顺流向岩体风化线变幅较大；如何利用右岸山脊岩体是大坝设计的重点。

根据地形地质条件，大坝轴线布置为弧线，弧线半径893m，在右岸边坡坝段依地势折向上游调整为直线，轴线总长430.23m，分成21个坝段，从左至右依次编号。1~8号坝段为左岸非溢流坝段，9~11号坝段为河床溢流坝段，12~21号坝段为右岸非溢流坝段。

14号坝段及以左坝段建基面均开挖呈大平台状，坝体断面为基本三角形，高差不大，上游高程470m以上为垂直面，以下坝坡1:0.2，下游坝坡1:0.75或1:0.8。

15号坝段及以右坝段的布置主要考虑对右岸山脊的利用，按照对其利用方式不同重点研究了以下3个方案：

方案1：17号坝段及以右范围保留T_2下游的岩体，对上部危岩体进行加固，T_2上游建基面为水平面；

方案2：17号坝段及以右范围利用T_2下游的岩体，对上部危岩体进行加固，T_2上游建基面为台阶状；

方案3：17号坝段及以右范围保留T_2下游的岩体，14~16号坝段保留T_3下游岩体，对上部危岩体进行加固，坝踵部位保证一定范围的水平建基面，T_2或T_3上游建基面为台阶状。

1. 方案1

(1) 大坝布置。15号坝段及以右坝段大坝断面为上游高程470m以上为垂直面，以下坝坡1:0.2，下游坝坡1:0.75至T_2夹层，对T_2夹层下游的突出山脊不进行开挖，坝体混凝土与T_2裂隙下游的突出岩体联合承受荷载，T_2夹层上游建基面为水平面，典型断面见图4.4.2。

(2) 稳定应力计算。取正常蓄水工况对各坝段深层抗滑稳定进行复核，计算剖面见图4.4.3~图4.4.7，计算结果见表4.4.1。

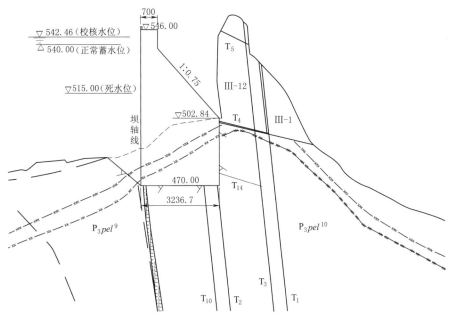

图 4.4.2　方案 1 典型剖面图

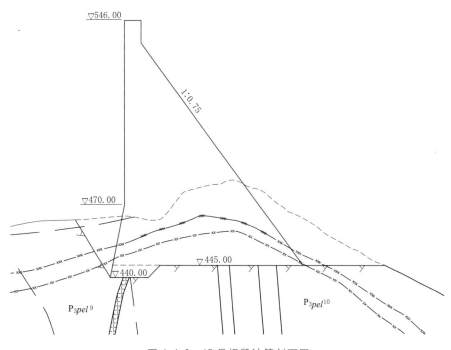

图 4.4.3　15 号坝段计算剖面图

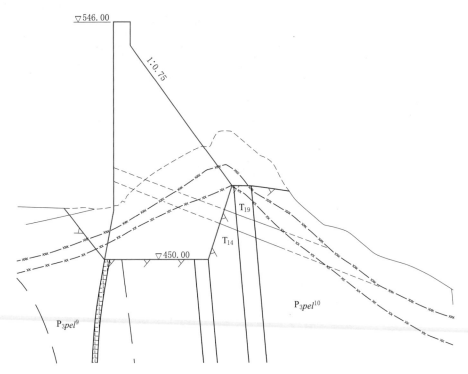

图 4.4.4　16 号坝段计算剖面图

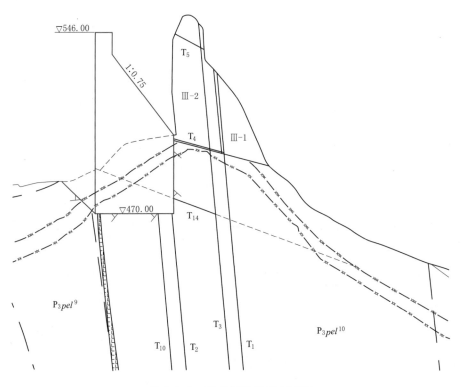

图 4.4.5　17 号坝段计算剖面图

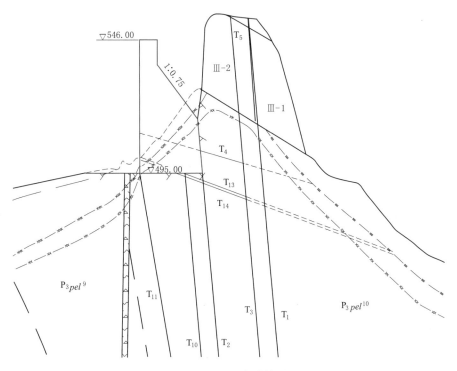

图 4.4.6　18 号坝段计算剖面图

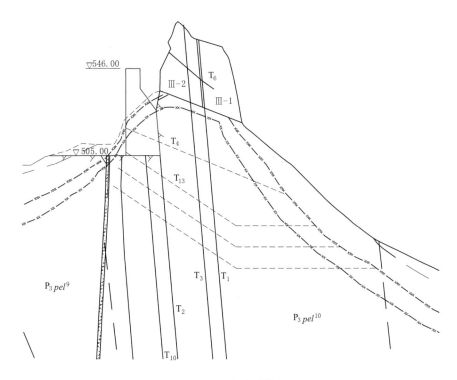

图 4.4.7　19 号坝段计算剖面图

表 4.4.1　　　　　　　　　方案 1 大坝深层抗滑稳定计算结果表　　　　　　　　单位：kN

剖　面	滑　面	$\psi\gamma_0 S$（*）	R（*）$/\gamma_{d1}$
15 号坝段	建基面	48644.75	68056.13
16 号坝段	T_{19}	34664.50	42218.10
	T_{14}	47382.59	55288.91
17 号坝段	T_{14}	55764.11	72145.61
18 号坝段	T_4	24144.86	47880.24
	T_{13}	44709.19	67700.41
	T_{14}	46270.70	69098.28
19 号坝段	T_4	32343.23	53517.13
	T_{13}	38311.11	46899.40
	T_{13} 下降 10m	41744.85	51487.86
	T_{13} 下降 20m	45006.96	56652.95

由于大坝基本断面中利用了部分岩体，为分析坝体与基岩的应力状况，现阶段取 18 号坝段为典型断面进行了平面数值计算。结果表明，大坝和后部岩体接触面上法向应力分布连续，可形成整体受力；坝踵及坝体上游面均未出现垂直拉应力。坝趾和坝踵压应力均小于基岩抗压强度，满足规范要求。

（3）"圣石"保护。由于右岸突出山脊厚度薄，坡度陡，三面临空，裂隙发育，天然状态下就存在变形倾倒和解体的风险，坝基开挖施工又对沿 T_2 裂隙上游的岩体深切，增加了上游临空面高度，保留山脊的稳定问题更加突出，须进行加固处理。

对保留山脊进行系统锚固和表面喷护加固。在坝坡以上布置 1500kN 的系统锚索，间距 5m×5m，其中上部岩体较薄部位采用对穿锚索；并在突出山脊临空面布置 $\phi25$ 的系统锚杆，表面进行挂网喷护，锚杆采用长 6m、间距 3m×3m。

（4）主要工程量。方案 1 主要工程量见表 4.4.2。

表 4.4.2　　　　　　　　　　方案 1 主要工程量表（右岸大坝）

项　目	单位	大坝	"圣石"保护	项　目	单位	大坝	"圣石"保护
开挖	万 m³	15.32		F_5 夹层置换	m³	11200	
混凝土	万 m³	18.90		锚索	束	239	136
钢筋	t	567		锚杆	根	663	1469
固结灌浆（进尺）	m	6252		排水孔	个		1469
陡坡接触灌浆	m²	1881		挂网喷混凝土	m³		3257
陡倾角裂隙置换	m²	11200					

2. 方案 2

（1）大坝布置。15 号坝段及以右坝段大坝断面为上游高程 470m 以上为垂直面，以下坝坡 1:0.2，下游坝坡 1:0.75 至 T_2 夹层，建基面在坝踵处留 8m 宽平台，其下游采用斜坡利用突出山脊下部完整岩体抬高建基面，T_2 夹层下游的突出山脊不进行开挖，并在坝体与

T_2 夹层下游的突出岩体保留 10m 的接触面，使两者联合承受荷载，典型断面见图 4.4.8。

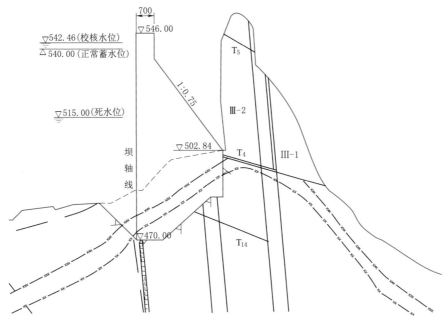

图 4.4.8　方案 2 典型剖面图

（2）稳定应力计算。取正常蓄水工况对各坝段深层抗滑稳定进行复核，计算剖面见图 4.4.9～图 4.4.13，计算结果见表 4.4.3。

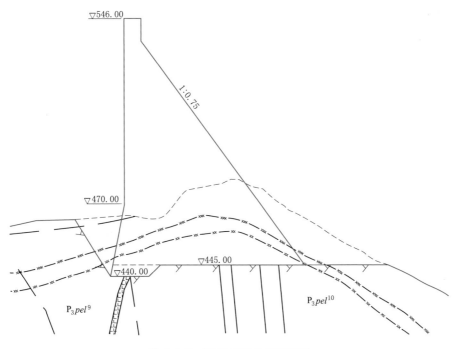

图 4.4.9　15 号坝段计算剖面图

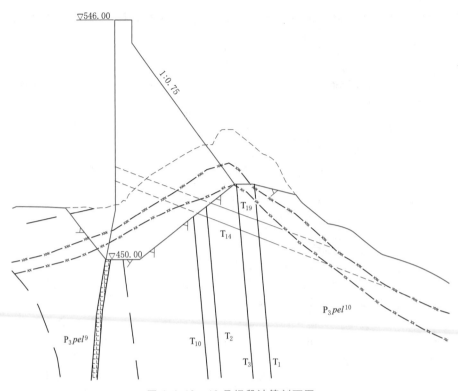

图 4.4.10 16 号坝段计算剖面图

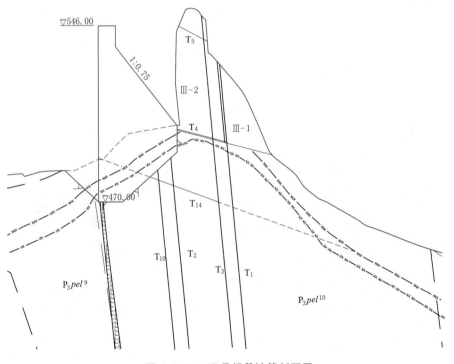

图 4.4.11 17 号坝段计算剖面图

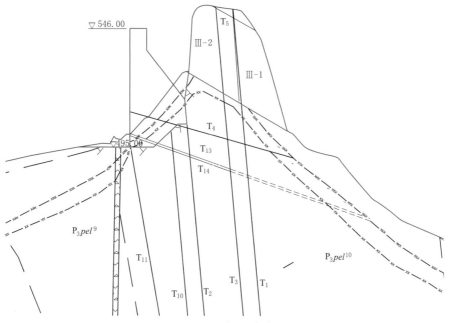

图 4.4.12　18 号坝段计算剖面图

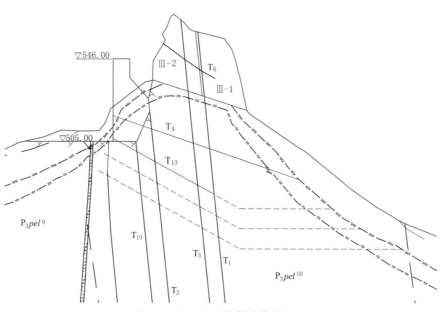

图 4.4.13　19 号坝段计算剖面图

表 4.4.3　　　　　　　　方案 2 大坝深层抗滑稳定计算结果表　　　　　　　　单位：kN

剖　　面	滑　　面	$\phi\gamma_0 S(*)$	$R(*)/\gamma_{d1}$
15 号坝段	建基面	48644.75	68056.13
16 号坝段	T_{19}	34592.83	41500.40
	T_{14}	47352.71	54251.22

续表

剖　　面	滑　　面	$\psi\gamma_0 S(*)$	$R(*)/\gamma_{d1}$
17 号坝段	T_{14}	55847.73	70942.14
18 号坝段	T_4	24155.01	47393.25
	T_{13}	44790.08	67229.17
	T_{14}	46354.41	68882.12
19 号坝段	T_4	32357.65	53151.83
	T_{13}	38386.22	46959.95
	T_{13} 下降 10m	41819.96	51547.71
	T_{13} 下降 20m	45082.06	56712.83

由于大坝基本断面中利用了部分岩体，为分析坝体与基岩的应力状况，现阶段取 18 号坝段为典型断面进行了平面数值计算。结果表明，大坝和后部岩体接触面上法向应力分布连续，可形成整体受力；坝踵及坝体上游面均未出现垂直拉应力。坝趾和坝踵压应力均小于基岩抗压强度，满足规范要求。

（3）"圣石"保护。同方案 1。

（4）主要工程量。方案 2 主要工程量见表 4.4.4。

表 4.4.4　　　　　　　　　方案 2 主要工程量表（右岸大坝）

项　目	单位	大坝	"圣石"保护	项　目	单位	大坝	"圣石"保护
开挖	万 m³	13.73		F_5 夹层置换	m³	11200	
混凝土	万 m³	16.53		锚索	束	227	136
钢筋	t	496		锚杆	根	628	1469
固结灌浆（进尺）	m	6252		排水孔	个		1469
陡坡接触灌浆	m²	1881		挂网喷混凝土	m³		3257
陡倾角裂隙置换	m²	11200					

3. 方案 3

（1）大坝布置。为减小对突出山脊的扰动，根据现场地形条件，大坝布置宜以 14～15 号坝段坝趾不过 T_3、16 号坝段以右坝趾不过 T_2 为原则。

方案 3 中 14～16 号坝段断面为上游高程 530m 以上为垂直面，以下坝坡 1∶0.2，下游坝坡 1∶0.7 至 T_3 夹层，建基面在坝踵处留 8m 宽平台，其下游采用斜坡利用突出山脊下部完整岩体抬高建基面，T_3 夹层下游的突出山脊不进行开挖；18 号坝段以右坝体断面上游为垂直面，17 号坝段上游面逐渐过渡，折坡点高程由 530m 降至 490m，下游坝坡 1∶0.7 至 T_2 夹层，建基面在坝踵处留 8m 宽平台，其下游采用斜坡利用突出山脊下部完整岩体抬高建基面，T_2 夹层下游的突出山脊不进行开挖，典型断面同方案 2。

（2）稳定应力计算。取正常蓄水工况对各坝段深层抗滑稳定进行复核，计算剖面见图 4.4.14～图 4.4.16，计算结果见表 4.4.5。

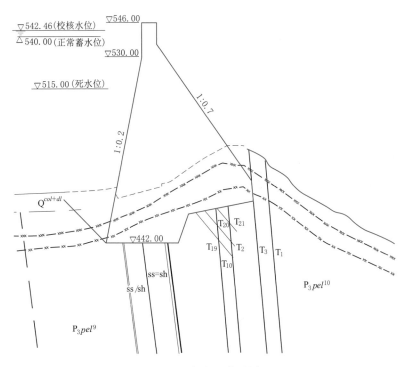

图 4.4.14　方案 3 典型剖面图

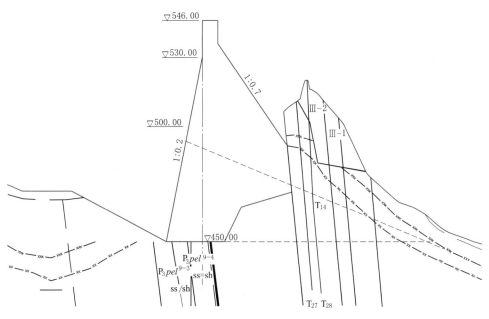

图 4.4.15　16 号坝段计算剖面图

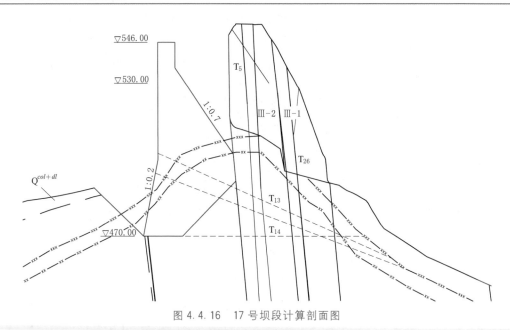

图 4.4.16　17 号坝段计算剖面图

表 4.4.5　　　　　　　　　方案 3 大坝深层抗滑稳定计算结果表　　　　　　　　单位：kV

剖　　面	滑　　面	$\psi\gamma_0 S(*)$	$R(*)/\gamma_{d1}$
16 号坝段	T_{14}	45038.40	71026.72
	高程 450.00m	43752.79	90347.81
17 号坝段	T_{13}	44969.45	63640.07
	T_{14}	48574.62	67429.78
	高程 470.00m	26487.19	71389.31

由于大坝基本断面中利用了部分岩体，为分析坝体与基岩的应力状况，现阶段取 18 号坝段为典型断面进行了平面数值计算。结果表明，大坝和后部岩体接触面上法向应力分布连续，可形成整体受力；坝踵及坝体上游面均未出现垂直拉应力。坝趾和坝踵压应力均小于基岩抗压强度，满足规范要求。

（3）"圣石"保护。同方案 2。

（4）主要工程量。方案 3 主要工程量见表 4.4.6。

表 4.4.6　　　　　　　　　方案 3 主要工程量表（右岸大坝）

项　目	单位	大坝	"圣石"保护	项　目	单位	大坝	"圣石"保护
开挖	万 m^3	13.27		F_5 夹层置换	m^3	11200	
混凝土	万 m^3	19.54		锚索	束	227	136
钢筋	t	586		锚杆	根	628	1440
固结灌浆（进尺）	m	6816		排水孔	个		1440
陡坡接触灌浆	m^2	2430		挂网喷混凝土	m^3		3017
陡倾角裂隙置换	m^2	11200					

4.4.1.5　大坝布置方案比选

（1）对"圣石"的影响。方案1和方案2挖除了突出山脊靠河床的少量岩体，但开挖可能对保留的"圣石"稳定有不利影响；方案3保留了"圣石"，对其影响最小。

（2）技术可行性。三个方案均通过上倾的建基面或垂直接触面传递压力使混凝土坝体和山脊岩体共同受力。通过对表面出露的缓倾角裂隙构成的坝体深层抗滑稳定问题的初步计算分析表明，只要"圣石"下部岩体完整性好、陡倾角夹层经处理能传递水平推力，各方案大坝的深层抗滑稳定基本能满足要求，坝踵及大坝上游面垂直应力均未出现拉应力，压应力小于基岩允许压应力，技术上均是可行的。

（3）施工。方案1沿T_2垂直开挖，山脊临空面高度增加40m，施工期安全风险较大；方案2斜坡开挖对山脊上游临空面高度虽增加不多，但14号坝段开挖对突出山脊靠河床端部扰动较大，施工期也有一定的安全风险；方案3的14～16号坝段坝趾不超过T_3、17号坝段以右坝趾不超过T_3，坝基开挖对突出山脊影响较小，施工期安全风险相对较小。

（4）工程量。三个方案主要工程量见表4.4.7。

表4.4.7　　　　　　　　　　　三个方案主要工程量对比表

项　　目	单位	方案1	方案2	方案3
开挖	万m^3	15.32	13.73	13.27
混凝土	万m^3	18.90	16.53	19.54
钢筋	t	567	496	586
固结灌浆（进尺）	m	6252	6252	6816
陡坡接触灌浆	m^2	1880	1880	2430
陡倾角夹层置换	m^2	11200	11200	11200
F_5夹层置换	m^3	11200	11200	11200
锚索	束	375	363	363
锚杆	根	2132	2097	2068
排水孔	个	1469	1469	1440
挂网喷混凝土	m^3	3257	3257	3017

方案3对突出山脊的影响最小，工程量不大，施工期安全风险相对较小，因此，大坝布置推荐方案3。

4.4.1.6　大坝布置

坝址处两岸山脊不完全对称，左岸山脊位于右岸山脊上游，岩层垂直于河流流向，但各岩层左岸较右岸向上游错开约40m。为充分利用力学性能较好的岩石，坝轴线采用弧线布置，半径893m，溢流坝段中心线方位角25.23°，右岸轴线为与地形衔接，岸边坝段往上游方向逆时针转动约21°。整个大坝轴线长430.23m，分成21个坝段，河床中间布置开敞式溢洪道，两岸布置非溢流坝段。大坝布置见图4.4.17和图4.4.18。

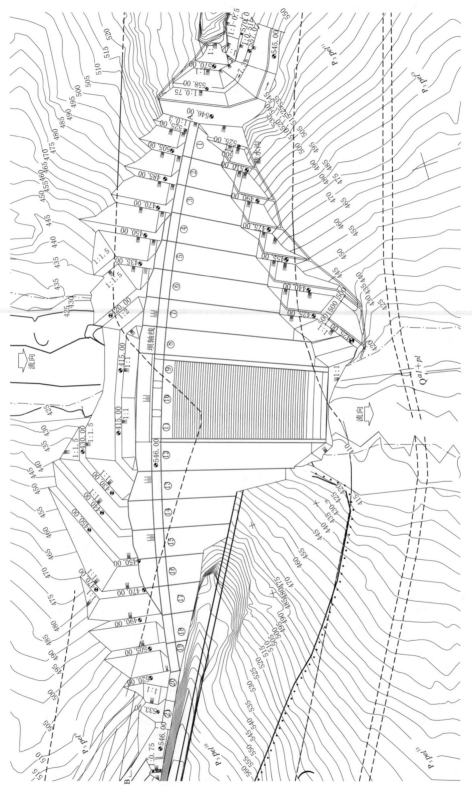

图 4.4.17 大坝平面布置图

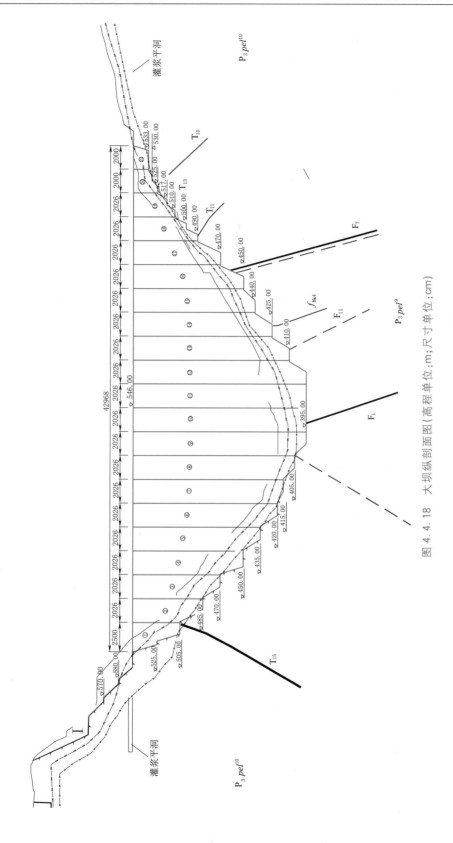

图 4.4.18　大坝纵剖面图(高程单位:m;尺寸单位:cm)

4.4.1.7 小结

沐若水电站大坝基础为横河向陡倾砂、页岩互层岩体，大坝稳定主要依托第 10 亚段厚层砂岩。但该层砂岩分布范围有限，且被河床断层在上、下游方向错开 40m 以上。同时，坝址右岸为当地土著居民朝拜的"圣石"，必须加以保护；且"圣石"产状略倾上游，开挖扰动后稳定性受影响。受地质条件和人文要求的双重限制，使得大坝布置难度十分大。

大坝选择重力坝方案，解决了可研报告选择面板坝方案的各种担忧问题，且安全性更高；坝基软硬相间岩体受力及右岸"圣石"保护问题可以通过巧妙的大坝布置予以解决，骨料用量少，对环境影响小；可布置坝身开敞式无闸控泄洪表孔，实现无人值守，运行方便，且不会造成人工洪水。充分体现了"以人为本，保护环境"的理念。

为尽可能利用砂岩，以利于大坝稳定，并保护右岸"圣石"，经对多种方案进行比较研究，突破传统思维，采用了"弧线＋直线"的大坝轴线布置方案。左岸及河床部位采用弧线布置，使得坝基主要受力部位落在条件较好的砂岩上，确保大坝稳定。右岸采用直线布置，大坝紧贴"圣石"，与之融为一体，联合受力，即保留了"圣石"，加强了"圣石"的稳定性，又减少了大坝的工程量。该方案成为工程、自然与文化成功结合的范例。

4.4.2 前坝后石"圣石"保护

重力坝为适应两岸地形地质条件或节省投资，通常在主河床坝段与岸坡之间设置连接坝段。对低水头宽阔河道，往往采用土石坝衔接。对峡谷坝址，衔接坝段多采用实体非溢流重力坝。

铜街子水电站，坝址区左岸漫滩，宽约 200m，长约 1.5km。为避免坝轴线附近左岸小庙和桑树坪二处滑坡地带受库水位影响，左岸接头坝采用面板堆石坝。丹江口、葛洲坝、西津等水电站大坝岸边也采用土石坝衔接。

景洪水电站两岸岩体风化强烈，坝肩部位全、强风化岩体严重，可研阶段两岸采用堆石坝衔接；在施工设计阶段改为混凝土重力坝衔接。

无论是采用土石坝衔接，还是采用实体重力坝衔接，连接坝段均单独承受作用在其上的荷载，保证自身的稳定、强度和刚度需要。稳定包括顺流向稳定以及侧向稳定。

沐若水电站右岸"圣石"上游陡倾砂岩厚度仅十几米。该砂岩上游岩层软弱，地形急剧降低，且覆盖层深厚。若按常规设计重力坝体形，在保留"圣石"的前提下，则砂岩范围不足以布置全部坝基，须延伸至上游软弱岩层，不仅工程量巨大，而且施工期大坝稳定和运行期坝基不均匀变形问题突出。混凝土坝须采用非典型断面（下游部分不完整），坝基全部落在"圣石"上游砂岩范围内，混凝土与坝后"圣石"岩体组成整体，共同承担上游水压力等荷载。

目前，国内外重力坝中，尚无混凝土坝体与坝后高耸岩体联合受力的实例，沐若水电站大坝坝体与坝后岩体联合受力问题超出现有工程技术水平。

4.4.2.1 "圣石"问题

沐若水电站坝址处两岸岩体明显突出，尤其右岸岩体，高耸单薄，神奇险峻，被当地土著本南人称作"圣石"，加以朝拜，必须保护，见图 4.4.19。

然而"圣石"上游面近乎直立，甚至略微倒倾。下游面坡度 $40° \sim 70°$。在高程 546m

平面，右岸岩体临近河床部分厚约仅30m。右岸岩体裂隙发育，在顺流向被陡倾角裂隙（软弱夹层）T_2 及 T_3 分割为体型相对独立的三部分。T_2 与 T_3 之间岩层厚 10 余米，为右岸砂岩体核心部分。上游面岩壁可见 T_4、T_{13}、T_{14}、T_{19} 等长大缓倾角裂隙。"圣石"边坡直立高陡单薄，顶部宽 10m 左右，在 546m 高程坡体厚度也只有 35m，天然临空直立面高达 48m 左右，三面临空，裂隙发育。"圣石"实为危岩体，稳定问题突出。

图 4.4.19　当地居民做法事朝拜"圣石"图

　　按常规设计，作为危岩体，"圣石"理当被清除；但为尊重当地文化，"圣石"却应被保留、保护；"圣石"问题由此而来。枢纽布置设计本着"尊重文明，以人为本"的诚心，选择了保留"圣石"、保护"圣石"。

4.4.2.2　前坝后石保护思路

　　沐若水电站右岸"圣石"上游陡倾砂岩厚度仅十几米。该砂岩上游岩层软弱，地形急剧降低，且覆盖层深厚。若按常规设计重力坝体形，在保留"圣石"的前提下，则砂岩范围不足以布置全部坝基，须延伸至上游软弱岩层，不仅工程量巨大，而且施工期大坝稳定和运行期坝基不均匀变形问题突出。

　　设计过程中经过多方案比选，提出了前坝后石"圣石"保护方案，即混凝土坝采用非典型断面（下游部分不完整），坝基全部落在"圣石"上游砂岩范围内，承担上游水压力。

　　坝体断面随大坝高度、建基面地形、受力条件变化而变化，通过调整坝基开挖面倾角和上游坝坡倾角，使得大坝混凝土与"圣石"上游岩体始终处于"正压力"结合为主的状态。对于较高的坝段，上部与"圣石"分离，下部与"圣石"结合，充分利用"圣石"下部体积大、稳定性高的部分，而"圣石"上部既不受上游水压力，也不受坝体结构重力等荷载。对于较低的坝段，坝下游面混凝土与"圣石"岩体贴合，放缓上游坡比，坝体重心下移，坝体对"圣石"的传力倾向地下，利于"圣石"稳定。上述措施，妥善解决了混凝土坝体稳定、"圣石"受大坝传力后的稳定、混凝土与岩体结合等问题。

　　右岸坝体与"圣石"联合受力如图 4.4.20 所示。

4.4.2.3　联合受力计算分析

　　（1）计算方法及程序。由于右岸坝段部分利用"圣石"，断面复杂，因此选取部分坝段进行数值计算分析。采用的计算软件为岩土工程数值分析软件 FLAC3D（Fast Lagrangian Analysis of Continue），该程序是一种基于显式有限差分法的面向工程力学问题计算的数值分析软件，适用于多种材料模型与复杂边界条件的连续体力学问题的求解，具有很强的解决复杂岩土力学与工程问题的能力。

　　（2）计算模型与计算条件。计算选取 17 号坝段，模型的整体坐标为：由大坝上游指向下游为正 X 轴，铅直向上为正 Y 轴。计算域两侧和底边采用法向位移约束。岩体和混凝土材料本构模型均采用以带拉伸截止限的 Mohr - Coulomb 准则为屈服函数的理想弹塑性

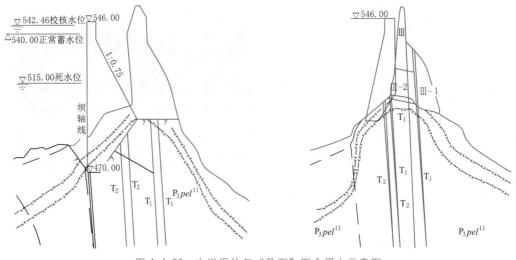

图 4.4.20　右岸坝体与"圣石"联合受力示意图

模型，数值计算模型如图 4.4.21 所示。坝基岩体介质按实际地层分布考虑，模拟了 $P_3pel^6 \sim P_3pel^{14}$ 岩层，各材料计算参数见表 4.4.8。

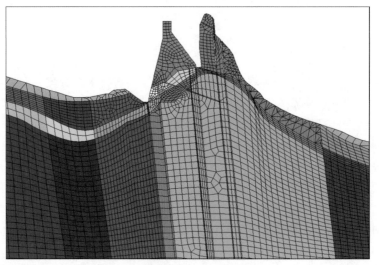

图 4.4.21　17 号坝段的数值模型图

表 4.4.8　　　　　　　　　　计算采用的材料力学参数表

材料	密度 /(kN/m³)	变形模量 /GPa	泊松比	抗剪断强度		抗拉强度 /MPa	备　注
				f	c/MPa		
P_3pel^7、P_3pel^{11}	25.0	8.0	0.28	0.84	0.84	0.84	
P_3pel^8、P_3pel^{12}	25.0	1.8	0.32	0.5	0.6	0.6	
P_3pel^{10}（微新）	25.2	16	0.25	1.2	1.2	1.2	
P_3pel^{10}（弱风化）	25.0	10	0.25	0.84	0.84	0.84	
P_3pel^{10}（强风化）	22.0	1.0	0.35	0.5	0.04	0.04	

材料	密度/(kN/m³)	变形模量/GPa	泊松比	抗剪断强度 f	抗剪断强度 c/MPa	抗拉强度/MPa	备注
P_3pel^{9-2}（微新）	25.0	8.0	0.28	0.84	0.84	0.84	
P_3pel^{9-2}（弱风化）	23.0	5.5	0.28	0.6	0.5	0.5	
P_3pel^{9-2}（强风化）	22.0	1.0	0.35	0.45	0.03	0.03	
P_3pel^{9-3}（微新）	25.0	5.0	0.30	0.7	0.7	0.7	
P_3pel^{9-3}（弱风化）	23.0	3.0	0.34	0.5	0.5	0.5	
P_3pel^{9-3}（强风化）	22.0	0.5	0.35	0.36	0.02	0.02	
混凝土	23.0	26	0.167	1.0	1.0	1.0	
T_1、T_2、T_3、T_{10}	22.0	1	0.32	0.5	0.05	1.5	490m 或 500m 高程以下
		0.15	0.35	0.3	0.01	0	490m 或 500m 高程以上
F_7	22.0	1.5	0.32	0.4	0.05	0	430m 高程以下
		1	0.35	0.3	0.01	0	430m 高程以上
T_4、T_{14}	22.0	0.5	0.32	0.45	0.05	0	

计算荷载包括：大坝的自重、作用在上游坝面的外水压力、基岩表面的水重。坝基的初始应力场按自重应力场考虑。

计算工况包括：①大坝完建工况；②设计洪水工况，上、下游水位分别为541.91m、412.57m；③地震工况，采用拟静力法计算，水位为设计洪水位，地震加速度取0.1g。

（3）计算成果。大坝位移及应力结果见表4.4.9、表4.4.10，变形及应力见图4.4.22~图4.4.25；在以下计算结果分析中，U_x、U_y分别表示水平位移和铅直位移，位移的正负号与坐标轴方向一致。应力值以拉为正，压为负，单位为Pa。

表4.4.9　　　　　　　　　　大坝最大位移值表　　　　　　　　　单位：mm

大坝完建工况			设计洪水工况			地震工况		
水平向	铅直向	合位移	水平向	铅直向	合位移	水平向	铅直向	合位移
−8.2	−8.1	11.6	21.5	3.6	21.7	4.1	0.6	4.1

注　运行期、地震工况位移为位移增量。

表4.4.10　　　　　　　　大坝不同部位垂直应力值表　　　　　　　单位：MPa

部　　位		大坝完建工况	设计洪水工况	地震工况
坝体	上游面上部	−0.40	−0.35	−0.33
	上游面下部	−3.07	−0.82	−0.62
	下游面上部	−0.19	−0.21	−0.22
	下游面下部	−0.06	−0.12	−0.09
	坝体最大压应力	−3.07	−0.82	−0.62
坝基面	坝踵	−1.00	−0.96	−0.91
	坝趾	−0.54	−0.59	−0.58

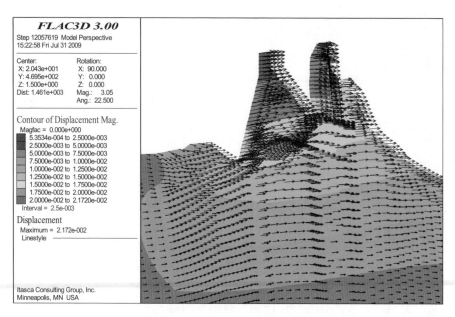

图 4.4.22　17 号坝段水库蓄水后坝体增量位移等色区及矢量图

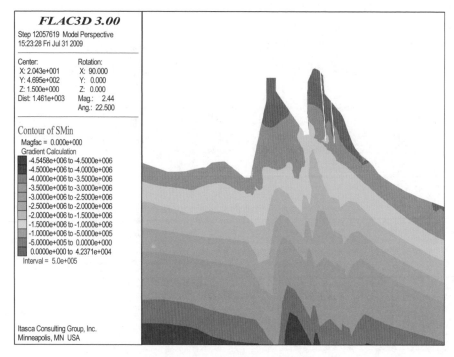

图 4.4.23　17 号坝段水库蓄水后坝体和基岩最大主应力 σ_1 图

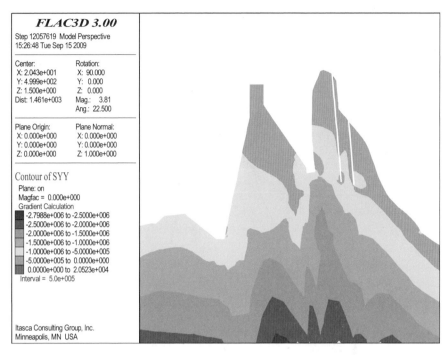

图 4.4.24 17号坝段设计洪水工况坝体和基岩垂直向应力图

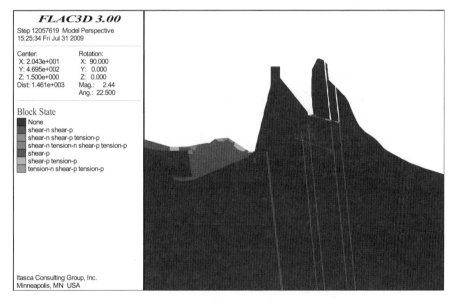

图 4.4.25 17号坝段大坝建造后坝体和基岩塑性区图

大坝完建工况位移以朝下变形为主，由于大坝的重心偏向上游，坝体位移向上游偏转，其最大位移值31.2mm。设计洪水工况以水平向下游位移为主，坝体最大位移值64.7mm。地震工况下以水平向下游位移为主，坝体最大位移值10.6mm。

大坝完建工况坝踵部位产生一定程度的应力集中，建基面没有产生拉应力区。设计洪水工况在大坝上游水压力作用下，坝趾部位出现压应力集中，坝踵处压应力集中得以缓解。

计算结果表明：大坝与"圣石"间主要以正应力结合，联合受力条件良好。

4.4.2.4 深层抗滑稳定

15号以右坝段坝体下游地形降低较快，深层滑动为单滑面形式，沿缓倾角裂隙面和部分岩体或混凝土层面组成，计算简图见图4.4.26，缓倾角裂隙连通率40％。以17号坝段为代表计算。计算参数取值见表4.4.8，计算结果见表4.4.11。

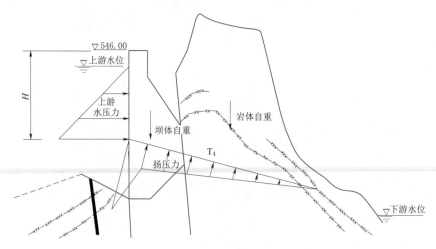

图 4.4.26 单滑面深层抗滑计算简图

表 4.4.11 单滑面深层抗滑稳定计算成果表 单位：kN

滑面	项目	工 况			
		正常蓄水位	设计洪水位	校核洪水位	PMF
T_{13}	$\psi\gamma_0 S(*)$	44969.45	45695.51	39008.23	40172.98
	$R(*)/\gamma_{d1}$	63640.07	63224.24	63107.44	62363.11
T_{14}	$\psi\gamma_0 S(*)$	48574.62	49475.16	42263.40	43688.71
	$R(*)/\gamma_{d1}$	67429.78	67022.37	66907.26	66178.39
470m	$\psi\gamma_0 S(*)$	26487.19	27949.63	24103.50	26367.57
	$R(*)/\gamma_{d1}$	71389.31	71224.61	71177.19	70890.07

计算结果表明：坝体对"圣石"传力偏向地下，对"圣石"稳定有利，坝基深层抗滑稳定满足规范要求。

4.4.2.5 小结

沐若水电站右岸岩体，高耸单薄，神奇险峻，被当地土著本南人称作"圣石"，加以朝拜，必须保护。

右岸"圣石"上游陡倾砂岩厚度仅十几米。该砂岩上游岩层软弱，地形急剧降低，且覆盖层深厚。若按常规设计重力坝体形，在保留"圣石"的前提下，则砂岩范围不足以布置全部坝基，须延伸直上游软弱岩层，不仅工程量巨大，而且施工期大坝稳定和运行期坝基不均匀变形问题突出。

设计过程中经过多方案比选，提出了前坝后石"圣石"保护方案，即混凝土坝采用非典型断面（下游部分不完整），坝基全部落在"圣石"上游砂岩范围内，承担上游水压力。

坝体断面随大坝高度、建基面地形、受力条件变化而变化，通过调整坝基开挖面倾角和上游坝坡倾角，使得大坝混凝土与"圣石"上游岩体始终处于"正压力"结合为主的状态。对于较高的坝段，上部与"圣石"分离，下部与"圣石"结合，充分利用"圣石"下部体积大、稳定性高的部分，而"圣石"上部既不受上游水压力，也不受坝体结构重力等荷载。对于较低的坝段，坝体混凝土与岩体贴合，放缓上游坡比，坝体重心下移，坝体对"圣石"的传力倾向地下，利于"圣石"稳定。

该设计理念的成功实施，保护了"圣石"，且较常规体形方案显著减少了工程量。自沐若水电站建成运行以来，大坝与"圣石"稳定状态良好。

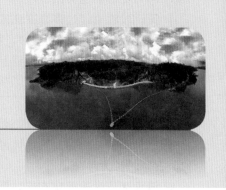

5 碾压混凝土重力坝

5.1 坝址区地质条件

坝址区主要分布第三系砂岩、页岩，多数地段以砂岩、页岩互层或页岩夹砂岩为主，且连续分布的砂岩较少。根据坝址区地层岩性的组合特点，将地层划分为 12 个亚段，其中大坝坝基涉及第 9、第 10、第 11 等 3 个亚段，第 10 亚段为厚层的砂岩，厚 127.72～129.6m，强度高，缓倾角结构面发育少，是大坝稳定的主要依托。

坝址区岩层陡倾下游，走向基本与河流正交，为横向谷，由于河床发育 3 条与河流小角度斜交的断层，第 10 亚段砂岩在右岸向下游错开超过 40m，使得左岸部分坝段坝趾置于第 11 亚段砂岩夹页岩地层之上，河床至右岸部分坝段上游坝踵置于第 9 亚段的页岩地层之上；坝基岩层分布见图 5.1.1。

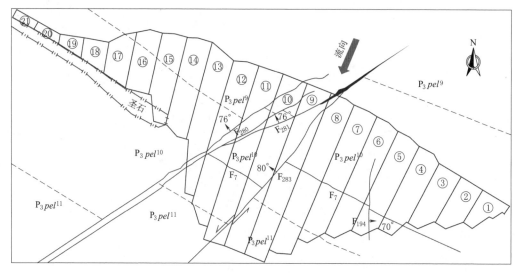

图 5.1.1　大坝地层岩性及构造分布示意图

在施工过程中，针对坝基下缓倾角结构面布置了90个钻孔（进尺约2700m），并进行了孔内摄影成像，对各坝段坝基下岩体的结构面发育情况进行了揭示。根据施工地质编录及钻孔摄像成果综合分析，并对各坝段坝基岩体条件进行评价。

5.1.1　1～2号坝段

（1）基础地质条件。1～2号坝段位于左岸490～545m高程，沿坝轴线方向呈三级下台阶状，顺河长30～42m，垂河宽约45m。

岩性为P_3pel^{10}亚段浅灰色巨厚层砂岩夹软弱夹层（图5.1.2），地层走向与河流近于正交，倾角80°～85°，岩体为AⅢ$_1$类。

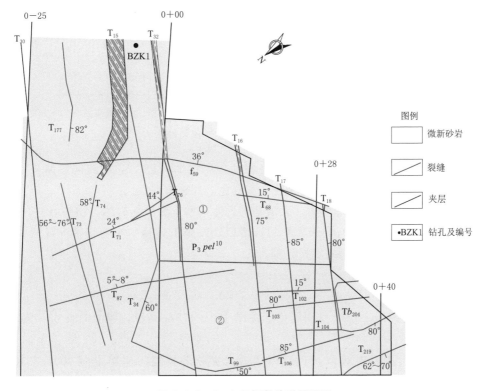

图5.1.2　1～2号坝段地质平面图

结构面以陡倾角裂隙和顺层剪切带（或软弱夹层）为主，少量缓倾角裂隙发育，一般延伸长15～20m，地表出露结构面多风化呈黄褐色，充填碎屑物；弱风化带深度达20～25m。

高程546m平台的BZK1钻孔压水试验成果显示，至孔深71m以下透水率基本小于1Lu。

（2）坝基抗滑稳定条件。1～2号坝段建坝基岩全部为浅灰色巨厚层砂岩，微新状态下，岩体本身的抗剪强度高。

根据施工揭露，见图5.1.3，坝基深部岩体较完整，仅在1号坝段坝基下可见两条规模稍大的缓倾角裂隙T_{87}、T_{102}。

T_{87}：发育于第 2 号坝段上游 500m 高程处，产状 $100°\angle 5°\sim 8°$，顺河向延伸长约 35m，宽 3～10cm，闭合状，充填碎屑物。

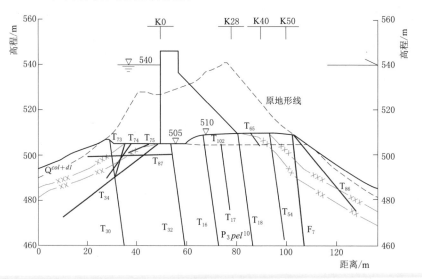

图 5.1.3　1 号坝段坝基工程地质剖面图

T_{102}：发育于第 2 号坝段下游 507m 高程处，产状 $120°\angle 15°$，顺河向延伸长约 13m，宽 3～5cm，张开状，沿裂面强风化锈蚀为黄褐色，并夹有泥膜。

（3）坝基地质缺陷的处理措施。大坝基础岩体基本上为微新岩体，坝基上游开挖成长约 10m，深约 5m 的齿槽，有利于大坝的抗滑稳定；施工过程中对剪切带（或软弱夹层）T_{32}、T_{16}、T_{17}、T_{18} 等进行掏槽置换处理。

5.1.2　3～4 号坝段

（1）基础地质条件。3～4 号坝段位于左岸 450～472m 高程，顺河向长 53～72m，垂河向宽约 40m。

地层岩性为 P_3pel^{10} 亚段浅灰色巨厚层砂岩夹软弱夹层；地层走向 $300°\sim 310°$，倾 SW，倾角 $80°\sim 85°$。

结构面以陡倾角顺层剪切带（或软弱夹层）与卸荷裂隙为主，顺坝轴线方向的剪切带（或软弱夹层）主要有 T_{32}、T_{16}、T_{17}、T_{18}、T_{54} 等，陡倾角断层 F_7 从尾部约 0+57 桩号左右垂河向穿过坝基。卸荷裂隙主要有 T_{82}、T_{83} 两条宽大的卸荷张开裂隙顺流向切割坝基。顺卸荷裂隙岩体风化严重，多为强风化，形成块状风化，锈蚀为黄褐色，局部夹泥。坝后岩体风化强烈，弱风化带深 40～45m，见图 5.1.4。

勘探钻孔 BZK6 的压水试验成果表明，孔深 15m 以上透水率大于 10Lu，为中等透水，孔深 15～80m 透水率为 3～10Lu，属弱透水。

（2）坝基抗滑稳定条件。3～4 号坝段坝基全部位于巨厚层砂岩体上，微新状态下，砂岩体抗剪强度高。通过对开挖揭露及布置于第 4 坝段的 BZK82、BZK83、BZK84、BZK85、BZK86、BZK87 等钻孔录像综合分析，建基面以下没有长大缓倾角结构面，主

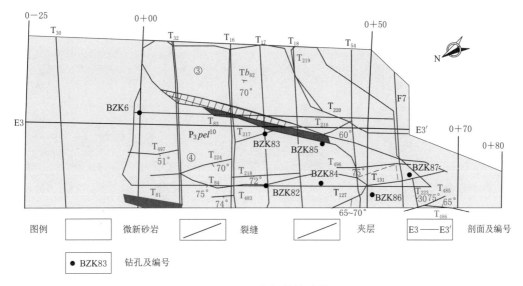

图 5.1.4　3~4 号坝段地质平面图

要发现卸荷裂隙 T_{82}、T_{83}，在 T_{54} 下游的坝基岩体中含有部分随机风化裂隙；3~4 号坝段坝基工程地质剖面见图 5.1.5。

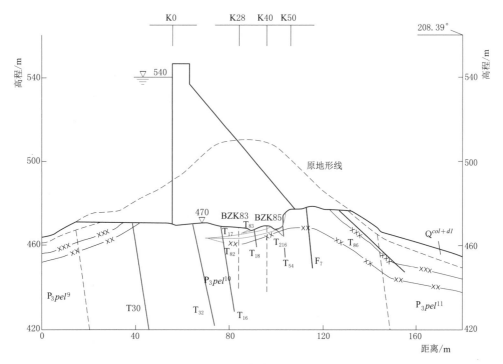

图 5.1.5　3~4 号坝段 E3—E3′剖面图

对开挖揭露裂隙及 BZK82~BZK87 钻孔内裂隙统计分析，共计 38 条，其特征见图 5.1.6 及表 5.1.1。

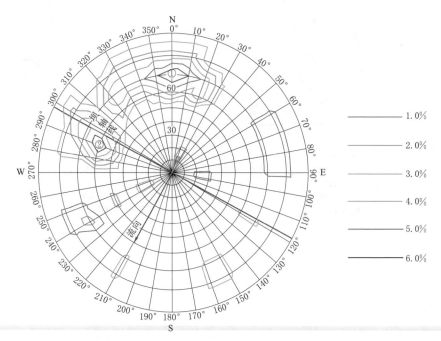

图 5.1.6　3～4 号坝段裂隙等密度图

表 5.1.1　　　　　　　　　　　　　3～4 号坝段裂隙特征统计表

编　号	倾向/(°)	倾角/(°)	百分比/%
①	NNW350～NNE10	66～74	13.2
②	280～300	52～68	21.1

由上述图表可见，坝段主要发育二组裂隙：第①组为裂隙面多平直，粗糙，以无充填为主，沿裂面表层多风化锈蚀为黄褐色，附铁、钙质；第②组为裂隙面平直，粗糙，微张开，充填碎块及岩屑，沿裂面多风化锈蚀。

建基面以下主要发育倾向上游或倾向右岸的中、高倾角裂隙，钻孔内未发现倾向上、下游的缓倾角裂隙，深层无控制坝基抗滑稳定的结构面组。

（3）坝基处理措施：①对 T_{32}、T_{16}、T_{17}、T_{18}、F_7 按设计要求进行掏槽置换处理；②对宽大的卸荷裂隙 T_{82}、T_{83} 进行了掏槽置换处理；③加强基础固结灌浆。

5.1.3　5～8 号坝段

（1）基础地质条件。5～8 号坝段位于左岸 405～450m 高程，顺河向长 90～150m，垂河向宽约 100m。

桩号 K0+0～K0+95 地层岩性为第 10 亚段浅灰色巨厚层砂岩夹软弱夹层；桩号 K0+95～K0+130 岩性为第 11 亚段浅灰色中厚层至厚层砂岩夹深灰色薄层页岩。地层倾向 210°～220°，倾角 80°～85°。

第 10 亚段砂岩中主要的软弱夹层有 T_{32}、T_{16}、T_{18}、T_{54} 等，断层 F_{194} 从 6 号坝段上游齿槽延伸至 5 号坝段下游，长约 65m，与卸荷裂隙 T_{81} 共同作用，将 5 号坝基切割为三角状块体；断层 F_7 从坝段下游 K0+55 桩号处通过，顺层面发育，见图 5.1.7。

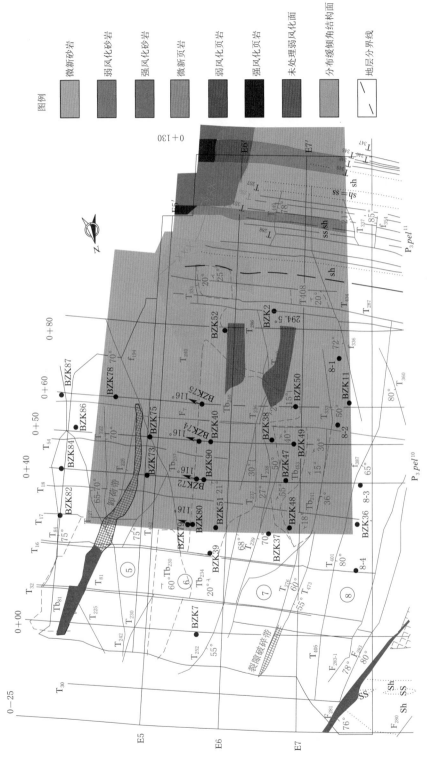

图 5.1.7 5～8 号坝段地质平面图

图例

微新砂岩
弱风化砂岩
强风化砂岩
微新页岩
弱风化页岩
强风化页岩
未处理弱风化面
分布缓倾角结构面
地层分界线

结构面以缓倾角和陡倾角卸荷裂隙为主，沿结构面多弱风化锈蚀为黄褐色，多为岩块、岩屑型，弱风化深度一般20～25m。

主要的卸荷裂隙为T_{81}，顺流向切穿第5号坝段大部分坝基，裂隙张开宽1～3m，沿卸荷带呈强风化，锈蚀为黄褐色，充填岩屑及泥质，性状差。

坝基下主要的缓倾角裂隙有T_{236}、T_{237}、T_{240}、T_{241}等，5～8号坝段的坝基抗滑稳定条件主要受控于这几条缓倾角裂隙。

1) T_{236}、T_{237}的分布。主要出露高程在426～429m之间，影响5号、6号两个坝段。在6号坝段433m平台布置BZK72、BZK74、BZK75、BZK76、BZK79等5个钻孔，在5号坝段448m平台布置BZK73、BZK75等2个钻孔。结果表明：在6号坝段433m平台上的4个钻孔全部遇到T_{236}、T_{237}、T_{238}裂隙。其中在桩号0+40的BZK72、BZK73两个钻孔分别布置于F_{194}断层的两盘，结果显示位于F_{194}断层内侧的BZK73孔没有发现上述缓倾角结构面，说明T_{236}、T_{237}缓倾角结构面没有穿过F_{194}断层。T_{236}、T_{237}在坝轴线方向的延伸见图5.1.8。

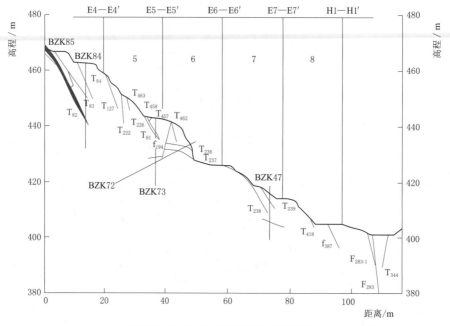

图5.1.8　5～8号坝段0+40剖面图

2) T_{241}、T_{240}的分布。T_{241}主要出露于407～419m平台之间，上、下游以T_{16}及F_7为界。经布置于419m平台上的BZK37、BZK38、BZK47、BZK48、BZK49等5个钻孔查明，该裂隙在419m平台延伸，后决定对该裂隙进行了挖除，证实裂隙被发育于419m平台内侧的顺河向陡倾裂隙T_{238}、T_{239}截断，没有向山内延伸，对6号坝段无影响。

T_{240}主要出露于F_7断层下游，基本与T_{237}相接。钻孔及部分开挖揭示，T_{240}向山内延伸至F_{194}。

通过对坝基开挖及钻孔勘探资料的综合分析，T_{236}、T_{237}、T_{240}、T_{241}等缓倾角裂隙在坝基下展布的范围见图5.1.9和表5.1.2。

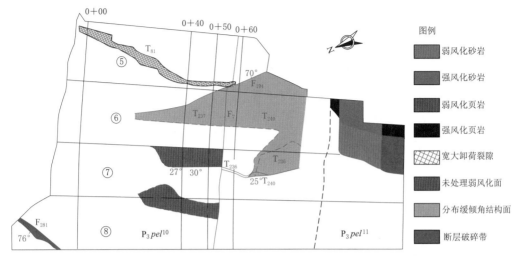

图 5.1.9　5~8 号坝段 T_{236}、T_{237} 等缓倾角结构面分布图

表 5.1.2　　　　　　　　　　　5~7 号坝段坝基缓倾角裂隙分布范围表

裂　　隙	5 号坝段	6 号坝段	7 号坝段
坝基下缓倾角结构面分布面积/m^2	165	750	145
备注	T_{236}、T_{237} 及 T_{240} 的投影面积	T_{236}、T_{237} 及 T_{240} 的投影面积	T_{236} 及 T_{240} 的投影面积

（2）坝基抗滑稳定条件。5 号坝段建基岩体全为巨厚层状砂岩，微新状态。6 号坝段上游为巨厚层新鲜砂岩；中部对 T_{236}、T_{237} 结构面进行部分挖除；下游对 T_{240} 结构面进行部分挖除；坝尾扩大基础部分为第 11 亚段砂岩与页岩的组合岩体，呈强~弱风化状。7 号坝段上游为巨厚层新鲜砂岩；中部对 T_{237} 结构面进行了挖除，部分 T_{237} 风化面没有完全处理到新鲜面，残留厚度 2~5cm 的风化薄层，面积约 $230m^2$；下游为第 11 亚段砂岩与页岩的组合岩体，局部为强~弱风化状。8 号坝段上游为巨厚层新鲜砂岩；中部对 T_{241} 结构面分布范围进行了挖除，表层残留厚度 2~5cm 的风化薄层，面积约 $150m^2$；下游为第 11 亚段砂岩与页岩的组合岩体，新鲜状。

各坝段岩体分布范围见表 5.1.3。

表 5.1.3　　　　　　　　　　6~8 号坝段建基面岩体分布面积统计表

岩体类型	各坝段坝基分布面积/m^2			岩体类型	各坝段坝基分布面积/m^2		
	6 号	7 号	8 号		6 号	7 号	8 号
强风化砂岩	120	—	—	弱风化页岩	70	60	—
弱风化砂岩	160	35	—	微新页岩	50	170	200
微新砂岩	2290	2070	2400	弱风化裂隙面	—	230	150
强风化页岩	60						

1）5~6 号坝段以 F_{194} 断层为界，内侧深部岩体较完整，未见长大的缓倾角结构面，外侧受 T_{236}、T_{237}、T_{240} 裂隙的影响。钻孔录像显示上述缓倾角裂隙以下岩体完整，坝基岩体条件见图 5.1.10。

T_{237}、T_{236}、T_{240} 结构面都张开，沿裂面风化厚 40~50cm，以无充填或充填岩块岩屑为主。

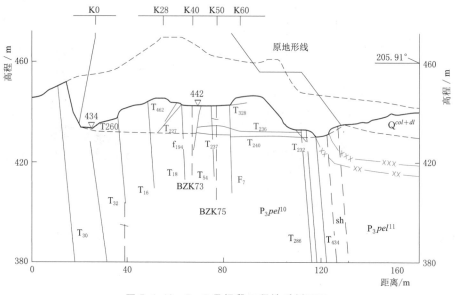

图 5.1.10　5～6 号坝段工程地质剖面图

2）7～8 号坝段对 T_{236}、T_{237}、T_{240}、T_{241} 的展布范围均进行了挖除，深层抗滑稳定不受长大缓倾角结构面的控制。

3）5～8 号坝段在上述缓倾角结构面以下无长大结构面发育，但 BZK8-1、BZK8-2、BZK8-3、BZK8-4、BZK11、BZK36～BZK38、BZK39～BZK40、BZK47～BZK52、BZK79、BZK90 等 18 个钻孔揭示还有部分随机裂隙发育，分布范围主要在坝基以下 10～15m 以内。裂隙统计分析见图 5.1.11 及表 5.1.4。

表 5.1.4　　　　　　　6～8 号坝段坝基岩体裂隙特征统计表

组号	倾向/(°)	倾角/(°)	百分比/%	组号	倾向/(°)	倾角/(°)	百分比/%
①	10～40	30	6.0	③	290～310	25～30	10.0
②	250～270	40～52	6.0				

由图表可见，6～8 号坝段建基面以下主要发育三组裂隙：第①组为倾向上游的缓倾角裂隙，结构面性状差，多张开，以充填碎块、岩屑及泥质为主；第②组为倾向下游的中倾角裂隙，结构面性状较好，以无充填或充填方解石为主；第③组为倾向右岸的缓倾角裂隙，结构面以充填碎屑或无充填为主。

第①组裂隙和第③组裂隙对坝基抗滑稳定的影响较大，对 5～8 号坝段按该两组裂隙的组合进行深层抗滑稳定的复核（图 5.1.12）。根据裂隙在钻孔中的揭示性状，第①、第③组裂隙线连通率按 30%～40% 考虑，裂隙抗剪断强度参数按 $f'=0.3～0.35$，$c'=0.05MPa$ 考虑。

（3）坝基处理措施。施工过程中对 T_{81}、T_{473}、T_{276} 等卸荷裂隙进行了掏槽处理，掏挖深 1～3m，宽 1～2m。对 T_{236}、T_{237}、T_{240} 进行了部分挖除，对 T_{241} 进行了全部挖除。

5.1.4　9～12 号坝段

（1）基础地质条件。9～12 号坝段主要位于河床坝段 393～410m 高程，顺河向长约

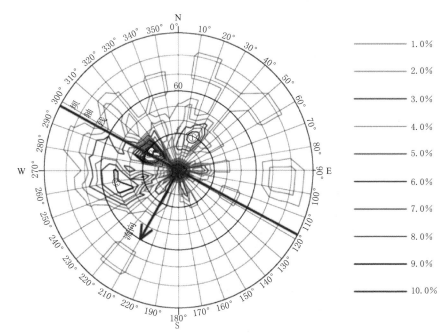

图 5.1.11 5~8 号坝段裂隙等密度图

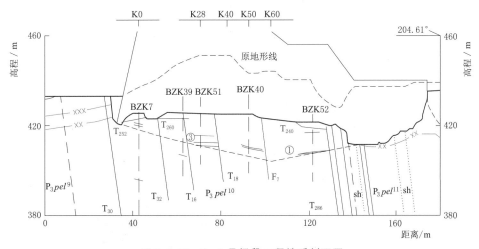

图 5.1.12 7~8 号坝段工程地质剖面图

150m，垂河向宽约 81m，上游齿槽深约 7m，中、下游为高程约 400m 的平台。

上游桩号 K0-30~K0+30 地层为第 9 亚段浅灰色中厚层至厚层砂岩与薄层页岩组合岩体，中部坝段为第 10 亚段浅灰色厚层至巨厚层砂岩夹少量软弱夹层，下游坝段为第 11 亚段中厚层至厚层砂岩夹薄层页岩，岩层倾向 210°~220°，倾角 80°~85°。

断层 F_{280}、F_{281-1}、F_{281}、F_{283} 从河床通过，水平断距分别为 18m、5m、40m、28m，这四条断层造成了大坝左、右岸地层的不一致，也是造成左、右岸山头不对称的原因，见图 5.1.13。但这几条断层破碎带皆不宽，一般为 0.1~0.4m，呈线状构造，对大坝基础变形及抗滑稳定基本没影响。

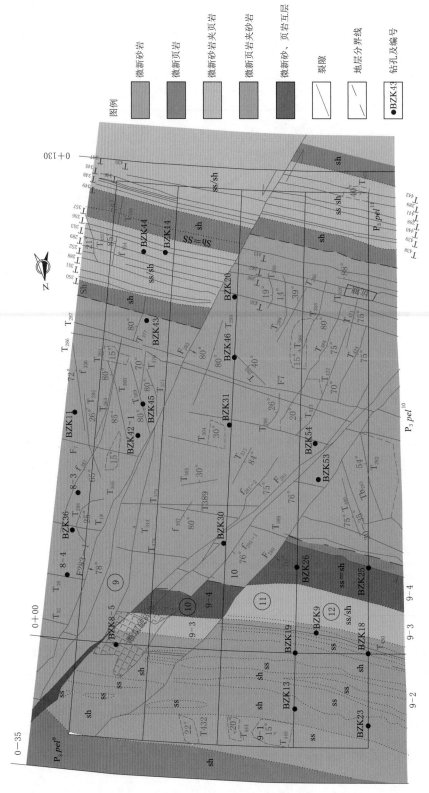

图 5.1.13 9～12 号坝段地质平面图

根据勘探钻孔压水试验成果，第 9 亚段共进行压水试验 63 段，其中 Lu 值≤1，占17.5%；1<Lu 值≤10，占 71.4%；10<Lu 值≤100，占 7.9%；Lu 值>100，占 3.2%，以微透水和弱透水为主。第 10 亚段共进行压水试验 32 段，其中 1<Lu 值≤10，占62.5%；10<Lu 值≤100，占 37.5%，以弱透水和中等透水为主。

（2）坝基抗滑稳定条件。9～12 号坝段坝基主要为第 10 亚段巨厚层砂岩体，微新状态。

由于断层 F_{280}、F_{281-1}、F_{281}、F_{283} 斜穿河床，造成地层错位，使河床坝段上游分布第 9亚段页岩与砂岩互层岩体，其中页岩占 69%；下游分布第 11 亚段砂岩夹页岩地层，其中页岩占 31%。

页岩与混凝土接触面的抗剪断强度低，在微新状态下，建议与混凝土接触面的抗剪断强度值 $f'=0.5$，$c'=0.2MPa$。各坝段岩体分布统计见表 5.1.5。

表 5.1.5   9～12 号坝段建基岩体分布面积统计表

建基面岩体类型		各坝段坝基分布面积/m^2			
		9 号	10 号	11 号	12 号
P_3pel^{9-1}	微新砂岩	80	160	156	91
P_3pel^{9-2}	微新页岩夹砂岩	460	435	551	570
P_3pel^{9-3}	微新砂岩夹页岩	45	100	159	195
P_3pel^{9-4}	微新砂、页岩互层	17	155	96	240
P_3pel^{10}	微新砂岩	1648	1449	1649	1480
P_3pel^{11}	微新砂岩	400	472	155	201
	微新页岩	219	191	81	92

根据施工开挖揭露及 BZK20、BZK30～BZK31、BZK43～BZK46、BZK53～BZK54等 9 个钻孔录像分析，建基面以下无长大缓倾角结构面，但有部分随机裂隙发育，主要分布在坝基以下 0～12m 范围内，以下岩体新鲜完整，裂隙不发育。裂隙发育特征见图 5.1.14 及表 5.1.6。

表 5.1.6   9～12 号坝段裂隙特征统计表

组号	倾向/(°)	倾角/(°)	百分比/%	组号	倾向/(°)	倾角/(°)	百分比/%
①	80～100	65～77	13.0	④	320～340	37～50	7.0
②	80～110	35～43	12.0	⑤	330～360	66～80	7.0
③	220～240	20～30	6.0				

由图表可见，坝基下主要发育五组裂隙，多以倾向上游或两岸的中高倾角裂隙为主，但是第③组为倾向下游的缓倾角裂隙，是影响坝基抗滑稳定的优势裂隙组，面多粗糙，张开状，以无充填或充填方解石为主。缓倾角裂隙组抗剪断强度参数建议值为 $f'=0.45\sim0.55$，$c'=0.1MPa$，线连通率为 30%～40%。

（3）坝基处理措施。河床坝基施工过程中，坝段上游第 9 亚段地层为页岩与砂岩互层

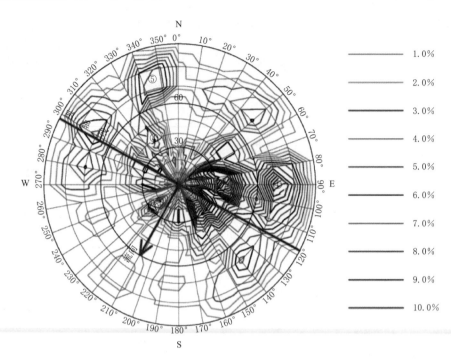

图 5.1.14 9~12 号坝段裂隙等密度图

岩体，开挖形成深 7~12m 的齿槽。对 F_{280}、F_{281}、F_{283} 等断层进行了掏槽置换处理；对 12 号坝段中部的破碎岩体进行了固结灌浆。

5.1.5 13~15 号坝段

(1) 基础地质条件。13~15 号坝段位于右岸 420~475m 高程，顺河长 65~140m，垂河宽约 60m，13 号及 14 号坝段上游为一齿槽，中部为向上凸起宽约 10m 的平台，15 号坝段上游为高程 453m 齿槽，下游为高程 475m 平台，与"圣石"上游面连接。

上游齿槽为第 9 亚段页岩与砂岩组合岩体，页岩单层一般厚 8~10cm，砂岩单层一般厚 20~50cm，最厚约 1.5m；中部为 $P_3 pel^{10}$ 亚段浅灰色厚层-巨厚层砂岩，局部夹少量软弱夹层，砂岩单层厚度大于 2m，第 13 号及 14 号坝基下游岩体局部呈强~弱风化状，见图 5.1.15。

岩体中结构面以剪切带（或软弱夹层）及中倾角裂隙为主。主要的夹层有 T_2、T_3、T_1 等，一般厚 80~100cm，其中夹层在近地表部分风化强烈；主要的裂隙有 T_{263}、T_{264}、T_{265}、T_{267} 等，其中 T_{263} 延伸长，性状差，对大坝影响最大，T_{265} 发育于 T_2 下游，延伸较短，T_{264} 仅向山内延伸 2m 即尖灭，T_{267} 由于中倾上游，对大坝抗滑稳定影响小。

根据勘探孔压水试验成果，第 9 亚段共进行压水试验 32 段，其中 Lu 值≤1，占 40.6%；1<Lu 值≤10，占 53.1%；10<Lu 值≤100，占 6.3%，以微透水和弱透水为主。

(2) 坝基抗滑稳定条件。13~14 号坝基中部均为第 10 亚段巨厚层新鲜砂岩，微新状态；上游坝基都分布有页岩，而且 14 号坝基下游分布强风化砂岩。15 号坝基上游为第 9 亚段微新岩体，下游全为新鲜砂岩。

各坝段岩体分布面积见表 5.1.7。

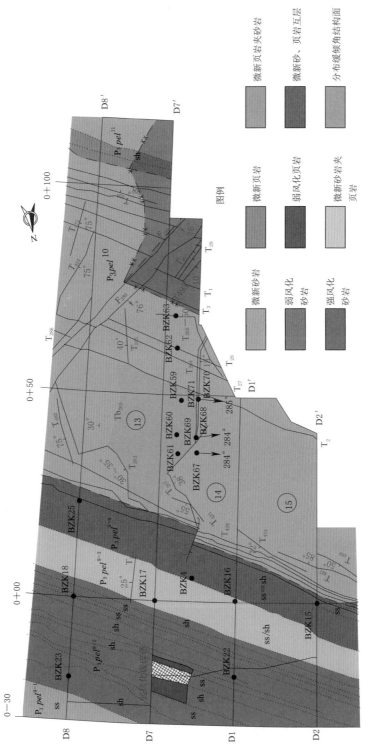

图 5.1.15 13～15 号坝段工程地质平面图

表 5.1.7　　　　　　　　13～15 号坝段建基岩体分布面积统计表

建基面岩体类型			各坝段坝基分布面积/m²		
			13 号	14 号	15 号
P_3pel^{9-1}	砂岩	微新	8	—	—
P_3pel^{9-2}	页岩夹砂岩	微新	547	255	67
		弱风化	—	—	—
		强风化	—	—	—
P_3pel^{9-3}	微新砂岩夹页岩		195	192	180
P_3pel^{9-4}	微新砂、页岩互层		246	232	196
P_3pel^{10}	砂岩	微新	1290	926	784
		弱风化	137	6	—
		强风化	86	169	—
P_3pel^{11}	页岩	微新	39	—	—
		弱风化	42	—	—
	砂岩	微新	81	—	—
		弱风化	59	—	—

1) 长大裂隙 T_{263} 对坝基抗滑稳定的影响。13～14 号坝段发育长大缓倾角结构面 T_{263}，倾向 120°～130°，倾角 30°～35°，宽 93～105mm，裂面平直，闭合状，充填褐黄色泥质及碎屑。

开挖揭露出 T_{263} 裂隙后，在 13 号、14 号坝段针对性的布置钻孔并录像（BZK59、BZK60、BZK61、BZK62、BZK71），由通过对钻孔录像的分析，T_{263} 的分布范围为：上游至第 9 亚段的与第 10 亚段分界，下游至 T_2，向山内侧至 T_{264} 和 T_{267} 截止，总的分布高程为 420～450m，面积约 500m²。

T_{263} 主要影响 13 号、14 号坝段的抗滑稳定，其顺流向剖面见图5.1.16，横河向剖面见

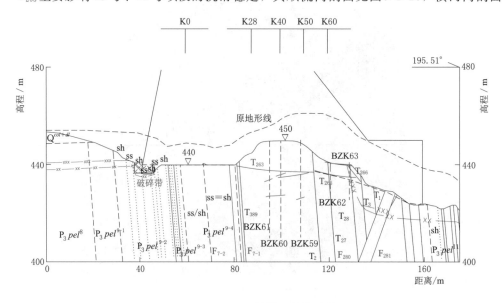

图 5.1.16　13～14 号坝段工程地质剖面图

图 5.1.17。

2）其他裂隙对坝基抗滑稳定的影响。除 T_{263} 长大裂隙之外，施工地质编录及钻孔录像还发现部分随机裂隙，其统计规律如图 5.1.18 和 表 5.1.8 所示。

由图表可见，建基面以下主要发育二组裂隙，均为倾向上游的中倾角裂隙，未发现倾向上游或下游的缓倾角结构面，裂面多平直粗糙，闭合状，以无充填或充填方解石及岩屑为主，对 13～15 号坝段的抗滑稳定无明显影响。

（3）坝基处理措施。施工过程中对 T_{263} 裂隙进行了部分挖出。

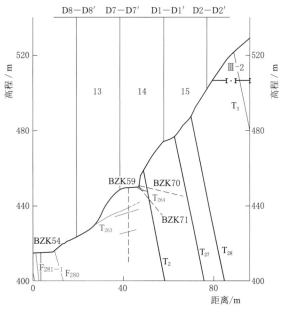

图 5.1.17 13～15 号坝段 0＋50 剖面图

5.1.6 16～21 号坝段

（1）基础地质条件。16～21 号坝段位于右岸 465～533m 高程，顺河向长 7～50m，宽约 121m，坝段下游均与"圣石"连接。这部分坝基下游以不超过 T_2 软弱夹层为界，T_2 下游的"圣石"岩体作为大坝的一部分挡水。

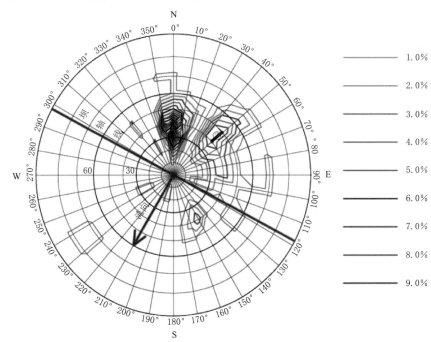

图 5.1.18 15 号坝段裂隙等密度图

表 5.1.8　15 号坝段坝基岩体裂隙特征统计表

组号	倾向/(°)	倾角/(°)	百分比/%
①	NNW350～NNE10	35～50	11
②	40～60	31～45	13

除 16 号上游齿槽为第 9 亚段砂岩夹页岩、P_3pel^{9-4} 亚段砂岩与页岩互层岩体以外，其余坝段基本全部为第 10 亚段浅灰色厚层至巨厚层砂岩夹软弱夹层，岩层倾向 210°～220°，倾角 80°～85°，见图 5.1.19。

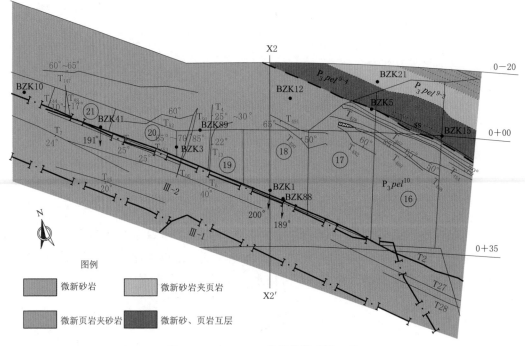

图 5.1.19　16～21 号坝段地质平面图

T₂ 宽 0.4～1m，岩性为薄层粉砂岩夹页岩，通过在坝基边坡的观察，在高程 460m 以下 T₂ 较新鲜，以下则呈强风化疏松状。根据在 15 号坝段 463m 高程的勘探平硐及地表开挖揭示，T₂ 分布在 15～21 号坝段部分性状差，夹一层 10cm 厚的泥化层。

根据钻孔压水试验成果统计分析，在第 9 亚段共进行压水试验 23 段，其中 Lu 值≤1，占 39.1%；1<Lu 值≤10，占 47.8%；10<Lu 值≤100，占 13.1%，以微、弱透水为主。在第 10 亚段共压水试验 55 段，其中 Lu 值≤1，占 52.7%；1<Lu 值≤10，占 30.9%；10<Lu 值≤100，占 16.4%，以微、弱透水为主。

（2）坝基抗滑稳定条件。16 号坝段上游主要分布第 9 亚段地层，其中第 9-4 亚段分布面积 170m²，微新状态；第 9-3 亚段分布面积 100m²，微新状态；下游全为巨厚层砂岩。17～23 号坝段建坝基岩全为浅灰色巨厚层砂岩，微新状态。

根据施工开挖揭示，在 16～23 号坝段主要的缓倾结构为发育于高程 506m 附近的 T₄、T₁₃ 裂隙，主要影响 19 号坝段，产状分别为 221°∠23°、110°∠22°。其中 T₄ 裂面粗糙，闭合状，无充填或充填岩屑物；T₁₃ 裂面粗糙，弱风化锈蚀为黄褐色，闭合状，充填岩屑及泥质。

1）长大缓倾角裂隙 T₄、T₁₃ 在坝基下的展布。通过对开挖面的地质编录及布置于

18～20 号坝段的钻孔综合分析，T_4、T_{13} 裂隙在坝轴线方向延伸至高程 506m 平台，见图 5.1.20，向下游延伸至 T_2。

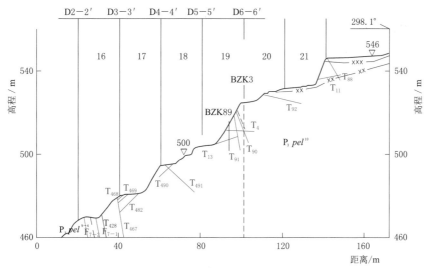

图 5.1.20　16～21 号坝段 0+00 剖面图

T_4 裂隙沿坝轴线方向分布高程 507～512m，延伸长约 7m，分布面积约 125m²；T_{13} 裂隙沿坝轴线方向分布高程 506～510m，延伸长约 7m，分布面积约 130m²。

2）坝基下其他随机裂隙。对钻孔录像及坝基编录的 47 条裂隙进行了统计分析，其特征见图 5.1.21。

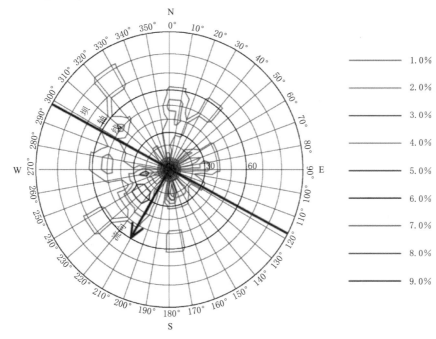

图 5.1.21　16～21 号坝段裂隙等密度图

由图可见，坝基下裂隙分布散乱，无明显优势方向。

3）"圣石"坝基以下岩体结构面发育情况。由于 16～21 号坝段下游将依托"圣石"砂岩，因此，坝基下"圣石"岩体的完整性至关重要，因此，在 18 号、20 号坝段分别布置 BZK41、BZK88 勘探孔，钻孔顺流向斜向下游，钻孔深度均为 80m。

钻孔录像表明，坝基以下"圣石"砂岩在 $T_2 \sim T_3$ 之间岩体完整，基本无裂隙发育，见图 5.1.22。

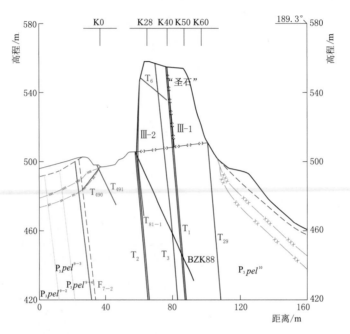

图 5.1.22　18 号坝段 X3—X3′剖面图

（3）坝基处理措施。对 T_2 夹层分布在 19～21 号坝段部分进行掏槽处理，掏槽深一般 5～6m，宽约 1m。

5.2　大坝体型与结构设计

5.2.1　坝顶高程拟定

根据《混凝土重力坝设计规范》规定，坝顶应高于校核洪水位，坝顶上游防浪墙顶的高程应高于波浪顶高程，其与正常蓄水位或校核洪水位的高差，由式（5.2.1）计算，取两者中防浪墙顶高程的高者作为选定高程。

$$\Delta h = h_{1\%} + h_z + h_c \tag{5.2.1}$$

式中　Δh——防浪墙顶至正常蓄水位或校核洪水位的高差，m；

　　　$h_{1\%}$——波高，m，波浪要素按官厅水库公式计算；

　　　h_z——波浪中心线至正常或校核洪水位的高差，m；

　　　h_c——安全超高，正常蓄水位取 0.7m，校核洪水位取 0.5m。

经计算，各工况下计算坝顶高程见表5.2.1。

表 5.2.1   坝顶高程计算表   单位：m

工况	上游水位	$h_{1\%}$	h_z	h_c	Δh	坝顶高程
正常蓄水	540.00	1.181	0.437	0.7	2.318	542.32
设计洪水	541.91	1.181	0.437	0.7	2.318	544.43
校核洪水	542.46	0.824	0.283	0.5	1.607	544.07
PMF	545.79	0.824	0.283		1.107	546.90

计算结果表明，坝顶高程由设计洪水工况控制，高程为544.43m。由于本工程泄洪建筑物采用滚水坝形式，在正常蓄水位以下除电站引水外无泄水通道，而且水电站水文资料有限，从大坝运行安全考虑，按PMF进行保坝复核。因此，考虑实体部分坝顶高于PMF洪水位，设计坝顶高程采用546.00m。

5.2.2　大坝断面设计

大坝轴线布置为弧线，半径893m，坝段分缝径向布置，因此，各坝段平面上宽下窄，坝轴线处横缝间距按20m左右控制，单个坝段横缝取夹角1.3°。

大坝基本断面一般呈三角形，顶点在坝顶附近。根据工程类比，碾压混凝土大坝综合坡比一般在1：0.75～1：0.85，上游可在一定高程以下设不缓于1：0.2的坡。根据稳定计算，非溢流坝段大坝断面见图5.2.1，各坝段坡比见表5.2.2，溢流坝段大坝断面见图5.2.2。

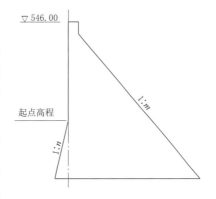

图 5.2.1　非溢流坝段大坝断面图

表 5.2.2   大坝坝段坡比表

坝段编号	上游面		下游面坡比 1:m	备　注
	坡比 1:n	起点高程		
1～7 号坝段	1：0.2	470m	1：0.75	
8 号坝段和 12 号坝段	1：0.2	470m	1：0.8	
13 号坝段	1：0.2	470～530m	1：0.75	
14～16 号坝段	1：0.2	530m	1：0.7	下游坝坡至 T_3 夹层处
17 号坝段	1：0.2	530～490m	1：0.7	
18～21 号坝段			1：0.7	下游坝坡至 T_2 夹层处
9～11 号坝段	1：0.2	470m	1：0.8	溢流坝段

9～11号为溢流坝段，堰顶高程540m，上游面高程470m以上垂直，高程470m以下坝坡1：0.2，堰顶采用开敞式WES实用堰型，泄槽坡度1：0.8，基本三角形顶点位于

坝顶。表面设消能台阶，下游接挑流鼻坎或底流消能
防冲结构。

5.2.3 坝体构造设计

5.2.3.1 坝顶布置

坝顶宽7m，非溢流坝段为实体结构。溢流坝跨
表孔设钢筋混凝土梁，上游侧人行道宽1.5m，顶高
程546.3m；行车道宽5m，顶高程546m；交通贯穿
整个大坝。坝顶上、下游侧设栏杆。

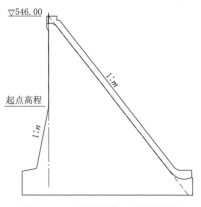

图5.2.2 溢流坝段大坝断面图

5.2.3.2 廊道及坝内通道布置

根据枢纽各建筑物的基础防渗、坝体排水、坝体
接缝灌浆、坝内观测及交通等要求，坝体上游布置三
层廊道，即基础灌浆廊道、高程455m及500m的排水廊道。河床坝段下游布置一层下游
排水廊道，在基础灌浆廊道和下游排水廊道之间设两条排水廊道。在8号坝段和12号坝
段设置横向排水交通廊道，并通向下游。廊道通向坝外的进出口，设保安防护门。

工程下游河道水位很低，设计洪水、校核洪水对应下游水位分别为412.57m、
412.99m，PMF对应下游水位分别为415.61m，因此，两岸基础廊道高于415m坝段的
渗水设计采用自排方式，在8号坝段、12号坝段设横向排水廊道排至下游，出口高程
415m；河床坝段基础廊道低于415m的部分渗水设集水井集中抽排，在10号坝段设集
水井。

（1）基础灌浆廊道。基础灌浆廊道布置在1～19号坝段坝体上游侧，距坝上游面
11～5m，断面尺寸3.0m×3.5m，河床坝段基础廊道高程405m，在两岸随坝体建基面抬
高逐渐爬高，廊道坡度1:1.1～1:3；在2号、4号、16号、17号、18号坝段由于单坝
段侧向坡高较大，廊道间采用楼梯竖井连接，主要作用为灌浆、排水、坝内观测及交
通等。

（2）下游排水廊道。在8～12号坝段下游侧设纵向排水廊道，断面尺寸3.0m×
3.5m。高程405～415m，主要作用为排水、坝内观测及交通等。

（3）中间排水廊道。在8～12号坝段坝体中间侧设两条纵向排水廊道，断面尺寸
2.5m×3.0m，高程405～415m，主要作用为排水、坝内观测及交通等。

（4）上游排水廊道。在坝体上游侧高程455m和500m设上游排水廊道贯穿整个大
坝，距坝上游面分别约8m和5m，断面尺寸2.5m×3.0m，主要作用为排水、坝内观测
及交通等。

（5）横向排水交通廊道。在8号、12号坝段高程415m和10号坝段高程405m分别
设横向排水廊道连接基础廊道、连接坝体中间廊道与下游排水廊道，断面尺寸2.5m
×3.0m。

1号坝段内设横向交通廊道通至下游，与坝后交通衔接。

19号坝段内设楼梯井通至下游高程534m平台，并设楼梯井与坝顶连接。

横向廊道兼作交通、观测及排水等多种用途。

大坝典型断面见图 5.2.3。

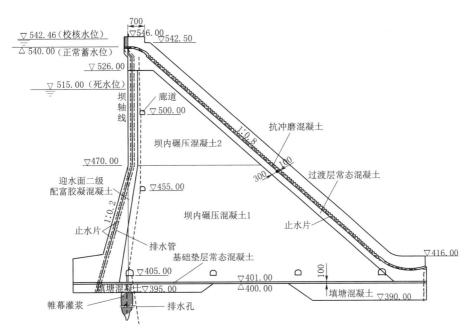

图 5.2.3　大坝典型断面图

5.3　坝体混凝土设计

5.3.1　混凝土材料及分区

坝体各部位混凝土强度及抗渗、抗冻等级见表 5.3.1。

表 5.3.1　　　　　　　　　　混凝土材料指标表

材料	部　　位	强度等级	级配	抗冻	抗渗	水胶比	粉煤灰最大掺量/%	极限拉伸值（×10⁻⁴）		抗冲磨
								28d	90d	
碾压混凝土	高程 470m 以下坝内	$C_{180}20$	三	F50	W6	0.50	55		≥0.75	
	高程 470m 以上坝内	$C_{180}15$	三	F50	W6	0.55	60		≥0.70	
	迎水面防渗层	$C_{180}20$	二	F50	W10	0.50	55		≥0.80	
常态混凝土	基础及垫层	C20	三	F50	W10	0.50	30		≥0.80	
	护坦、护坡	C20	二	F50	W6	0.48	20	≥0.75		
	溢流面与坝内碾压混凝土间	C20	二、三	F50	W10	0.45	20	≥0.85		
	桥墩及泄槽侧墙及过流面	C30	二	F50	W10	0.42	15	≥0.90		√
	预制构件	C30	二	F50		0.42				
	回填混凝土	C15	三	F50	W6					

5.3.2 大坝防渗设计

根据国内碾压混凝土大坝设计施工实践，为了充分发挥碾压混凝土坝快速施工的优点，混凝土防渗采用二级配富胶凝碾压混凝土。

根据规范要求，取防渗层水力坡降 $i=15$，上游面二级配碾压混凝土防渗设计厚度为 $5\sim10m$，其中在上、下游模板附近 50cm 为变态混凝土。

5.3.3 大坝分缝

由于碾压混凝土采用大面积摊铺碾压的施工方式，一般不设纵缝，因而沐若水电站碾压混凝土重力坝也不设置纵缝。

坝段间横缝结合工程结构布置及结构应力情况设置，分缝间距一般为 $17\sim25m$。

3 号与 4 号坝段、6 号与 7 号坝段、12～14 号坝段考虑联合受力，3 号与 4 号坝段间、6 号与 7 号坝段间、12 号与 13 号坝段建基面至高程 450m 范围、13 号与 14 号坝段高程 $450\sim476m$ 范围分缝采用诱导缝。须联合受力的坝段采用通仓浇筑，上游 3m 及下游 2m 范围埋纤维板或沥青杉板形成短缝，端头设 D500mm 应力释放孔，孔间不切缝；其余坝段间设上下游贯通的横缝。采用分块浇筑或通仓浇筑切缝（从上游坝面至第二道止水后 1m 埋纤维板或沥青杉板形成），其后横缝采用切缝机切缝，切缝深度大于摊铺厚度的 2/3，缝内填彩条布。

5.3.4 止水与排水

横缝上游侧均设两道紫铜止水片，第一道距上游面 1m，第二道距第一道止水片 1.5m。两道止水之间设排水槽，并在每层廊道处设排水管与廊道连通。

横缝下游侧高程 415m 以下设一道紫铜止水片，距下游面 $0.35\sim0.5m$。

溢流坝段第一道止水片在表孔堰顶处弯折沿堰面布置，在下游处与横缝下游止水衔接，止水距堰面 1m。

止水片两侧埋入混凝土内长 $20\sim25cm$，在坝基设止水基座，基座混凝土先于坝体混凝土浇筑，止水片埋入基座内 50cm。

由于坝基侧向边坡较陡，需设置陡坡止水。陡坡止水基座用钢筋锚固在基岩上，上游采用两道止水，靠上游为紫铜止水片。

上游面布置排水管形成坝体内排水管幕，以减小坝体渗透压力。排水管布置在距坝体迎水面 $6\sim10m$ 处，排水孔采用钻孔形成，孔径 105mm，间距 2m，上部通至坝顶或堰顶下 3.5m 附近。

基础灌浆廊道下游侧设基础主排水孔幕。

所有渗水经横向廊道自排至下游或集水井。

5.3.5 混凝土原材料

(1) 水泥。大坝主要采用强度等级为 42.5 的硅酸盐水泥（OPC），基础灌浆采用

42.5 普通硅酸盐水泥。水泥品质符合《通用硅酸盐水泥》（GB 175）及 OPC 水泥标准的规定。

（2）粉煤灰。大坝采用Ⅰ级粉煤灰，其他部位采用Ⅱ级煤灰；粉煤灰品质应满足表5.3.2 的要求。

表 5.3.2　　　　　　　　　　粉煤灰主要品质要求表　　　　　　　　　　%

等　　级	细度（0.045mm 方孔筛余量）	需水量比	烧失量	含水量	三氧化硫
GB 1596—2005 Ⅰ级	≤12	≤95	≤5	≤1	≤3
GB 1596—2005 Ⅱ级	≤25	≤105	≤8	≤1	≤3

（3）骨料。

1）混凝土骨料从批准的料源处获得，未进行专门试验论证，不得使用含有活性成分的骨料。

2）不同粒径的骨料应分别堆存，严禁相互混杂和混入泥土；装卸时，粒径大于40mm 的粗骨料的净自由落差不应大于 3m，避免造成骨料的严重破碎。

3）细骨料的质量技术要求规定如下：

a. 细骨料的细度模数应在 2.2～3.0 范围内。

b. 砂料应质地坚硬、清洁、级配良好。

c. 砂料中的含水量应均衡，并不超过 6%。

d. 其他质量要求应符合《水工混凝土施工规范》（DL/T 5144）表 5.2.7 中的规定和《水工碾压混凝土施工规范》（DL/T 5122）的有关规定。

4）粗骨料的质量技术要求规定如下：

a. 骨料应质地坚硬、洁净、级配良好。粒形应尽量为方圆形，避免针片状颗粒。

b. 粗骨料应有良好的级配，其组合比应连续级配，采用最佳密实度、最大容重来确定。施工中应将骨料按粒径分成下列几种级配：二级配分成 5～20mm 和 20～40mm 两级，最大骨料粒径 40mm；三级配分成 5～20mm、20～40mm、40～80mm 三级，最大骨料粒径 80mm。

c. 其他质量要求应符合《水工混凝土施工规范》（DL/T 5144）表 5.2.8-2 中的规定。

d. 粗骨料的贮存应不使其破碎、污染和离析。不同粒径的骨料应分别堆存并设置隔离设施，成品砂堆及调节仓均应设防雨遮阳设施。

（4）外加剂。

1）用于混凝土中的外加剂（包括减水剂、加气剂、缓凝剂、速凝剂和早强剂等），其质量应符合《水工混凝土外加剂技术规程》（DL/T 5100）的规定。使用的外加剂必须通过类似工程进行过成功的应用，生产厂家具有一定生产规模和质量保证体系，质量均匀稳定。

2）外加剂的掺量应根据混凝土的性能要求，结合混凝土配合比的选择，通过试验确定。

　　3）不同品种外加剂应分别储存，在运输与储存中不得相互混装，以避免交叉污染。

　　（5）水。

　　1）凡适宜饮用的水均可拌和和养护混凝土，未经处理的工业废水不得拌和和养护混凝土。

　　2）拌和用水所含物质不应影响混凝土和易性及凝结，不应有损于混凝土强度发展，以及加快钢筋腐蚀和污染混凝土。

　　3）水的pH值、不溶物、可溶物、氯化物、硫酸盐、硫化物的含量应符合《水工混凝土施工规范》（DL/T 5144）表 5.5.2 的规定。

5.3.6　温度控制标准

　　（1）混凝土开始浇筑前根据施工图纸所示的建筑物分缝、分块尺寸、混凝土设计允许最高温度及温度控制要求，编制详细的温度控制措施，作为专项技术文件列入混凝土施工措施计划，报送审批。

　　（2）在施工中通过试验和测试建立混凝土出机口温度与现场浇筑温度之间的关系，并采取有效措施减小混凝土运送过程中的温升。

　　（3）设计允许最高温度。对均匀上升浇筑块，其坝体混凝土最高温度控制标准按表 5.3.3 执行。

表 5.3.3　　　　　　　　　　　　坝体最高温度控制标准表　　　　　　　　　　　　单位：℃

部位	坝块长边尺寸	$L<30m$	$30m \leqslant L<70m$	$L \geqslant 70m$
碾压混凝土	基础强约束区	40	39	37
	基础弱约束区	42	41	40
	脱离基础约束区	43	43	43
常态混凝土	基础强约束区	41	39	38
	基础弱约束区	42	42	41
	脱离基础约束区	44	44	44

　　（4）填塘、陡坡混凝土的温控要求。浇筑块内建基面岩体高差大于 3m 或其他指定的部位，均应按填塘混凝土处理。填塘、陡坡混凝土温控原则上按基础约束区允许最高温度执行，特殊部位按设计文件执行，填塘、陡坡混凝土埋设冷却水管，待混凝土浇至相邻基岩面高程附近并冷却至与基岩温度相近方能浇筑上部混凝土。

5.4　坝基处理设计

5.4.1　基础开挖

　　坝基岩体质量按《水利水电工程地质勘察规范》分级方法分类。

　　坝基岩体主要为 $A_{Ⅲ1}$ 和 $B_{Ⅳ1}$ 两类，其中 $A_{Ⅲ1}$ 类完全由砂岩、杂砂岩等硬岩组成，夹有少量页岩，岩体强度高，完整性较好；$B_{Ⅳ1}$ 类为杂砂岩、页岩、泥岩等均一互层的组合岩体，岩体强度稍低；对断裂带和局部裂隙密集带、断裂带和较弱夹层等地质缺陷部位，建基面作适当降低和特殊处理。

本工程最大坝高达 146m，大坝建基面标准按坝高超过 100m 为微风化～弱风化下部基岩、坝高 100～50m 为弱风化下部～弱风化中部基岩、坝高小于 50m 为弱风化中部～弱风化上部基岩控制。各部位开挖如下：

（1）溢流坝段。基岩面高程为 415m 左右，坝基岩体从上游至下游依次为砂岩与泥岩、页岩互层和砂岩。

大坝中部建基面高程为 400～405m，上游坝踵部位为砂岩与泥岩、页岩互层岩体，建基面降低至高程 392～395m。

（2）左岸非溢流坝段。左岸非溢流坝段基岩面高程为 420～553m，地形坡度约 40°。坝基岩体主要为第 10 段砂岩。岩体强风化厚度较小，但陡倾角卸荷裂隙较发育，深度较大。

坝基侧向开挖边坡坡比一般为 1:0.6～1:0.3，部分部位结合坝基顺流向陡倾角卸荷裂隙设计；根据结构受力需要，除 3 号坝段外其余坝段在底部均设平台，平台宽度约为坝段宽度的 1/3，建基面平台高程为 405～505m，共 7 级；根据地质条件，大坝建基面顺水流向开挖成台阶状（图 5.4.1）。

图 5.4.1 左岸非溢流坝段开挖图

大坝上、下游轮廓线以外开挖以保证施工期边坡稳定、尽量减小影响范围为原则，开挖结合施工场地布置需要进行。

（3）右岸非溢流坝段。右岸非溢流坝段基岩面高程为 425～555m，，地形坡度约 30°。坝基岩体从上游至下游依次为砂岩与泥岩、页岩互层和砂岩。砂岩与泥岩、页岩互层范围风化深，砂岩范围风化浅。

根据地质条件，结合结构布置和大坝抗滑稳定要求，建基面高程为 405～533m，设 10 级平台，每个坝段的平台宽度约为坝段宽度的一半，侧向开挖边坡坡比为 1:0.6～1:0.3；15～19 号坝段下游为"圣石"，大坝建基面顺水流向在上游部分开挖成宽度不小于 8m 并须跨过 P_3pel^{9-3} 层的平台、下游逐渐抬高至 T_2 处，在 T_2 处沿 T_2 开挖（图 5.4.2）。

图 5.4.2　右岸非溢流坝段开挖图

大坝上游每 15m 高设一级 5m 宽马道，边坡开挖坡比 1：1～1：0.6。

5.4.2　坝基固结灌浆

（1）固结灌浆设计原则。为了提高建基面岩体的整体性，弥补浅表层岩体岸剪裂隙、开挖爆破影响及增加浅表层的防渗作用，对建基面岩体进行固结灌浆，设计原则包括以下几个方面：

1）河床部位坝基浅表层受爆破影响，裂隙较多；岸坡开挖深度较小，岸剪裂隙较多，因此，均需对整个坝基范围进行固结灌浆。

2）固结灌浆深度根据坝基应力分布上的差异、基岩内裂隙深度等因素确定。

3）为加强浅层基岩的抗渗性能，主帷幕上游孔适当加深。

4）坝基陡倾角断层及其交会带、性状较差的断裂构造带、断层交切带、裂隙密集带及岩体风化强烈等部位是固结灌浆的重点，基础开挖后，视开挖揭露的具体情况及其具体位置采取针对性固结灌浆加固措施。

（2）固结灌浆设计参数。固结灌浆孔间距为 2.5m×2.5m，各部位具体设计包括以下几个方面：

1）8～12 号坝段：防渗帷幕上游孔深 15m，防渗帷幕至距坝轴线 30m 范围孔深12m，距坝轴线 30～90m 范围孔深 8m，距坝轴线 90m 下游范围孔深 12m。另外，在帷幕上游 2m 左右设一排深 20m 的辅助帷幕灌浆孔。

2）2～8 号坝段及 13～17 号坝段：防渗帷幕上游及坝段中线以下范围孔深 20m，防渗帷幕至距坝段中线范围孔深 15m。另外，在帷幕上游 2m 左右设一排深 30m 的辅助帷幕灌浆孔。

3）1 号坝段及 19～23 号坝段：防渗帷幕上游孔深 15m，防渗帷幕下游孔深 8m。另外，在帷幕上游 2m 左右设一排深 20m 的辅助帷幕灌浆孔。

4）陡倾角夹层：在陡倾角夹层两侧各布置 1 排斜孔，分别在深度 10m、15m 处穿过夹层。

（3）固结灌浆材料和施工方法。灌浆材料为纯水泥浆，水泥采用强度等级不低于32.5的普通硅酸盐水泥。固结灌浆根据结构要求及工期安排，采用常规盖重混凝土施工。灌浆采用"分序加密、自上而下、孔内循环"，一般分两序施工。固结灌浆压力第Ⅰ序孔灌浆压力为0.3MPa；第Ⅱ序孔灌浆压力为0.5MPa。

（4）固结灌浆质量标准及处理效果。固结灌浆质量检查与评定以灌后压水检查基岩透水率q值为主，结合灌浆前、后基岩弹性波检测资料等综合评定。压水检查孔数一般按固结灌浆孔数的5%左右控制，检查合格标准为：灌后基岩透水率$q \leqslant 3Lu$控制，单元灌区内压水检查的合格率应达80%以上，其余不合格试段的基岩透水率不大于5Lu，且不集中；灌后岩体平均波速提高百分率不低于3%。

5.4.3 地质缺陷处理

对坝基范围内T_{30}、T_{32}、T_{16}、T_{17}、T_{54}、F_7等陡倾角软弱结构面采用挖槽回填混凝土+固结灌浆进行处理。

对于河床8~13号坝段坝踵部位$P_3 pel^{9-2}$层变形模量小，对大坝的应力和变形不利，须进行挖槽回填混凝土，并扩大基础处理。挖槽深度7~10m，上部混凝土基础应扩大至$P_3 pel^{9-1}$层砂岩，搭至$P_3 pel^{9-1}$层砂岩范围的混凝土基础厚度大于10m，其上以1：1坡度与大坝上游1：0.2坝面衔接，并在扩大基础突变部位布置2层$\Phi 25$的钢筋。

5.4.4 防渗帷幕设计

（1）防渗标准。大坝基础采用垂直防渗灌浆帷幕与幕后排水相结合的渗控方案。

根据《混凝土重力坝设计规范》（DL 5108）规定，并参照同类工程经验，防渗标准确定为$q \leqslant 3lu$。

（2）防渗主帷幕线路布置。防渗线路在坝基范围沿上游轮廓线布置，距上游边线5~13m，向两岸沿坝轴线延长线布置，延伸至山体天然基岩相对不透水层，左岸在高程546m设灌浆平洞延伸130m，右岸延伸150m，帷幕线路总长640m。

（3）帷幕深度。9~11号坝段帷幕底高程295m，帷幕深度100m；两侧坝段帷幕底线随岩体透水率3Lu的底线逐步抬高而抬高，帷幕深入岩体透水率小于3Lu区域内3m以上，帷幕深度60~100m；左岸山体范围帷幕底高程516m，帷幕深度30m；右岸帷幕根据岩体透水率3Lu的底线确定底高程475~520m，帷幕深度71~26m。

（4）灌浆孔布置。帷幕左端至2号坝段布置一排帷幕灌浆孔，孔距2m。

3~21号坝段范围布置两排帷幕灌浆孔，其中8~11号坝段、20~21号坝段两排帷幕均深至帷幕底线，其余范围下游排灌浆孔深至底线，上游排灌浆孔为下游排孔深的1/2，排距0.8m，孔距2.5m。

21号坝段右岸以右范围布置一排帷幕灌浆孔，孔距2m。

（5）帷幕灌浆施工方法与工艺。帷幕灌浆施工方法与工艺主要根据地质条件及防渗要求、现场灌浆试验所确定的有关工艺参数、同类工程帷幕灌浆经验，并按照《水工建筑物水泥灌浆施工技术规范》（DL/T 5148）规定综合确定。

1）帷幕灌浆孔一般采用"小口径钻孔、孔口封闭、自上而下分段、孔内循环"法灌注，灌浆孔的第一段（接触段）采用常规"孔内阻塞灌浆法"进行灌浆；23号坝段以右帷幕灌浆采用"孔内阻塞、自下而上分段、孔内循环式"法灌注。

2）灌浆浆液以普通纯水泥浆液为主，浆液水灰比（重量比）采用1.5:1、1:1、0.5:1等3个比级，开灌水灰比采用1.5:1。

3）各孔段灌浆压力按表5.4.1控制。

4）结束标准。在设计灌浆压力或最大灌浆压力下，灌注至注入率不大于1L/min后，继续灌注60min，可结束灌浆。

表5.4.1 　　　　　　　　　　帷幕灌浆压力表　　　　　　　　　　单位：MPa

范围	孔序	第1段 （接触段）	第2段	第3段	第4段 及以下各段
9～12号坝段	I	2.0	2.5	3.5	4.2
	II	2.0	2.5	3.5	4.2
其余范围	I	2.0	2.5	3.5	3.5
	II	2.0	2.5	3.5	3.5

5）质量检查合格标准。第1段（接触段）及其下一段的合格率应为100%；以下各段合格率应不小于90%，不合格试段的透水率不超过设计规定的150%，且不合格试段的分布不集中，灌浆质量可评为合格。

5.4.5 基础排水布置

为降低坝基扬压力排除坝基幕后渗水和两岸山体来水，在坝基设置排水幕。排水幕轴线位于防渗主帷幕轴线后约1.0m处，与帷幕轴线平行。排水幕为单排孔，坝基及两坝肩排水幕深度为帷幕深度的1/2。排水孔孔距3.0m，孔径为91mm。灌浆廊道内设有排水沟，10号坝段设有集水井，8～11号坝段内排出的水流汇至集水井内，集中抽排至河道；两侧坝段内排出的水从大坝横向排水廊道自流排出。

为减小两岸山体来水，在大坝1号、4号、5号、12号、13号坝段布置的横向排水廊道内设水平排水孔，排水孔孔距3.0m，孔径为76mm，孔深25～35m；8号、12号坝段的横向排水廊道以及15号坝段的勘探平洞内布置垂直排水孔，排水孔孔距3.0m，孔径为76mm，入岩孔深12m。

为减小沿T_2结构面的渗水，在16～21号坝段基岩面上沿T_2结构面设排水廊道，并布置深入T_2结构面和下游"圣石"的排水孔，排水孔孔距3.0m，孔径为76mm，入岩孔深10m。

5.5 大坝稳定应力计算

5.5.1 作用及其组合

（1）作用力。

1）坝体自重：碾压混凝土容重为23kN/m³。

2）水压力：

正常蓄水位挡水：上游水位 540.00m，下游水位 405.00m；

设计洪水位泄水：上游水位 541.91m，下游水位 412.57m；

校核洪水位泄水：上游水位 542.46m，下游水位 412.99m；

PMF 泄水：上游水位 545.79m，下游水位 415.61m。

3）浮托力：按下游水位计。

4）渗压力：上游为全水头 H（H 为上、下游水位差），基础面排水孔处为 $0.25H$（河床）或 $0.35H$（两岸），坝体内部排水管处为 $0.2H$，坝趾处为 0，中间直线变化。

5）泥沙压力：按 $P_{sk} = \frac{1}{2}\gamma_{sb}h_s^2 \text{tg}^2\left(45° - \frac{\varphi_s}{2}\right)$ 计算，其中 h_s 为坝前淤沙高度。

6）浪压力：考虑采用的校核工况最大风速为 55km/h（重现期为 10 年）和设计工况最大风速为 70km/h（重现期为 100 年），水库吹程 2.5km。

7）地震力：使用拟静力法计算，水平地震动峰值加速度取 0.1g。

（2）作用组合。

坝体抗滑稳定及上、下游面垂直应力计算荷载组合见表 5.5.1。

表 5.5.1 各设计状况荷载作用组合表

设计状况	作用组合	考虑情况	相应水位（上游/下游）/m	自重	静水压力	扬压力	泥沙压力	浪压力	动水压力	地震力
持久状况	基本组合	正常蓄水	540.00/405.00	√	√	√	√	√		
		设计洪水	541.91/412.57	√	√	√	√	√	√	
短暂状况		施工完建期		√						
偶然状况	偶然组合	校核洪水	542.46/412.99	√	√	√	√	√	√	
		PMF	545.79/415.61	√	√	√	√	√	√	
		地震	540.00/405.00	√	√	√	√	√		√

5.5.2 应力计算

大坝上、下游面拉应力按正常使用极限状态设计。

5.5.2.1 典型坝段计算

（1）坝段选择。大坝应力选不同坝坡最大坝高坝段取断面计算，典型断面如下：

1）7 号坝段：下游坝坡 1∶0.75 的断面中坝高最大的坝段；

2）8 号坝段：下游坝坡 1∶0.8 的坝段；

3）9 号坝段：溢流坝段；

4）14 号坝段：下游坝坡 1∶0.7 的坝段。

（2）计算简图。大坝稳定应力计算简图见图 5.5.1。

（3）计算方法。重力坝坝上、下游面垂直应力计算公式：

$$\sigma_y = \frac{\sum W}{A} \pm \frac{\sum MT}{J}$$

(5.5.1)

式中 σ_y——上、下游垂直应力，kPa；

  $\sum W$——计算截面上全部法向作用之和，kN；

  $\sum M$——计算截面上全部作用对截面形心轴的力矩之和，kN·m；

  A——计算截面积，m²；

  T——计算截面上计算点到形心轴的距离，m；

  J——坝计算截面面积对形心轴的惯性矩，m⁴。

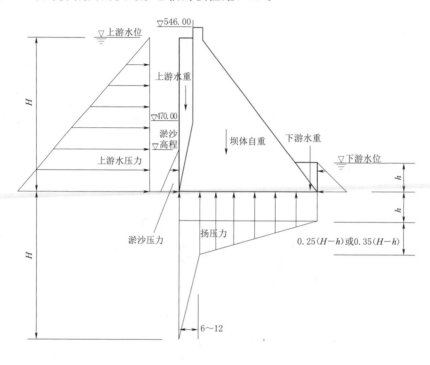

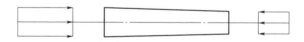

图 5.5.1　大坝稳定应力计算简图（单位：m）

（4）计算结果。各坝段坝趾、坝踵应力结果见表 5.5.2。

表 5.5.2　　　　　　　　　　　　大坝应力计算成果表　　　　　　　　　　单位：MPa

坝段编号	部位	工况					
		正常蓄水位	设计洪水位	校核洪水位	施工完建	PMF	地震
7号坝段	坝趾	2.18	2.24	2.27	0.43	2.42	2.45
	坝踵	0.48	0.42	0.40	2.38	0.25	0.18
8号坝段	坝趾	2.18	2.18	2.23	0.45	2.31	2.45
	坝踵	0.70	0.61	0.55	2.54	0.44	0.39
9号坝段	坝趾	1.78	1.76	1.77	0.56	1.87	1.98
	坝踵	0.91	0.80	0.78	2.76	0.61	0.61

续表

坝段编号	部位	工况					
		正常蓄水位	设计洪水位	校核洪水位	施工完建	PMF	地震
14 号坝段 425m 层面	下游	1.92	2.02	2.04	0.62	2.17	
	上游	0.56	0.46	0.44	2.11	0.32	
16 号坝段 490m 层面	下游	0.79	0.86	0.87	0.26	1.00	
	上游	0.32	0.26	0.24	1.00	0.11	

计算结果表明，在各种工况下坝踵及大坝上游面垂直应力均未出现拉应力，满足规范要求。

5.5.2.2 右岸利用山脊坝段计算

（1）计算方法及程序。右岸坝段部分利用"圣石"，断面复杂，因此，选取部分坝段进行数值计算分析。采用的计算软件为岩土工程数值分析软件 FLAC^{3D} （Fast Lagrangian Analysis of Continue）。

（2）计算模型与计算条件。计算分别取 14 号坝段（中间剖面）、16 号坝段（缝上剖面）。模型的整体坐标为：由大坝上游指向下游为正 X 轴，铅直向上方向为正 Y 轴。计算域两侧和底边采用法向位移约束。岩体和混凝土材料本构模型均采用以带拉伸截止限的 Mohr - Coulomb 准则为屈服函数的理想弹塑性模型，数值计算模型如图 5.5.2～图 5.5.4 所示。坝基岩体介质按实际地层分布考虑，模拟了第 6～14 亚段岩层，各材料计算参数见表 5.5.3。

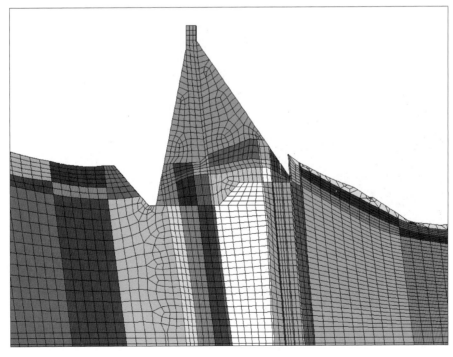

图 5.5.2　14 号坝段的数值模型图

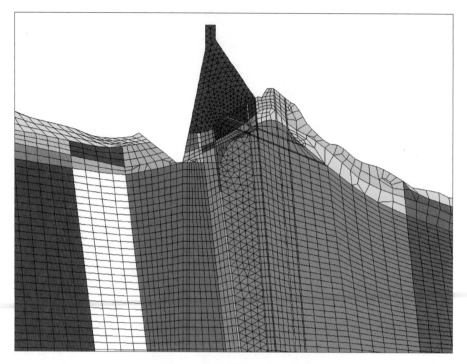

图 5.5.3　16 号坝段的数值模型图

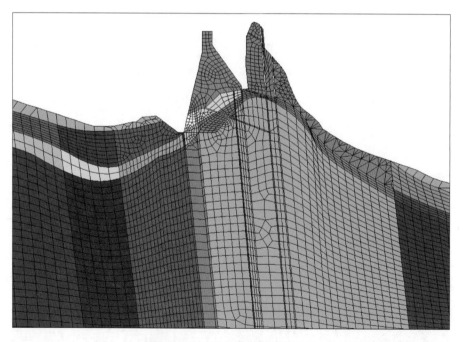

图 5.5.4　17 号坝段的数值模型图

表 5.5.3 　　　　　　　　　　计算采用的材料力学参数表

材料	密度/(kN/m³)	变形模量/GPa	泊松比	抗剪断强度 f	抗剪断强度 c/MPa	抗拉强度/MPa	备注
P_3pel^7、P_3pel^{11}	25.0	8.0	0.28	0.84	0.84	0.84	
P_3pel^8、P_3pel^{12}	25.0	1.8	0.32	0.5	0.6	0.6	
P_3pel^{10}（微新）	25.2	16	0.25	1.2	1.2	1.2	
P_3pel^{10}（弱风化）	25.0	10	0.25	0.84	0.84	0.84	
P_3pel^{10}（强风化）	22.0	1.0	0.35	0.5	0.04	0.04	
P_3pel^{9-2}（微新）	25.0	8.0	0.28	0.84	0.84	0.84	
P_3pel^{9-2}（弱风化）	23.0	5.5	0.28	0.6	0.5	0.5	
P_3pel^{9-2}（强风化）	22.0	1.0	0.35	0.45	0.03	0.03	
P_3pel^{9-3}（微新）	25.0	8.0	0.30	0.7	0.7	0.7	
P_3pel^{9-3}（弱风化）	23.0	3.0	0.34	0.5	0.5	0.5	
P_3pel^{9-3}（强风化）	22.0	0.5	0.35	0.36	0.02	0.02	
混凝土	23.0	26	0.167	1.0	1.0	1.0	
T_1、T_2、T_3、T_{10}	22.0	1	0.32	0.5	0.05	1.5	490m 或 500m 高程以下
		0.15	0.35	0.3	0.01	0	490m 或 500m 高程以上
F_7	22.0	1.5	0.32	0.4	0.05	0	430m 高程以下
		1	0.35	0.3	0.01	0	430m 高程以上
T_4、T_{14}	22.0	0.5	0.32	0.45	0.05	0	

计算荷载包括：大坝的自重、作用在上游坝面的外水压力、基岩表面的水重。坝基的初始应力场按自重应力场考虑。

计算工况包括：①天然状态，开挖施工前；②开挖完成工况；③大坝完建工况；④设计洪水工况，上、下游水位分别为 541.91m、412.57m；⑤地震工况，采用拟静力法计算，水位为正常蓄水位，地震加速度取 0.1g。

（3）计算成果。大坝位移及应力结果见表 5.5.4、表 5.5.5，变形及应力见图 5.5.5～图 5.5.29；在以下计算结果分析中，位移的正负号与坐标轴方向一致。应力值以拉为正，压为负，单位为 Pa。

表 5.5.4 　　　　　　　　　　大坝最大位移值表 　　　　　　　　　　单位：mm

坝段编号	大坝完建工况 水平向	大坝完建工况 铅直向	大坝完建工况 合位移	设计洪水工况 水平向	设计洪水工况 铅直向	设计洪水工况 合位移	地震工况 水平向	地震工况 铅直向	地震工况 合位移
14	−19.8	−24.2	31.2	62.9	18.0	64.7	10.6	1.3	10.6
16	−11.7	−11.7	16.6	41.6	10.8	42.7	7.8	0.6	7.8

注 运行期、地震工况位移为位移增量。

表 5.5.5 　　　　　　　　　　　　大坝不同部位垂直应力值表 　　　　　　　　　　单位：MPa

编号	部 位		大坝完建工况	设计洪水工况	地震工况
14	坝体	上游面上部	−0.47	−0.52	−0.50
		上游面下部	−4.16	−1.44	−1.08
		下游面上部	−0.17	−0.28	−0.29
		下游面下部	−0.44	−1.15	−1.12
		坝体最大压应力	−4.16	−1.44	−1.12
	坝基面	坝踵	−3.17	−1.03	−0.78
		坝趾	−0.64	−1.26	−1.24
16	坝体	上游面上部	−0.49	−0.61	−0.59
		上游面下部	−2.73	−0.99	−0.85
		下游面上部	−0.21	−0.25	−0.26
		下游面下部	−0.46	−0.88	−0.94
		坝体最大压应力	−2.73	−0.99	−0.94
	坝基面	坝踵	−1.66	−0.98	−0.64
		坝趾	−0.72	−1.23	−1.31

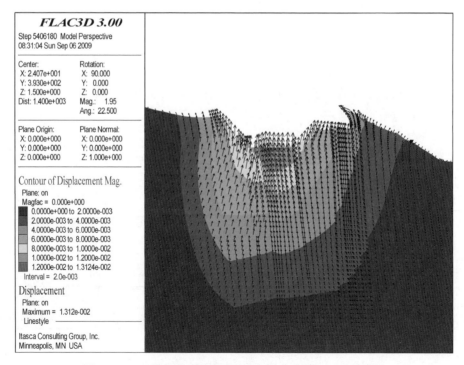

图 5.5.5　14 号坝段建基面开挖后坝基位移等色区及矢量图

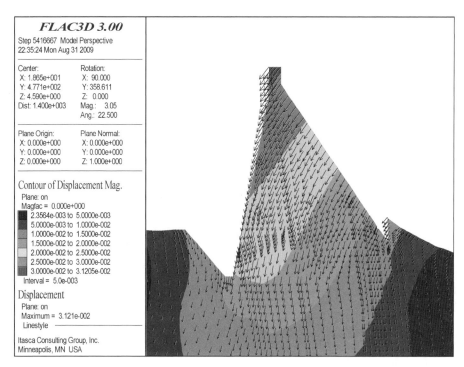

图 5.5.6　14 号坝段大坝建造后坝体增量位移等色区及矢量图

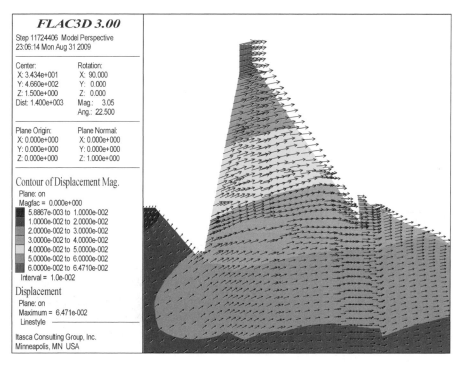

图 5.5.7　14 号坝段水库蓄水后坝体增量位移等色区及矢量图

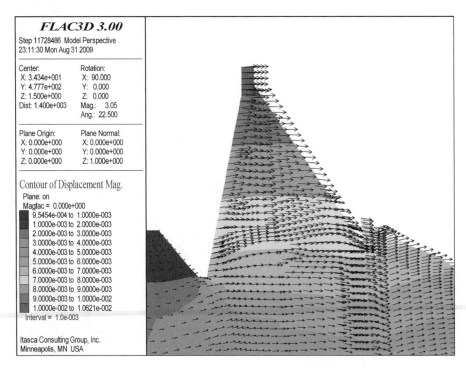

图 5.5.8　14 号坝段地震工况坝体增量位移等色区及矢量图

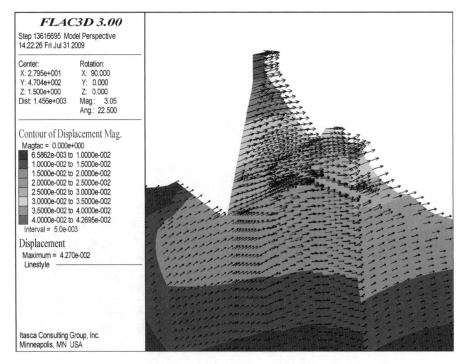

图 5.5.9　16 号坝段水库蓄水后坝体增量位移等色区及矢量图

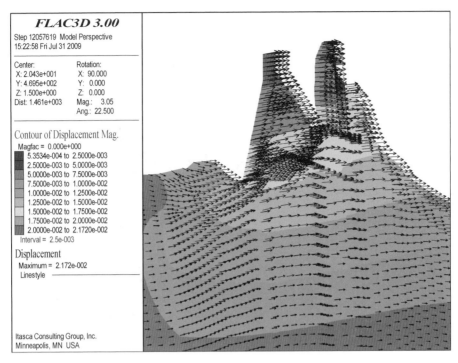

图 5.5.10　17 号坝段水库蓄水后坝体增量位移等色区及矢量图

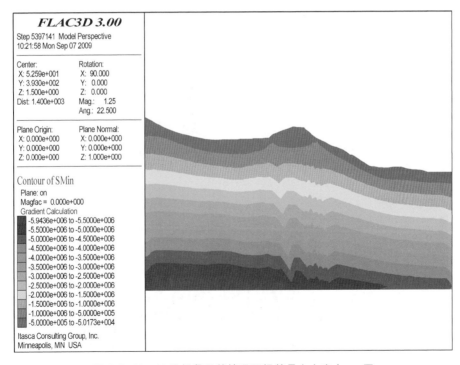

图 5.5.11　14 号坝段天然情况下坝基最大主应力 σ_1 图

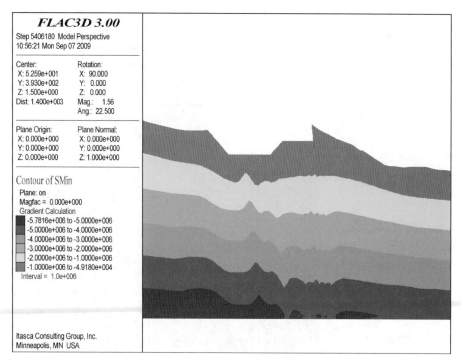

图 5.5.12 14 号坝段开挖后坝基最大主应力 σ_1 图

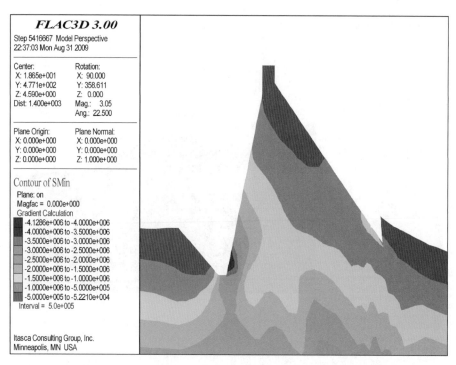

图 5.5.13 14 号坝段大坝建造后坝体和基岩最大主应力 σ_1 图

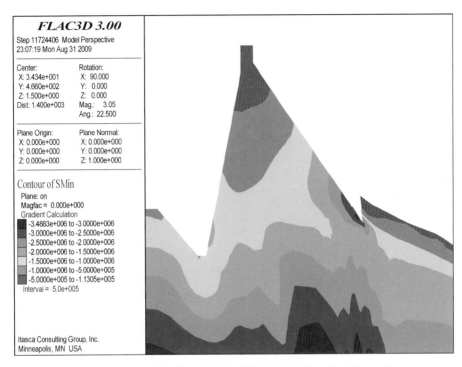

图 5.5.14　14 号坝段水库蓄水后坝体和基岩最大主应力 σ_1 图

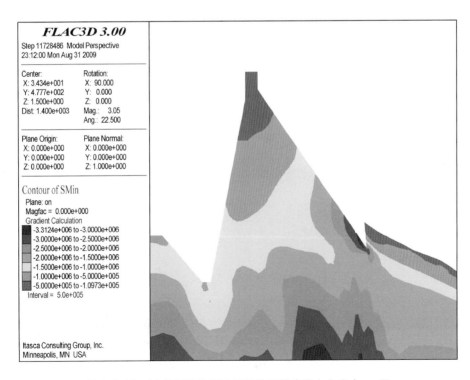

图 5.5.15　14 号坝段地震工况坝体和基岩最大主应力 σ_1 图

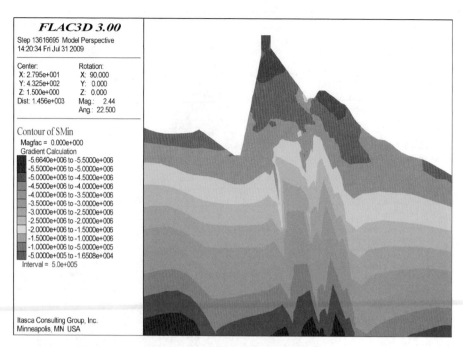

图 5.5.16　16 号坝段水库蓄水后坝体和基岩最大主应力 σ_1 图

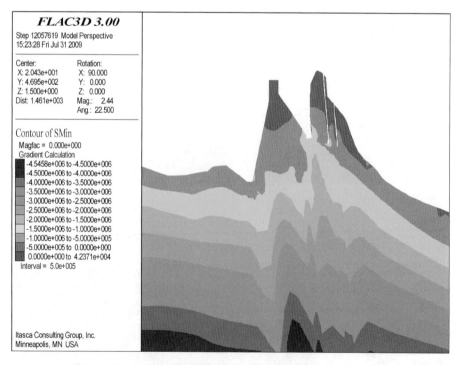

图 5.5.17　17 号坝段水库蓄水后坝体和基岩最大主应力 σ_1 图

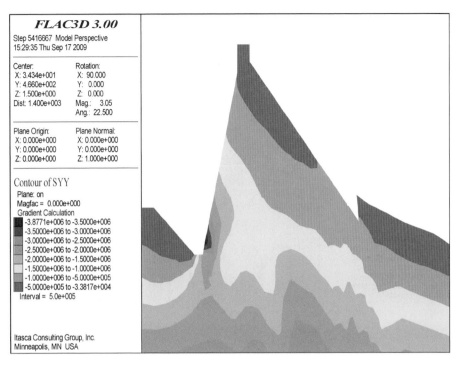

图 5.5.18　14 号坝段大坝建造后坝体和基岩垂直向应力图

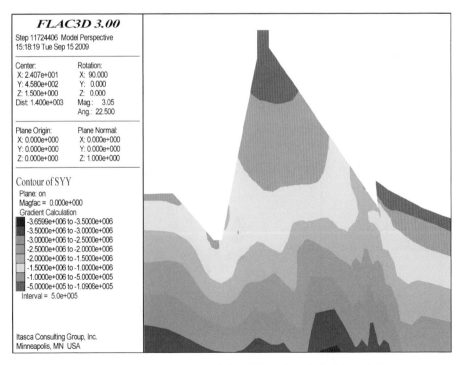

图 5.5.19　14 号坝段设计洪水工况坝体和基岩垂直向应力图

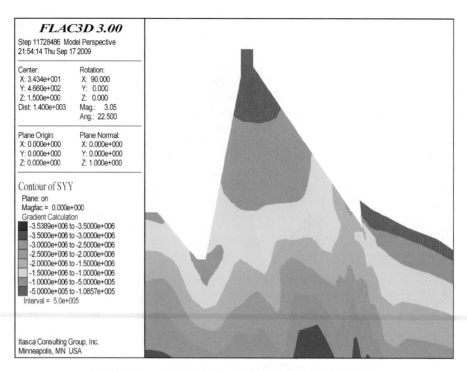

图 5.5.20　14 号坝段地震工况坝体和基岩垂直向应力图

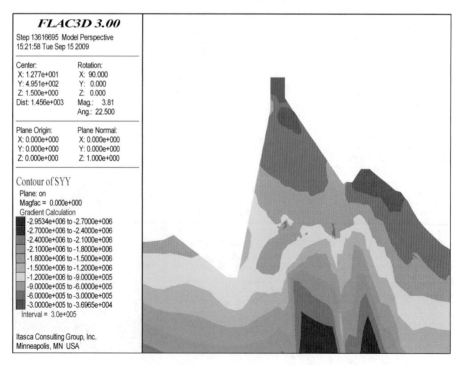

图 5.5.21　16 号坝段设计洪水工况坝体和基岩垂直向应力图

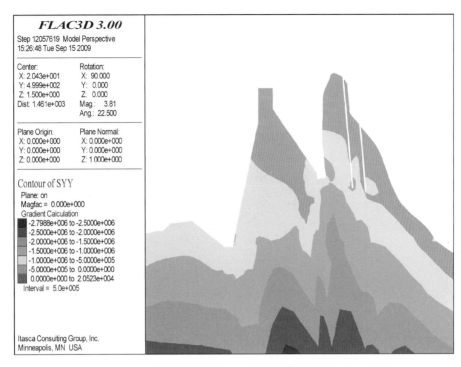

图 5.5.22　17 号坝段设计洪水工况坝体和基岩垂直向应力图

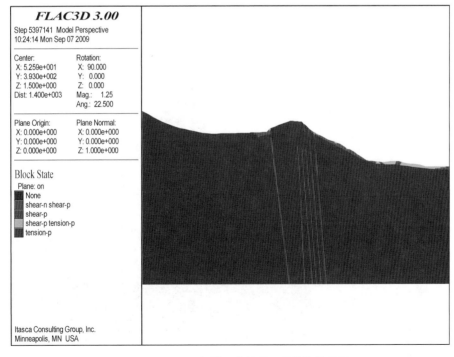

图 5.5.23　14 号坝段天然情况下坝基塑性区图

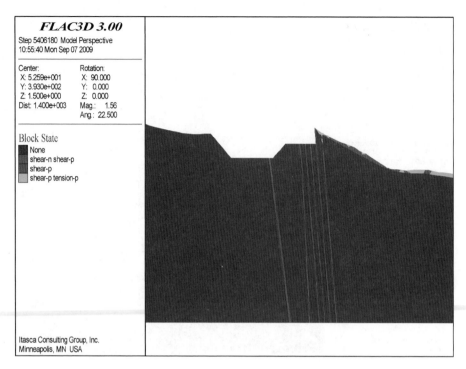

图 5.5.24　14 号坝段开挖后坝基塑性区图

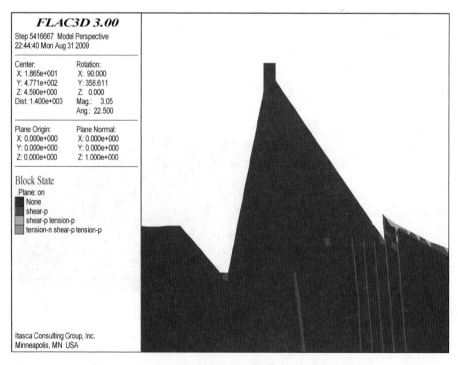

图 5.5.25　14 号坝段大坝建造后坝体和基岩塑性区图

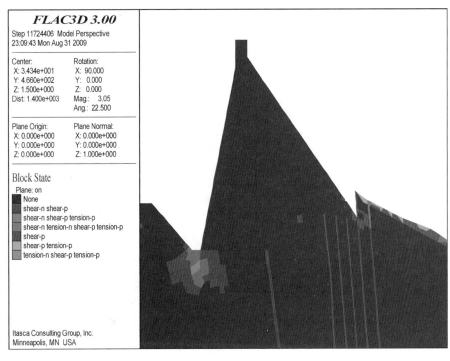

图 5.5.26　14 号坝段水库蓄水后坝体和基岩塑性区图

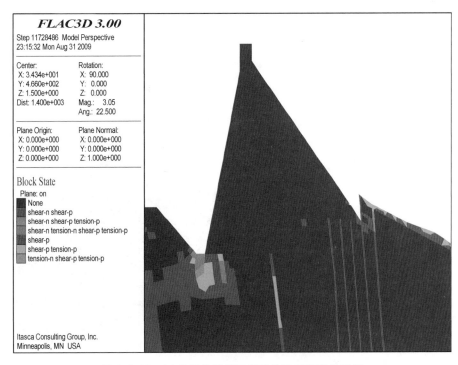

图 5.5.27　14 号坝段地震工况坝体和基岩塑性区图

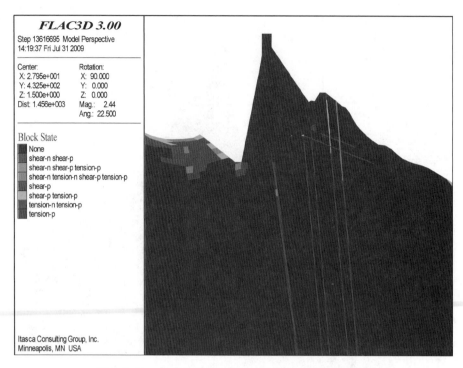

图 5.5.28 16 号坝段水库蓄水后坝体和基岩塑性区图

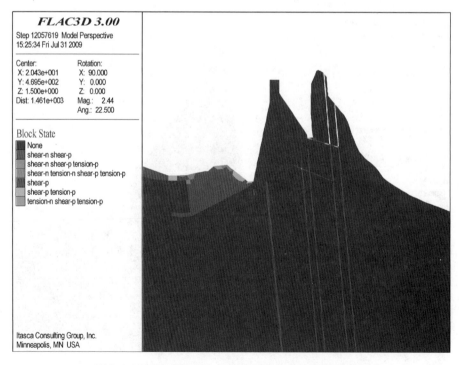

图 5.5.29 17 号坝段大坝建造后坝体和基岩塑性区图

1）位移。不同剖面在同一计算工况下位移形态基本相同，只是位移量值有所差异，随坝体高度的减小（从 14 号剖面到 17 号剖面），位移值相应减小。大坝完建工况位移以朝下变形为主，由于大坝的重心偏向上游且河床坝段受坝踵部位岩体变形模量较低的影响，导致坝体位移向上游偏转，其最大位移值在 11.6~31.2mm 之间。设计洪水工况以水平向下游位移为主，坝体最大位移值在 21.7~64.7mm 之间。地震工况下以水平向下游位移为主，坝体最大位移值在 4.1~10.6mm 之间。

2）应力。天然状态下仅在"圣石"部位部分岩体内存在拉应力区，其他部位岩体处于双向受压状态。

坝基开挖工况由于开挖卸荷的作用，坝基开挖面附近及"圣石"边坡出现一定范围的拉应力区。

大坝完建工况坝踵部位产生一定程度的应力集中，坝体下游面靠近建基面及"圣石"部位出现一定范围的拉应力区，建基面基岩没有产生拉应力区。

设计洪水工况在大坝上游水压作用下，坝趾部位出现压应力集中，坝踵处压应力集中得以缓解。

3）塑性区。天然状态下塑性区主要分布在夹层以及部分近地表的风化岩体内，以拉或拉剪破坏为主。

坝基开挖工况基岩没有因开挖而新增塑性区。

大坝完建工况塑性区分布较开挖后没有明显变化。

设计洪水工况坝踵附近基岩内产生一定范围的塑性区，特别是河床坝段（14 号坝段）上游坝面水压较大且该部位软、硬层岩体变形模量差异大，故受力状态复杂，塑性区分布范围明显大于其他坝段。

地震工况下坝踵部位塑性区有进一步延伸的趋势。

4）结论。计算结果表明：大坝各工况下垂直应力均为压应力，满足规范要求。

由于坝踵部位软、硬层岩体变形模量差异大，受力状态复杂，计算中塑性区分布范围较大，须进行处理；处理措施采用开挖齿槽回填混凝土或加强固结灌浆等措施。

5.5.3 坝体抗滑稳定计算

5.5.3.1 沿建基面抗滑稳定

（1）坝段选择。选取最不利坝段进行单坝段稳定计算，典型坝段如下：

1）7 号坝段：下游坝坡 1∶0.75 的断面中坝高最大的坝段。

2）8 号坝段：下游坝坡 1∶0.8 的坝段。

3）9 号坝段：溢流坝段。

（2）计算简图。大坝计算简图见图 5.5.1。

（3）计算层面力学参数。各类岩石物理力学参数见表 5.5.6。

根据地质资料，坝基以第 10 亚段杂砂岩为主，仅坝踵部位有部分在第 9 亚段杂砂岩与页岩、泥岩互层。第 9 亚段范围的坝基采取挖齿槽的处理措施，因此齿槽顶面的滑面为混凝土层间加杂砂岩与混凝土接触面，底面的滑面为杂砂岩与页岩、泥岩互层接触面加杂砂岩体间，计算层面抗剪断参数均大于碾压混凝土层间参数：$f' = 1.0$，$c' = 1.0$MPa，因此稳定计算中抗剪断参数取值均为 $f'=1.0$，$c'=1.0\text{MPa}$。

表 5.5.6　　　　　　　　　　各类岩石物理力学参数表

岩石名称	天然重度 ρ /(kN/m³)	单轴湿抗压强度 /MPa	岩体抗剪断强度				混凝土/岩体抗剪断强度	
			微新		弱风化			
			f'	c'/MPa	f'	c'/MPa	f'	c'/MPa
泥岩、页岩	24.5~25	10~15	0.5	0.6	0.45	0.2	0.5	0.6
硬砂岩、杂砂岩	25.5	60~80	1.3	1.3	0.9	0.9	1.0	1.0
砂、页岩组合	25	40~50	1.0	1.0	0.7	0.7	0.9	0.8

（4）计算方法。采用刚体极限平衡方法计算，具体包括以下两种方法：

1）作用效应函数。

$$S(*)=\sum P \tag{5.5.2}$$

式中　$\sum P$——计算面以上全部切向作用之和，kN。

2）抗滑稳定抗力函数。

$$R(*)=f'\sum W+c'A \tag{5.5.3}$$

式中　f'——计算面抗剪断摩擦系数；

　　　c'——计算面的抗剪断黏聚力，kPa；

　　　A——计算面截面积，m²；

　　　$\sum W$——计算面上全部法向力之和，kN。

（5）计算成果。各坝段抗滑稳定成果见表 5.5.7。

表 5.5.7　　　　　　　　　各坝段抗滑稳定计算成果表　　　　　　　　　单位：kN

坝段编号	项目	工况				
		正常蓄水位	设计洪水位	校核洪水位	PMF	地震
7	$\psi\gamma_0 S(*)$	1732565.92	1764669.83	1512460.72	1591773.02	1613026.46
	$R(*)/\gamma_{d1}$	1799629.77	1797164.90	1796477.19	1792209.71	1821830.03
8	$\psi\gamma_0 S(*)$	2024292.75	2071075.87	1808564.87	1858444.86	1877245.32
	$R(*)/\gamma_{d1}$	2160690.90	2091837.65	2081626.60	2058353.34	2185486.19
9	$\psi\gamma_0 S(*)$	2228057.00	2272025.04	1944517.48	2058695.44	2076296.87
	$R(*)/\gamma_{d1}$	2339035.81	2235694.78	2227912.10	2187464.08	2382069.97

由表 5.5.7 可见，除 9 号坝段设计洪水工况外，其余坝段在各种荷载工况下作用与抗力关系均能满足设计规范要求。

9 号坝段在坝踵部位设置厚 5m、长 6m 混凝土板后也能满足规范要求。

5.5.3.2　大坝深层抗滑稳定计算

坝址区发育较多缓倾角裂隙，缓倾角裂隙长度一般几米至几十米，长者可达百米以上，少量大者可见有错距从而形成裂隙性缓倾角断层。缓倾角裂隙倾向上、下游的均有发现。大坝存在沿坝基岩体内缓倾角裂隙滑动的可能，须对大坝的深层抗滑稳定进行复核。

（1）14 号坝段以左部分。

1）概化模型。14 号以左坝段坝体下游地形起伏不大，深层滑动一般为双滑面模型，见图 5.5.30。

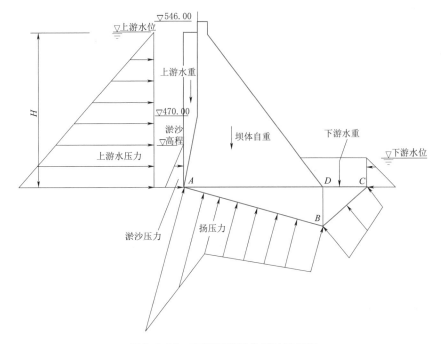

图 5.5.30　双滑面深层抗滑计算简图

根据初步统计，缓倾角裂隙倾角为 10°～30°，小于 10°极少，倾向上、下游的均有，缓倾角裂隙连通率在浅表层中较大，达 70%～80%，但在下部较小，仅 22%～30%。

综合分析缓倾角裂隙发育情况资料，现阶段深层抗滑稳定计算取建基面较低的 9 号溢流坝段和 7 号非溢流坝段，缓倾角裂隙倾向下游，倾角 10°，连通率 40%。

2）计算参数。地质资料显示强风化岩体中的缓倾角结构面多可见充泥特征，在新鲜完整岩体中多呈闭合状，以方解石及无充填为主，大坝建基面为弱风化～微新岩体，因此在计算中缓倾角结构面暂按无充填考虑。各种材料物理力学参数见表 5.5.8。

表 5.5.8　　　　　　　　　　各种材料物理力学参数表

岩石名称	天然重度 ρ /(kN/m³)	单轴湿抗压强度 /MPa	岩体抗剪断强度			
			微新		弱风化	
			f'	c'/MPa	f'	c'/MPa
泥岩、页岩	24.5～25	10～15	0.5	0.6	0.45	0.2
硬砂岩、杂砂岩	25.5	60～80	1.3	1.3	0.9	0.9
砂、页岩组合	25	40～50	1.0	1.0	0.7	0.7
缓倾角结构面			0.5	0.1		
混凝土	23		1.0	1.0		

3）计算假定。第二破裂面为在坝趾处的垂面，两块岩体间相互作用力角度与水平面夹角为 15°。

4）计算方法。采用刚体极限平衡方法计算。

①作用效应函数。

$$S(*) = \sum P \tag{5.5.4}$$

式中　$\sum P$——计算面以上全部切向作用之和，kN。

②抗滑稳定抗力函数。

$$S(*) = \frac{(\sum W + G_1)(f'_{d1}\cos\alpha - \sin\alpha) + Q[\cos(\varphi - \alpha) - f'_{d1}\sin(\varphi - \alpha)] - f'_{d1}U_1 + c'_{d1}A_1}{f'_{d1}\sin\alpha + \cos\alpha} - U_3$$

$$\tag{5.5.5}$$

其中　$$Q = \frac{f'_{d2}(G_2\cos\beta + U_3\sin\beta - U_2) + G_2\sin\beta - U_3\cos\beta + c'_{d2}A_2}{\cos(\varphi + \beta) - f'_{d2}\sin(\varphi + \beta)} \tag{5.5.6}$$

式中　　$\sum W$——垂直力之和；

G_1、G_2——岩体 ABD、BCD 重量的垂直作用；

f'_{d1}、f'_{d2}——AB、BC 滑动面的抗剪断摩擦系数；

c'_{d1}、c'_{d2}——AB、BC 滑动面的抗剪断黏聚力；

A_1、A_2——AB、BC 面的面积；

α、β——AB、BC 与水平面的夹角；

U_1、U_2、U_3——AB、BC、BD 面上的扬压力；

Q、φ——BD 面上的抗力或不平衡剩余推力及剩余推力作用方向与水平面的夹角。

5）计算结果。经计算，7 号坝段须向上游伸出 6m 的混凝土板、9 号坝段须向上游伸出 8m 的混凝土板，作用与抗力关系均能满足设计规范要求。

双滑面深层抗滑稳定成果见表 5.5.9。

表 5.5.9　　　　　　　　双滑面深层抗滑稳定计算成果表　　　　　　　　单位：kN

坝段编号		工　况				
		正常蓄水位	设计洪水位	校核洪水位	PMF	地震
7	$\psi\gamma_0 S(*)$	85714.35	88310.38	75705.45	79647.73	80375.29
	$R(*)/\gamma_{d1}$	89770.37	89630.69	89590.42	89288.42	88952.03
9	$\psi\gamma_0 S(*)$	116773.13	119781.38	102556.69	106997.94	108704.26
	$R(*)/\gamma_{d1}$	124908.21	119968.49	120379.98	117653.70	123896.68

（2）14 号坝段以右部分。

1）概化模型。15 号以右坝段坝体下游地形降低较快，深层滑动为单滑面形式。概化模型有两种：一种滑面为水平面，由部分建基面和部分岩体或混凝土层面组成，计算简图同图 5.5.1；另一种滑面为斜面，沿缓倾角裂隙面和部分岩体或混凝土层面组成，计算简图见图 5.5.31，缓倾角裂隙连通率按 40％计。

2）计算参数。计算参数取值见表 5.5.6 和表 5.5.8。

3）计算结果。各坝段计算结果见表 5.5.10。

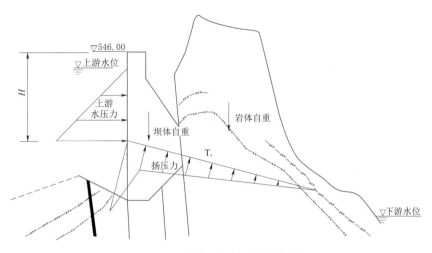

图 5.5.31 单滑面深层抗滑计算简图

表 5.5.10   单滑面深层抗滑稳定计算成果表   单位：kN

坝段编号	滑面	项目	工 况			
			正常蓄水位	设计洪水位	校核洪水位	PMF
16	T_{14}	$\psi\gamma_0 S(*)$	45038.40	46000.38	39325.01	40840.39
		$R(*)/\gamma_{d1}$	71026.72	70599.79	70479.30	69714.20
	450m	$\psi\gamma_0 S(*)$	43752.79	45627.44	39230.54	42105.49
		$R(*)/\gamma_{d1}$	90347.81	90196.00	90152.27	89887.51
17	T_{13}	$\psi\gamma_0 S(*)$	44969.45	45695.51	39008.23	40172.98
		$R(*)/\gamma_{d1}$	63640.07	63224.24	63107.44	62363.11
	T_{14}	$\psi\gamma_0 S(*)$	48574.62	49475.16	42263.40	43688.71
		$R(*)/\gamma_{d1}$	67429.78	67022.37	66907.26	66178.39
	470m	$\psi\gamma_0 S(*)$	26487.19	27949.63	24103.50	26367.57
		$R(*)/\gamma_{d1}$	71389.31	71224.61	71177.19	70890.07
18	T_4	$\psi\gamma_0 S(*)$	21658.94	22224.90	19018.42	19950.86
		$R(*)/\gamma_{d1}$	49820.99	49550.91	49474.80	48990.20
	T_{13}	$\psi\gamma_0 S(*)$	52049.16	52723.89	44969.72	46059.01
		$R(*)/\gamma_{d1}$	70439.48	70003.88	69880.80	69101.73
	490m	$\psi\gamma_0 S(*)$	13537.99	14588.21	12645.40	14298.59
		$R(*)/\gamma_{d1}$	53547.35	53359.53	53305.48	52978.02

计算结果表明，作用与抗力关系均能满足设计规范要求。

5.5.4 坝体及坝基强度计算

（1）坝段选择。选取最不利坝段进行单坝段稳定计算，典型坝段如下：

1）7号坝段：下游坝坡 1∶0.75 的断面中坝高最大的坝段。

2）8号坝段：下游坝坡 1∶0.8 的坝段。

3）9号坝段：溢流坝段。

（2）计算简图。大坝计算简图见图 5.5.1。

（3）计算方法。采用刚体极限平衡方法计算，具体包括以下两种计算方法：

1）作用效应函数。

$$S(*) = \left(\frac{\sum W}{A} - \frac{\sum MT}{J} \right)(1 + m_2^2) \tag{5.5.7}$$

式中　$\sum W$——计算截面上全部法向作用之和，kN，向下为正；

　　　　$\sum M$——全部作用对计算截面形心的力矩之和，kN·m，逆时针方向为正；

　　　　A——计算截面的面积，m^2；

　　　　J——计算截面对形心轴的惯性矩，m^4；

　　　　T——计算截面形心轴到下游面的距离，m；

　　　　m_2——坝体下游坡度。

2）抗压强度极限状态抗力函数。

$$R(*) = f \tag{5.5.8}$$

式中　f——混凝土或基岩的抗压强度。

（4）计算成果。各坝段坝趾承压作用效应计算成果见表 5.5.11。

表 5.5.11　　　　　　　　　大坝坝趾承压作用效应计算成果表　　　　　　　　单位：kPa

坝段编号	项目	工　况					
		正常蓄水位	设计洪水位	校核洪水位	PMF	地震	施工完建
7	$\psi \gamma_0 S(*)$	3790.18	3893.36	3343.02	3563.89	3582.53	707.01
8	$\psi \gamma_0 S(*)$	3965.08	3950.24	3436.79	3554.93	3757.52	772.84
9	$\psi \gamma_0 S(*)$	3218.84	3147.55	2692.38	2833.09	3036.32	954.61

混凝土 C15 和 C20 的标准抗压强度分别为 10MPa 和 13.4MPa，相应设计抗压强度为 7.2MPa 和 9.6MPa，$R(*)/\gamma_{d1}$ 分别为 3.7MPa 和 5MPa。根据规范要求，作用效应与抗力效应应满足规范要求，因此，下部混凝土须采用 C20，上部可采用 C15。

5.6　大坝关键技术问题研究

5.6.1　软硬相间岩体"桥"式扩大基础

5.6.1.1　坝基主要问题及处理思路

坝区地层特点主要为砂岩及页岩呈不等厚交替出现，其中第 9 亚段页岩隔水性相对较强，第 10 亚段砂岩裂隙非常发育，且陡倾层面大多张开、透水性好。但随着深度的增加，透水性逐渐减弱。第 9 亚段地层，一般建基面以下 50m，透水率小于 10Lu；50m 以下的透水率小于 3Lu。第 10 亚段地层，一般建基面以下 70m，透水率小于 10Lu；70m 以下的透水率小于 3Lu。

坝基上游第 9 亚段岩体绝大部分为页岩，强度较低，揭露后易风化破碎。坝基下游第 11 亚段岩体为页岩、砂岩互层，强度也较低。坝基岩质较坚硬的第 10 亚段砂岩，结构面发育，尤其岸坡部位，张裂隙较多，岩体完整性差。坝基上游部分第 9 亚段岩体为良好的隔水层，但在河床斜交陡倾断层处及与第 10 亚段岩体结合处可能形成渗漏通道。

大坝基础岩体存在上下游岩体软弱易风化、中部岩体较坚硬但裂隙发育问题，并存在河床斜交断层可能引起的渗透问题。

若按常规处理思路，将对软弱易风化的页岩和河床断层破碎带进行掏挖并换填填塘混凝土处理，且清除砂岩中切割的块体。同时，建基面还须保证一定的平整度。对于沐若大坝而言，上述情况几乎在整个坝基存在，开挖量、混凝土量都将很大，工期也会很长。

通过对坝基地质条件的分析和对大坝受力计算研究，认为：①可以通过将坝踵向上游拓展，对第 9 亚段页岩上游的砂岩予以利用，在第 9 亚段页岩部位形成一座搭接第 9 亚段砂岩和第 10 亚段岩体的混凝土桥，降低第 9 亚段页岩承载的压力；②因第 9 亚段承受荷载较小，其掏挖深度以清除风化破碎岩体即可；③软硬相间基岩对压缩变形的允许量较大，第 9 亚段掏槽部位回填常态混凝土，回填后直接浇筑碾压混凝土即可，不必按填塘混凝土要求长间歇养护；④河床断层及其风化破碎带厚几十厘米，与大坝顺流向小夹角相交，占各坝段坝基面积比例较小，对坝基应力及变形影响小，将风化物掏槽并回填混凝土即可；⑤第 11 亚段页岩层厚较薄，与砂岩互层，位于坝趾附近，该部分基岩相对第 10 亚段较软，与通常均质坝基相比，坝趾压应力向第 10 亚段有所转移，对坝趾受力有利，不必特别加强处理，表面风化部分掏槽回填混凝土即可；⑥第 10 亚段砂岩，质地较硬，部分受陡倾裂隙切割，不影响坝基稳定，裂隙间块体为硬性接触传力较好，采用固结灌浆对裂隙胶结即可；⑦砂岩坝基裂隙发育，风化深浅不一，河床基础在开挖过程中局部还出现回弹裂隙，开挖以剥除风化物为原则，不必严格考虑平整度要求；⑧坝基帷幕尽量沿隔水层布置。

针对沐若大坝基础复杂的地质情况，采用上述以"桥"式扩大基础为核心的一系列创新思路，从确保安全、经济合理的角度出发，进行了坝基开挖、加固和防渗排水设计。

5.6.1.2 基础处理设计

（1）坝基开挖设计。根据坝段高度、基岩条件，并考虑基础加固处理和调整上部结构的措施，在满足坝基强度和稳定的基础上，尽可能减小大坝建基面的开挖量。

在基岩风化面较平缓的部位，建基面通常为水平面。在基岩风化面起伏较大，且上游高、下游低的部位，建基面顺流向开挖成带钝角的大台阶状，台阶高差通常 3～6m。两岸岸坡坝段建基面侧向保留一定宽度的平台，其宽度通常为坝段宽度的 1/3～1/2。在地形侧向较陡的部位，通过调整坝段宽度，使其侧向稳定性满足要求。相邻坝段平台的高差尽可能控制在 25m 以内，对基岩中的表层夹泥裂隙、断层破碎带等局部工程地质缺陷，在基础开挖过程中予以掏挖。同时提出坝基开挖技术要求，对裂隙等结构面附近进行控制爆破，防止结构面扩展或张开，对页岩部位进行预留保护层爆破，预防页岩风化。

6～13 号坝段高度超过 100m，建在新鲜、微风化基岩上。其余坝段随着建基面高程增加，可建在微风化至弱风化上部基岩上。5～8 号坝段和 12～13 号坝段均开挖成中部

图 5.6.1 9～13 号坝段上游深槽掏挖图

高、前后低的形状。9～13 号坝段对第 9 亚段页岩部位进行了深 5～10m 的掏挖，同时，基础向上游延伸了 10 余米。5 号坝段宽度调整为 25m，其余约 20m。9～13 号坝段上游深槽掏挖见图 5.6.1。

（2）坝基加固设计。大坝基础加固设计有针对性地采取了 3 种措施：①对坝基上游和下游一定范围进行固结灌浆，并在其他裂隙发育部位也进行固结灌浆，河床坝段进行了全坝基范围固结灌浆；②对河床坝段坝基上游第 9 亚段页岩部位进行了深挖，并向上游扩大坝基范围，同时对掏挖深槽浇筑常态混凝土；③对坝基内风化深草进行掏挖，并回填混凝土。

固结灌浆孔呈梅花形布置，孔距、排距 2.5m，灌浆深度 5～15m。固结灌浆混凝土厚通常为 3m。固结灌浆压力 0.4～0.7MPa。

河床坝段坝基越过第 9 亚段页岩，扩展到上游砂岩去，坝基掏挖深度 5～10m，上部采用贴坡结构，坡比 1∶1，局部剖面如图 5.6.2 所示。

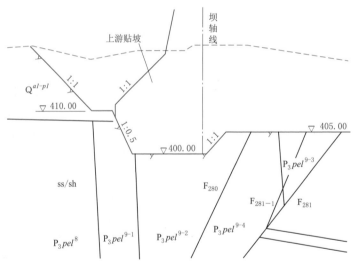

图 5.6.2 河床坝段上游贴坡典型剖面图

3 号坝段顺流向有一风化深槽，长约 30m，宽 2～3m，掏挖深度约 3m，进行常态混凝土回填，并加强固结灌浆。3 号坝段深槽掏挖如图 5.6.3 所示。

（3）防渗排水设计。坝基采用防渗帷幕防渗，并向两岸岩体延伸一定范围。坝基范围内帷幕在基础灌浆廊道内施工，两岸帷幕在灌浆平洞内施工；防渗帷幕深入透水率小于 3Lu 的岩体内。左岸帷幕端头在 546m 高程灌浆平洞内封闭，右岸帷幕线到达 546m 高程平台后，沿"圣石"方向平行布置，轴线总长约 800m。沿帷幕线主要分布第 9 亚段和第 10 亚段相对隔水岩体，长约 140m，占总长的 17.5%。防渗帷幕纵剖面见图 5.6.4。

防渗帷幕由两排灌浆孔组成，河床部位断层破碎带附近和右岸坝肩靠近"圣石"上游 T_2 夹层部位的第二排帷幕孔深度与第一排帷幕孔深度一致；其余部位第二排帷幕孔深度是第一排帷幕孔深度的一半。帷幕孔间距 2.5m，局部加密，排距 1m。

坝基排水由 3 种形式的排水廊道及深入基岩的排水孔共同组成的排水系统承担。一是横贯整个坝基的基础灌浆廊道兼作防渗帷幕后的排水廊道；二是河床坝段网格状基础排水廊道；三是左、右岸顺流向和右岸"圣石"底部的岸坡排水廊道。

图 5.6.3　3 号坝段顺流向深槽掏挖图

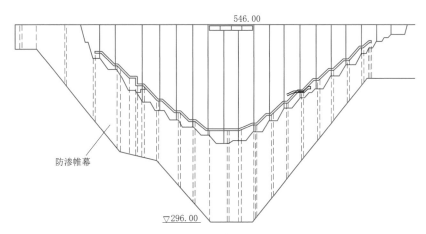

图 5.6.4　防渗帷幕纵剖面图

5.6.1.3　小结

沐若水电站碾压混凝土重力坝坐落在横向陡倾岩层上，岩层为页岩、砂岩互层结构，部分基岩抗剪断强度低，多种结构面发育，地质条件复杂，通过有针对性地采取开挖、加固、防渗和排水措施，不仅满足了大坝安全要求，而且节约了工程投资。

提出"以'桥'式扩大基础为核心的软硬相间及裂隙发育的硬质岩体上大坝建基面因地制宜的综合处理"设计理念，满足地基承载力和抗滑稳定要求，克服此类情况下大规模开挖基础处理的弊端，为拓展建基面可利用基岩采用标准开创新的篇章，设计理念先进，工程经济效益显著。

5.6.2　坝体防渗

碾压混凝土重力坝的防渗结构设计是碾压混凝土设计的一大难点。坝体的渗流特性由碾压混凝土本体及层面的渗流特性决定，碾压混凝土本体的透水性很弱，其渗透系数为 $1×10^{-9}$~$1×10^{-11}$cm/s，碾压混凝土层面实质上是上、下两层混凝土间有一定嵌入的起伏不同的啮合面，层面的渗流呈层流状态，层面施工质量直接影响坝体的防渗能力。在碾压混凝土重力坝上游面设置防渗层，主要是防止层面渗水。碾压混凝土重力坝的防渗结构形式有：二级配碾压混凝土防渗、变态混凝土防渗、常态混凝土"金包银"式防渗、常态混凝土薄层防渗、钢筋混凝土面板防渗、沥青混合料防渗、聚氯乙烯（PVC）薄膜防渗等。龙滩碾压混凝土重力坝防渗体是近年来较多采用的形式。龙滩碾压混凝土重力坝采用变态混凝土和二级配碾压混凝土组合防渗结构，上游面变态混凝土厚 1.0m，二级配碾压混凝土厚 6~8m，为防止防渗混凝土裂缝，除采用常规温控措施外，上游面增设了限裂钢筋网，防渗结构的渗透系数超过 $1×10^{-9}$cm/s。碾压混凝土重力坝除了在坝体上游面设置防渗结构及排水幕外，坝体下游面尾水位以下、变态混凝土内侧也同样需布置排水幕。

沐若水电站地处热带雨林地区，碾压混凝土重力坝高 146m，碾压混凝土施工受高温多雨天气影响，因此，混凝土防渗体施工应尽可能简单。该工程为 EPC 项目，对经济性要求很高，混凝土防渗体造价应尽可能低。

5.6.2.1 坝体防渗设计

碾压混凝土坝坝体渗漏原因主要有以下几点：

（1）碾压层面及施工缝面结合不良；

（2）骨料分离或碾压不密实形成的蜂窝；

（3）温度应力或干缩变形形成的裂缝。

碾压混凝土坝坝体防渗以"堵排结合"的方式来降低层面扬压力和减小坝体渗漏量，即通过在上游坝面设置一定厚度的防渗层封堵渗水来源，在防渗层后设置一道排水孔疏排渗水。

防渗排水结构主要需要满足以下几个方面的要求：

（1）防渗结构应具有长期的安全可靠性和耐久性；

（2）防渗和排水系统需确保坝体扬压力控制在安全范围内；

（3）防渗结构应适合碾压混凝土的快速施工要求，减少对施工的干扰；

（4）防渗结构应满足温控防裂要求，减小裂缝防渗的概率。

国内外已建和在建的碾压混凝土坝坝体防渗形式主要有：厚常态混凝土防渗、薄常态混凝土防渗、钢筋混凝土面板防渗等。高分子材料防渗主要有：PVC 薄膜防渗、沥青混合料防渗、坝面喷涂高分子材料形成防渗膜等。其中用得较多的有以下 3 种形式：

（1）上、下游面均采用常态混凝土防渗，即"金包银"结构形式的防渗方案；

（2）上游面设钢筋混凝土面板防渗，简称钢筋混凝土面板防渗方案；

（3）大坝上游面采用二级配碾压混凝土，其中在上、下游模板附近 50cm 采用变态混凝土，死水位以下上游面涂防渗材料，简称二级配碾压混凝土防渗方案。

沐若水电站防渗设计对这 3 种形式进行了比较研究：

（1）"金包银"结构形式的防渗方案。"金包银"结构形式在国内外已建和在建的碾压混凝土设计中，作为坝体上、下游面的防渗设计应用广泛，但是对其防渗层厚度、各设计单位采用不一。考虑坝体防渗需要，坝体上游面一般需设廊道止水和排水等，其厚度大多在 8～10m 之间，因此上游面应设一定厚度的防渗层。但是由于防渗层常态混凝土和内部碾压混凝土之间施工方法的差异，会出现薄弱带。根据对铜街子水电站碾压混凝土坝进行的不同防渗层厚度及防渗层与坝内碾压混凝土间的不同连接方式的平面有限元应力分析，上游防渗层不宜过厚。防渗层最小有效厚度一般为坝面水头的 1/30～1/15。本工程碾压混凝土防渗层厚度取 4～8m。

（2）钢筋混凝土面板防渗方案。钢筋混凝土面板防渗方案，即在上游坝面布置钢筋混凝土面板作坝体防渗，面板施工稍迟后于坝体碾压混凝土。钢筋混凝土面板厚度按下列公式估算：

$$t = (0.0025 \sim 0.0035)H + 0.3$$

沐若水电站大坝上游最大水头为 113.36m，采用上式计算，其钢筋混凝土面板厚度应在 0.58～0.70m 之间。

（3）二级配碾压混凝土防渗方案。从国内外已建碾压混凝土坝施工实践表明，防渗的薄弱环节主要由于碾压混凝土层面暴露时间过长形成层面冷缝、骨料分离和粗骨料集中产生蜂面、碾压不密实不均匀形成渗水通道等原因造成。随着碾压混凝土坝的建设发展，施工技术、工艺的不断改进，湖南江垭水利枢纽、福建棉花滩水利枢纽、湖北高坝洲水电站和重庆彭水水电站等，采用在施工时加入水泥浆，加大胶凝材料量的变态碾压混凝土施工，很好地解决了层间集中渗水问题。通过钻孔，江垭混凝土抗渗系数达到 W12，棉花滩混凝土抗渗系数达到 W8，彭水混凝土抗渗系数达到 W12。另外，通过优化碾压混凝土配合比，施工中采取措施避免骨料分离，碾压密实，尽量缩短层间间歇时间等，可加强层间结合。实践表明采用碾压混凝土自身防渗是可行的。

上述 3 种方案各有优缺点：

"金包银"防渗方案：工程实践表明，常态混凝土的防渗性能和耐久性优于碾压混凝土，因此采用"金包银"形式能满足大坝的防渗要求。但"金包银"形式在施工上存在某些弱点：上、下游的常态混凝土与坝内大体积碾压混凝土需同步上升，由于常态混凝土浇筑时层间最短停歇时间要 7d，而碾压混凝土层间最短停歇时间仅 3d，从而常态混凝土防渗层的浇筑制约了坝内碾压混凝土的施工进度。

钢筋混凝土面板防渗方案：上游面钢筋混凝土面板与坝体碾压混凝土施工互不干扰，这样可以充分发挥碾压混凝土快速施工的特点，连续上升，且对层面间结合较为有利。上游面采用钢筋混凝土面板后，由于钢筋的作用，再加上必要的温控措施，其面板的质量较易保证。但是也存在着二次施工和两种混凝土的结合问题，增加了施工工序和难度等缺点。

二级配碾压混凝土防渗方案：方便施工，对其层间防渗性能可通过加紧层间结合的方法提高其防渗性能。目前，国内的江垭、棉花滩、高坝洲、百色、索风营、固宁、龙滩和彭水等水利水电工程，在施工防渗层时采用二级配碾压混凝土和变态混凝土现场拌制振捣，积累了成功的经验，既解决了布筋及浇筑停歇问题，又不另外拌制常态混凝土，耐久性问题也得到解决。

本工程采用二级配碾压混凝土防渗方案，完全依靠混凝土坝体防渗，可靠性高，寿命长。同时，经试验探索，取消了其他工程中通常采用的辅助防渗层，并提出了排水孔周边不加浆振捣，保证排水通畅的新措施。防渗体设计水力坡降 $i=15$，设计厚度 4~8m。

5.6.2.2 碾压混凝土防渗体施工质量控制

碾压混凝土防渗体防渗性能的保证与提升，在相当程度上取决于其施工质量控制。沐若水电站大坝防渗层施工采取系统性的质量控制措施。

首先，加强施工管理，保证混凝土原材料、配合比设计和施工能达到混凝土设计各项指标。

其次，保证混凝土系统设备具有足够的生产能力，在下层混凝土初凝前覆盖上层混凝土；若下层混凝土超过了初凝时间，则对层面凿毛，并铺水泥砂浆，以保证层间结合好。

第三，合理安排混凝土施工程序和施工进度，控制混凝土出机口温度，减少运输途中及仓面的温度回升，采取通水冷却和表面保护等措施防止混凝土裂缝。

5.6.2.3 碾压混凝土防渗体缺陷检查及处理

混凝土从制料到施工完成，程序繁多，质量控制难度大，原材料、施工方法、施工工艺、机械配置、人员素质、环境条件、气候等都会对混凝土质量产生影响，并可能导致混凝土缺陷的存在。

目前大坝大体积混凝土检测以钻孔取芯和压水试验为主，必要时辅以芯样力学试验、声波检测和孔内摄像等方法。

沐若水电站大坝防渗体设计中，通过对防渗体厚度、排水孔间距、排水孔压水渗透影响范围、排水孔灌浆有效范围的分析试验，以及对排水孔灌浆堵漏后抗渗效果的验证，创造性地提出了"采用坝面排水孔，全面压水进行浇筑缺陷检查；对于透水率超限部位，直接利用坝面排水孔进行灌浆，强化处理浇筑缺陷"的措施。该方法充分利用的现有排水孔压水检查和封堵灌浆，极大地简化了施工。

5.6.2.4 防渗效果

沐若水电站蓄水后，大坝渗漏量很小，监测成果显示大坝全部渗漏（含坝基）仅 2.81L/s。

5.6.2.5 小结

高碾压混凝土坝防渗一般在上游坝面涂防渗涂料以增加坝面防渗性能，或者设置辅助防渗层。沐若水电站大坝防渗设计中，根据当前碾压混凝土施工技术和施工质量控制水平的发展，首次提出了"设置坝体上游防渗区＋强化碾压层面施工质量＋利用坝面排水孔全面压水检查浇筑缺陷＋灌浆强化处理浇筑缺陷"的先进坝体防渗设计理念。该技术完全依靠坝体本身防渗，可靠性更高，寿命更长。沐若水电站蓄水后，大坝渗漏量很小，监测成果显示大坝全部渗漏（含坝基）仅 2.81L/s，表明这一先进技术和设计理念在沐若水电站项目中的应用十分成功。

5.6.3 混凝土细骨料超量石粉替代部分粉煤灰

石粉是微细岩石粉末，形貌与水泥颗粒相似，为形状不规则的多棱体。碾压混凝土中胶凝材料和水的用量较少，当细骨料中含有适量的石粉时，因与掺和料的细度基本相当，石粉在砂浆中能够替代部分掺和料，与胶凝材料一起起到填充空隙和包裹砂粒表面的作用，即相当于增加了胶凝材料浆体，能在一定程度上改善灰浆量较少的碾压混凝土拌和物的和易性，增进混凝土的匀质性、密实性、抗渗性，提高混凝土的强度及断裂韧性，改善施工层面的胶黏性能，减少胶凝材料用量，降低绝热温升。适当掺加石粉，可降低成本，对混凝土质量影响不大。但石粉含量超标，将对混凝土骨料胶结、混凝土强度有较为不利影响。

沐若水电站料场砂岩骨料呈微弱风化，吸水率大，表观密度值偏小，平均值为 $2.538g/cm^3$，大坝砂石系统生产的细骨料细度模数偏小，石粉含量偏高。系统多次改造后，人工砂石粉含量仍保持在22%～27%范围内，细度模数为2.2～2.6。

5.6.3.1 设计思路

由于沐若工程处于原始森林，坝址区仅探明到两条砂岩岩脉，分别用于坝址和料场。根据取芯检验结果，石粉含量、细度模数均突破现有规范标准。大坝碾压混凝土细骨料检测统计结果见表5.6.1。

表5.6.1 大坝碾压混凝土细骨料检测统计成果表

检验项目	表观密度/(kg/m³)	泥块含量/%	石粉含量/%	细度模数	压碎指标/%
工程施工技术要求	≥2500	不允许	10～22	2.2～3.0	≤10.0
次数	38	63	63	63	5
最大值	2570	0	35.5	2.48	9.7
最小值	2530	0	19.9	1.90	4.3
平均值	2550	0	24.8	2.21	8.2

针对上述问题，结合砂石骨料加工生产及品质的实际情况，在通过大量试验及论证以后，提出了"利用细骨料所含超量石粉替代部分粉煤灰作为混凝土掺和料"的解决方案。该方案的实施既有利于提高人工砂的产量，又降低了粉煤灰用量，经济效益显著，且能保证混凝土施工的需要。

5.6.3.2 混凝土设计技术指标

沐若水电站主要混凝土设计技术指标见表5.6.2。

表5.6.2 沐若水电站主要混凝土设计技术指标表

材料	部位	强度等级	级配	抗冻	抗渗	限制水胶比	粉煤灰最大掺量/%	极限拉伸值/($\times10^{-4}$) 28d	极限拉伸值/($\times10^{-4}$) 90d	抗冲磨
碾压混凝土	基础强约束区	$C_{180}20$	三	F50	W6	0.50	55		≥0.75	
	坝内	$C_{180}15$	三	F50	W6	0.55	60		≥0.70	
	迎水面防渗层	$C_{180}20$	二	F50	W10	0.50	55		≥0.80	
常态混凝土	基础及垫层、坝上部、非溢流坝段迎水面	$C_{90}20$	三	F50	W10	0.50	30		≥0.80	
	引（尾）水渠护坦、护坡	C20	二	F50	W6	0.48	20	≥0.75		
	溢流面与坝内碾压混凝土间、进水塔、电站厂房、引水隧洞、调压井等	C25	二、三	F50	W10	0.45	20	≥0.85		
	回填混凝土	C15	三	F50	W6	0.50				
	桥墩及泄槽侧墙、过流面	C30	二	F50	W10	0.42	15	≥0.90		√

5.6.3.3 超量石粉替代粉煤灰碾压混凝土性能研究试验

基于沐若大坝人工砂石粉含量较高的情况，考虑将部分石粉作为掺和料，以"粉煤灰（F）+石粉（SP）"的形式掺入混凝土使用，以人工砂中内含方式掺用，开展了石粉掺和料混凝土的性能试验研究，试验成果如下。

（1）石粉物理品质检测。人工砂中石粉的品质检验参照粉煤灰检验标准进行，石粉的品质检验成果见表 5.6.3。检验结果表明，石粉颗粒较粗，细度为 75%（0.045mm），超出Ⅲ级粉煤灰（45%）标准；需水比为 108%，满足不大于 115% 的Ⅲ级粉煤灰的要求，但不能满足Ⅱ级粉煤灰的要求。

表 5.6.3　　　　　　　　　　　石粉物理品质检测成果表

材料品种		抗压强度比/%			表观密度 /(kg/m³)	细度/%		比表面积 /(m²/kg)	需水比 /%	烧失量 /%
		3d	7d	28d		0.08mm	0.045mm			
大坝砂岩石粉		57.3	60.9	58.1	2700	57.1	75.0	147	108	—
Mukch 粉煤灰		—	72.3	78.0	2660		8.5		91	0.2
GB 1596—2005 技术要求	Ⅰ级			≥70			≤12		95	≤5.0
	Ⅱ级	—			—	—	≤25		105	≤8.0
	Ⅲ级						≤45		115	≤15.0

因此，按不同比例"F+SP"进行掺和料检测，试验结果表明，F+SP（80∶20）与 F+SP（70∶30）时，需水比分别为 93.6% 和 94.8%，能够满足Ⅰ级粉煤灰的要求；其细度分别为 22.1% 和 28.7%，接近Ⅱ级粉煤灰的要求。根据检测结果，以 F+SP（80∶20）与 F+SP（70∶30）比例掺石粉到混凝土中，相当于掺入Ⅱ级粉煤灰。

（2）石粉含量对碾压混凝土性能的影响。人工砂中石粉含量对碾压混凝土可碾性有很大影响：石粉含量低的人工砂配制碾压混凝土，其外观粗糙，弹塑性、可碾性差；而石粉含量过高则会增加混凝土单位用水量，同时影响混凝土的性能。不同石粉含量碾压混凝土性能试验成果见表 5.6.4。

表 5.6.4　　　　　　　不同石粉含量碾压混凝土性能试验成果表

（水胶比：0.55；级配：50∶50；减水剂：0.8%）

项　目	试　验　编　号				
	A-180	A-179	A-177	A-178	GY-09
引气剂	25/万	25/万	25/万	28/万	30/万
石粉含量/%	16	19	22	24	27
用水量/(kg/m³)	103	103	103	105	107
水泥/(kg/m³)	75	75	75	76	78
粉煤灰/(kg/m³)	112	112	112	115	116
工作性	一般	较好	良好	良好	较好
VC 值/s	4.0	4.0	3.5	4.2	3.8

续表

项 目	试 验 编 号				
	A-180	A-179	A-177	A-178	GY-09
含气量/%	3.15	3.10	3.15	3.25	2.95
28d抗压强度/MPa	10.0	10.2	11.4	11.5	13.6
90d抗压强度/MPa	21.0	19.3	21.4	21.0	22.9
180d抗压强度/MPa	25.3	25.8	27.2	27.6	—
90d劈拉强度/MPa	1.75	1.51	1.58	1.56	1.50
90d极限拉伸值（×10⁻⁴）	1.18	—	—	1.08	—
90d轴拉强度/MPa	1.93	—	—	1.81	—

试验结果表明，人工砂石粉含量在16%～27%变化，混凝土各龄期的抗压强度无明显差异。随石粉含量增加，混凝土工作性能有所改善，单位用水量增加；混凝土90d龄期极限拉伸值与轴拉强度略有降低。

（3）石粉掺和料碾压混凝土的水胶比与强度关系。采用二级配50:50，石粉掺和料碾压混凝土的水胶比与强度关系试验成果见表5.6.5（序号12为三级配30:40:30）。试验结果表明：石粉掺和料每增加10%，用水量需增加1～2kg/m³，强度下降5%～10%；随着水灰比的增加，强度下降有所增加，但仍满足设计要求。

表5.6.5　　　　　石粉掺和料混凝土的水胶比与强度关系试验成果表

序号	水胶比	石粉/%	粉煤灰/%	用水量/(kg/m³)	砂率/%	TG-2/%	VC值/s	含气量/%	抗压强度/MPa 28d	90d
1	0.45	0	60	92	35	1.0	2.0	3.2	16.8	26.9
2	0.50	0	60	92	36	1.0	3.0	2.5	14.3	24.6
3	0.55	0	60	92	37	1.0	3.0	2.4	12.4	21.9
4	0.45	10	50	94	35	1.0	3.0	3.0	14.8	25.4
5	0.50	10	50	94	36	1.0	3.0	2.6	13.3	23.7
6	0.55	10	50	94	37	1.0	3.5	2.6	11.2	19.8
7	0.40	20	40	95	34	1.0	2.0	3.5	15.9	24.8
8	0.45	20	40	95	35	1.0	3.0	2.6	14.2	21.6
9	0.50	20	40	95	36	1.0	3.0	2.6	13.0	17.2
10	0.40	30	30	96	34	1.0	2.0	3.2	15.0	23.4
11	0.45	30	30	96	35	1.0	2.56	2.76	13.1	20.5
12	0.45	30	30	87	31	1.0	2.0	3.9	12.5	20.0
13	0.50	30	30	96	36	1.0	2.6	2.7	11.0	17.2

（4）石粉掺和料碾压混凝土性能。参考室内试验的碾压混凝土配合比，人工砂的石粉含量为27%，考虑碾压混凝土中作为掺和料的石粉质量控制为砂质量的3%～5%，为20～30kg/m³，进行掺石粉碾压混凝土性能试验，试验成果见表5.6.6～表5.6.8。

表 5.6.6　　　　　　　　　　掺石粉掺和料碾压混凝土配合比

混凝土设计指标	级配	水胶比 (W/C+F)	砂率 S/%	用水量 (W)	掺和料 (F+SP)/%	TG-2 /%	TG-1A /万	水 (W)	水泥 (C)	粉煤灰 (F)	石粉 (SP)
$C_{180}15W6RCC$	30:40:30	0.55	29	89	60	0.9	10	89	65	72	25
$C_{180}20W6RCC$	30:40:30	0.50	29	90	55	0.9	10	90	81	79	20
$C_{180}20W10RCC$	50:50	0.50	33	98	55	0.9	10	98	88	88	20

表 5.6.7　　　　　　　　　　掺石粉碾压混凝土性能试验成果

混凝土设计指标	级配	VC值 /s	含气 /%	初凝时间	终凝时间	抗压强度/MPa		
						7d	28d	90d
$C_{180}15$ F50W6	三	6.5	3.2	11:50	20:28	6.4	11.2	17.0
$C_{180}20$ F50W10	三	8.0	3.4	12:30	21:09	9.1	15.5	21.9
$C_{180}20$ F50W10	二	9.0	2.8	—	—	10.1	14.8	21.6

表 5.6.8　　　　　　　　　　掺石粉碾压混凝土性能试验成果

混凝土设计指标	劈拉强度/MPa		轴拉强度 (90d, MPa)	极限拉伸值 (90d, ×10⁻⁴)	抗拉弹模 (90d, 10⁴MPa)	抗渗等级
	28d	90d				
$C_{180}15$ F50W6	0.93	1.39	1.82	1.21	1.77	>W6
$C_{180}20$ F50W10	1.22	1.64	2.16	1.29	2.04	>W10
$C_{180}20$ F50W10	1.20	1.62	1.95	1.27	2.05	>W10

从以上试验结果可以看出：碾压混凝土中掺加 $20\sim30kg/m^3$ 的石粉作为掺和料，混凝土拌和物的性能和试件的力学性能、变形性能和耐久性没有显著下降，均满足设计要求。

5.6.3.4　超量石粉替代粉煤灰 RCC 的施工应用

沐若工程碾压混凝土施工自 2011 年 1 月开始，2013 年 5 月完成，碾压混凝土浇筑 152 万 m^3。为经济有效解决砂岩骨料石粉含量高问题，结合掺石粉混凝土试验研究结果，沐若工程碾压混凝土采用了超量石粉替代粉煤灰方案。从现场浇筑情况来看，按推荐配合比生产的掺石粉混凝土工作度良好，能够满足现场施工需要，在良好的质量控制条件下，掺石粉混凝土质量优良，各项指标均满足设计要求。

（1）仓面相对密实度。沐若碾压混凝土大坝外部混凝土相对密实度最小值 98.3%，平均值 99.3%，合格率 100%；内部混凝土相对密实度最小值 97.7%，平均值 99.2，合格率 100%。

（2）硬化碾压混凝土性能。达到设计龄期时，$C_{180}15$ 抗压强度平均值 23.7MPa，合格率 100%；$C_{180}20$ 抗压强度平均值 28.2MPa，合格率 100%。

在 90d 龄期时，$C_{180}15$ 极限拉伸值为 0.87×10^{-4}，抗渗等级为 W8；$C_{180}20$ 极限拉伸值为 0.94×10^{-4}，抗渗等级为 W10。达 180d 龄期时，$C_{180}20$ 极限拉伸值平均 1.12×10^{-4}；抗渗等级为 W10。

（3）钻孔压水试验与芯样检测。施工过程中，在大坝 9 号、3 号坝段进行取芯钻孔检查，获取 14.9m、18.2m、21.0m 芯样各 1 根。芯样表面光滑、结构致密、骨料分布均匀、层缝面无界限。

对现场的芯样孔进行分段次的压水试验，单位吸水率非常小，各孔段平均吸水率为 $0.03\sim0.10$Lu，碾压混凝土层间结合性能优良，抗渗性能好。

芯样检测成果证明，大坝碾压混凝土的密实度满足要求，均匀性较好，各项指标满足设计和规范要求。

5.6.3.5 小结

微弱风化砂岩骨料在大体积碾压混凝土的应用，沐若工程属首例。工程进行碾压混凝土配合比设计时，开展砂岩人工砂石粉含量对碾压混凝土性能影响研究与试验，对石粉在混凝土的作用重新认识，并通过认真的施工工艺论证，使超量石粉替代粉煤灰方案在沐若工程中成功应用。

试验研究表明，沐若工程的砂岩石粉颗粒较粗，需水比较大，但以一定比例进行掺加时，需水量比、细度以及各龄期水泥胶砂强度比均达到Ⅱ级粉煤灰及以上的要求，等效于掺入Ⅱ级粉煤灰。

不同石粉掺量对混凝土强度影响的试验研究表明，混凝土抗压强度随石粉掺量的增大而减小。综合考虑沐若工程人工砂石粉含量及沐若工程技术标准要求，沐若工程碾压混凝土石粉掺量宜为人工砂质量的 $3\%\sim5\%$。相应的，为合理经济地进行微弱风化砂岩骨料的生产和使用，沐若工程碾压混凝土人工砂石粉含量按 $22\%\sim27\%$ 控制，混凝土性能可满足设计要求。

室内试验结果表明，按合适比例掺加石粉的混凝土各项性能均可以满足设计指标要求，部分指标甚至稍有提升。现场实际浇筑表明，按当前配合比生产的混凝土工作度良好，取出的混凝土芯样表面光滑、骨料分布均匀，结构致密，混凝土质量优良。

超量石粉替代粉煤灰方案的实施，不仅节省了粉煤灰用量，还使工程避免了另选料场增加征地或增加水洗骨料工艺对环境破坏等不利影响，同时工程质量亦得到保证，经济效益和社会效益显著，为后续类似工程积累了丰富经验。

5.6.4 碾压混凝土施工及温控防裂

沐若水电站地处热带雨林地区，常年高温多雨。高气温环境下，混凝土拌和物会因吸收太阳辐射热从而导致温度升高，使混凝土表面的水分蒸发加快，表层混凝土因失水引起含水量的减小，从而缩短混凝土的初凝时间、增大 VC 值，振动碾难以压实。

降雨会造成人工砂及混凝土拌和物含水量增大，从而导致水灰比增高，使混凝土强度及可碾性降低。降雨在混凝土表面形成径流，造成层面灰浆、砂浆的流失，加剧混凝土的不均匀性，极易形成薄弱夹层，影响混凝土的层间结合质量。雨后需进行必要的层间处理，阻碍了碾压混凝土连续上升，无法发挥其快速施工的特点，进而影响整个工程的施工进度。

国内外已建类似工程，采取降低骨料、混凝土出机温度，通水冷却等措施解决高温浇筑问题；采取降雨时停浇覆盖、雨后冲洗、清除表皮处理等措施解决多雨环境浇筑问题。

沐若河流域属热带雨林气候，最低温度18℃，年平均气温26.5℃，季节性温度变化不大，全年气温较高。坝址区全年降雨频率高、雨量大且分布较为均匀，与国内外类似工程具体环境存在一定差异。

沐若水电站作为EPC项目，要在高温多雨条件下保证混凝土施工质量及进度，需在现有技术基础上提出更加先进可行的办法。

5.6.4.1 气候特点

沐若水电站碾压混凝土大坝坝址地区属典型的热带雨林气候，全年均为高温多雨天气。高温环境对碾压混凝土温控、连续施工和层间结合等均有非常不利的影响，而多雨环境对薄层上升的干硬性碾压混凝土来说影响更大。

从坝址区附近的气象资料来看，沐若地区季节性温度变化不大，年平均气温为26.5℃，最高月平均气温出现在5月，为27.1℃，最低月平均气温出现在1月，为25.8℃。月平均降雨量表明砂捞越地区降水的季节性差别不大，东北季风是雨季的主要天气系统，虽然在旱季雨量较小，但西南季风也带来降雨。年平均降雨量为3681mm，最高月平均降雨量出现在12月，为381mm，最低月平均降雨量出现在7月，为215mm，全年日均降雨量超过10mm的天数达到118d。

5.6.4.2 碾压混凝土配合比设计

（1）配合比设计技术要求。沐若水电站大坝碾压混凝土配合比设计的技术要求见表5.6.9。

表5.6.9　　　　　沐若水电站大坝碾压混凝土配合比设计的技术要求表

部　位	强度等级	级配	抗冻	抗渗	限制水胶比	粉煤灰最大掺量/%	90d极限拉伸值/(×10⁻⁴)
基础强约束区	$C_{180}20$	三	F50	W6	0.50	60	≤0.75
坝内	$C_{180}15$	三	F50	W6	0.55	65	≤0.70
迎水面防渗层	$C_{180}20$	二	F50	W10	0.50	60	≤0.80

（2）原材料检测。水泥使用普通硅酸盐水泥（OPC），相当于GB 175—2007标准P·I42.5水泥。水泥表观密度3150kg/m³，水泥3d水化热为274J/g，7d水化热为308J/g。

粉煤灰试验采用Mukah粉煤灰，细度2.6%～7.7%，需水量比为85%～88%，表观密度2660kg/m³，粉煤灰品质达到Ⅰ级粉煤灰标准。

骨料采用大坝料场砂岩人工骨料，主要成分为长石石英砂岩，骨料碱活性检测表明砂岩骨料为非活性骨料。

人工砂细度2.21，石粉含量23.6%，粒径不大于0.08mm的颗粒含量为10.2%，表观密度为2550kg/m³；粗骨料表观密度为2570kg/m³，吸水率为2.1%～2.6%。

经过品质性能检验与适应性试验，外加剂选用湖南江海科技发展有限公司的TG-2缓凝高效减水剂与TG-1A型引气剂。

（3）初选配合比。根据室内试验成果，初选RCC配合比基本参数见表5.6.10。

对初选的RCC配合比基本参数进行校核试验。试验表明，RCC工作性能较好，符合热带季风气候下施工条件，可以满足沐若工程大体积混凝土仓面连续施工凝结时间的要求。

表 5.6.10　　　　　　　　　　　初选 RCC 配合比基本参数表

设计指标	级配	水胶比	砂率(S)/%	粉煤灰(F)/%	外加剂		材料用量/(kg·m⁻³)				
					TG-2/%	TG-1A(×10⁻⁴)	水(W)	水泥(C)	粉煤灰(F)	砂(S)	石(G)
$C_{180}15$ F50W6	三	0.55	32	65	0.8	30	89	57	105	676	1447
$C_{180}20$ F50W10	二	0.50	36	60	0.8	28	97	78	116	736	1318
$C_{180}20$ F50W10	三	0.50	32	60	0.8	28	90	72	108	668	1430

由于沐若工程地处原始森林，坝址区仅有两条砂岩岩脉，分别用于坝址和料场。根据料场取芯检验结果，砂岩吸水率大，表观密度值偏小，平均值为 $2.538g/cm^3$，大坝砂石系统生产的细骨料细度模数偏小，石粉含量偏高。系统经多次改造后，人工砂石粉含量仍保持在 22%～27% 范围，细度模数为 2.2～2.6，均突破现有规范标准。针对上述问题，结合砂石骨料加工生产及品质的实际情况，进行了混凝土施工配合比的校正试验，即内掺石粉 RCC 配合比试验。采用石粉作为掺和料代替部分粉煤灰，既有利于提高人工砂的产量，又降低了粉煤灰用量，经济效益显著，且能保证混凝土施工的需要。

（4）内掺石粉 RCC 配合比试验。微弱风化砂岩骨料在大体积碾压混凝土中的应用，无论在国内、国际，沐若水电站工程均属首例。针对沐若工程人工砂石粉含量较高的情况，可以将部分石粉（SP）作为掺和料，石粉以人工砂中内含方式掺用，水胶比表达式为 $W/[C+(F+SP)]$。

1）砂岩石粉品质检测。砂岩石粉的品质检验结果表明，砂岩石粉颗粒较粗，细度（0.045mm 筛余量）为 75%，超出Ⅲ级粉煤灰标准；需水比为 108%，满足Ⅲ级粉煤灰的要求。

2）石粉掺量对胶砂强度的影响。按照水泥胶砂强度检验方法，"粉煤灰 F+石粉 SP"掺量为 30%，进行"F+SP"不同组合比例的水泥胶砂试验。试验结果表明：当 F+SP（80∶20）与 F+SP（70∶30）时，需水比≤95%，满足Ⅰ级粉煤灰的要求；细度为 22.1%～28.7%，接近Ⅱ级粉煤灰的要求；28d 龄期的水泥胶砂的抗压强度比大于 70%，抗折强度比大于 80%，90d 龄期的水泥胶砂的抗压强度比与抗折强度比均大于 90%。从理论上可以认为，掺加 F+SP（80∶20）与 F+SP（70∶30）到混凝土中，等效于掺入优质的Ⅱ级粉煤灰。

3）人工砂石粉含量对 RCC 性能的影响。人工砂中石粉含量对碾压混凝土可碾性有很大影响，用石粉含量低的人工砂配制碾压混凝土可导致外观粗糙、弹塑性、可碾性差。石粉含量过高则会增加混凝土单位用水量，同时影响混凝土的性能。针对这种情况，进行了不同人工砂石粉含量碾压混凝土性能试验。

从试验结果可以看出，对于碾压混凝土，人工砂石粉含量在 16%～27% 变化时，混凝土各龄期的抗压强度无明显差异。随石粉含量增加，混凝土工作性能有所改善，单位用水量增加，碾压混凝土极限拉伸值及轴拉强度略有降低。

4）内掺石粉 RCC 性能试验。

a. 内掺石粉的 RCC 配合比设计。结合不同石粉掺量的碾压混凝土试验结果及内掺石粉碾压混凝土的水胶比与强度关系试验成果，在碾压混凝土中，作为掺和料部分的石粉掺量控制宜为砂掺量的 3%～5%，为 20～30kg/m³，人工砂中的石粉含量为 25%～27%。

根据室内混凝土配合比基本参数试验成果，以室内初选 RCC 配合比为基础，考虑掺和料掺量降低 5%，经试拌调整选择适当砂率，内掺石粉的 RCC 配合比见表 5.6.11。

表 5.6.11　　　　　　　　　　掺石粉碾压混凝土配合比表

试验编号	设计指标	级配	水胶比	砂率/%	F+SP/%	TG-2/%	TG-1A(×10⁻⁴)	材料用量/(kg/m³)			
								用水量(W)	水泥(C)	粉煤灰(F)	石粉(SP)
A-315	$C_{180}15W6$	30:40:30	0.55	29	60	0.9	10	89	65	72	25
A-313	$C_{180}20W6$	30:40:30	0.50	29	55	0.9	10	90	81	79	20
A-309	$C_{180}20W10$	50:50	0.50	33	55	0.9	10	98	88	88	20

注　人工砂细度模数 2.25，石粉含量 26.4%。

b. 内掺石粉 RCC 性能试验。依据掺石粉的碾压混凝土性能试验成果，人工砂石粉含量为 22%～27%，细度模数控制在 2.2～3.0 范围时，碾压混凝土的工作性能较好，混凝土抗压强度与其他性能可以满足工程设计技术指标要求。

5.6.4.3 碾压混凝土工艺试验

（1）工艺试验目的。采用与大坝施工一致的拌和系统、混凝土原材料、运输手段以及施工设备，用以模拟大坝实际施工情况。通过工艺试验确定碾压混凝土拌和工艺和施工工艺参数，同时验证配合比的可碾性、合理性及热带季风气候下碾压混凝土施工质量控制标准和措施，同时确定各分区混凝土施工配合比。

（2）工艺试验布置。碾压混凝土工艺试验分两个阶段进行。第 1 阶段：碾压混凝土试验场地布置在大坝左岸钢筋厂与机修车间之间，场地大小为 40.0m×9.0m（长×宽），试验场地规划如图 5.6.5 所示。第 2 阶段：工艺试验场地布置在上游围堰高程 432.0～445.04m 区域内，试验场地规划如图 5.6.6 所示。

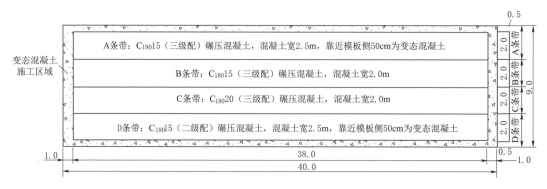

图 5.6.5　第 1 阶段：碾压混凝土试验场地规划图（单位：m）

（3）碾压混凝土配合比验证试验。通过碾压混凝土现场工艺试验，按常规方法验证碾压混凝土配合比的各项性能参数是否满足设计与现场施工要求，主要包括碾压混凝土的可碾性评价、VC 值、凝结时间、力学性能指标等。碾压混凝土现场工艺试验配合比见表 5.6.12。

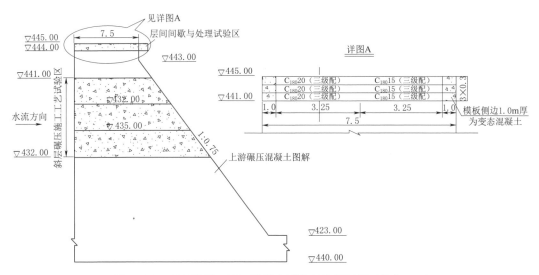

图 5.6.6 第 2 阶段：碾压混凝土试验场地规划图（单位：m）

表 5.6.12 碾压混凝土现场工艺试验配合比表

标号	$\frac{W}{C+F}$	$\frac{S}{A}$ /%	PFA /%	级配	材料用量/(kg/m³)							
					W	C	F	石粉	砂	石	TG-2	TG-1A
$C_{180}20F50W6$（三级配）	0.50	29	55	30:40:30	90	81	79	20	608	1500	1.62	0.180
$C_{180}20F50W6$（三级配）	0.55	30	60	30:40:30	89	65	72	25	634	1490	1.46	0.162
$C_{180}20$（一级配）	0.50	30	30	100	182	255	109	—	506	1189	2.91	0.146
M20（接缝砂浆）	0.45	100	55	—	274	274	335	—	—	—	3.29	0.365
$C_{180}20$（净浆）	0.55	—	55	—	581	475	581	—	—	—	5.60	—

（4）主要施工工艺试验。

1）拌和均匀性。①投料顺序。选择 $C_{180}15$ 和 $C_{180}20$ 三级配碾压混凝土进行，各选择 3 种投料顺序进行试验。②拌和时间。选择 50s、70s 和 90s 进行试验。③均匀性试验。碾压混凝土均匀性主要通过骨料含量和砂浆密度指标衡量，骨料含量采用洗分析法测定，要求两样品差值小于 10%。采用砂浆密度分析法测定砂浆密度时，要求两样品差值不大于 30kg/m³。④检测。各强度等级碾压混凝土投料顺序和拌和时间均需进行 VC 值，含气量，7d、28d、90d 和 180d 抗压强度以及砂浆密度试验。最后根据试验结果确定碾压混凝土拌和最佳的投料顺序和拌和时间。

2）碾压试验。在两个阶段工艺试验时，控制碾压混凝土机口 VC 值为 2～4s，每个摊铺条带分为 3 个区，分别为 Ⅰ 区、Ⅱ 区以及 Ⅲ 区。

每一个铺筑层，Ⅰ 区按无振 2 遍+有振 5 遍，Ⅱ 区按无振 2 遍+有振 6 遍，Ⅲ 区按无振 2 遍+有振 8 遍进行碾压。模板周边变态混凝土采取小振动碾碾压：其中 Ⅰ 区无振 2 遍+有振 24 遍+无振 2 遍，Ⅱ 区无振 2 遍+有振 28 遍+无振 2 遍，Ⅲ 区无振 2 遍+有振

32遍+无振2遍进行碾压。

每一铺筑层碾压完10min后测试其密实度,通过试验,最终获得不同VC值、不同碾压遍数、不同层厚与碾压混凝土强度和密度的关系曲线。

3)层面处理试验。对连续升层的部位,当层面达到层间间歇时间后,按层面不处理或层面采用砂浆、净浆或一级配混凝土分别处理,再铺筑上一层碾压混凝土进行对比试验,以确定不同的层间允许间歇时间、适宜的层面处理材料和方式。

对于施工缝及冷缝,层面采用高压水冲毛的方法清除混凝土表面的浮浆及松动骨料,处理合格后,均匀铺1.5~2.0cm厚的水泥砂浆或铺3.0cm厚的小级配常态混凝土。

砂浆强度应比碾压混凝土强度等级高一级,在其上摊铺碾压混凝土后,需在水泥砂浆或小级配常态混凝土初凝前碾压完毕。通过对比试验,选择施工缝、冷缝的处理方式(含高压水冲毛时间和压力)及层面处理材料和配合比。

4)平层及斜层碾压施工工艺试验。在工艺试验第1阶段以及第5阶段上游围堰444.40~445.0m高程部位进行平层碾压工艺试验。在第2阶段,于上游围堰432.0~441.0m高程部位按1:12的倾斜度进行斜层碾压工艺试验,其上、下平层碾压区长度按8~10m控制,胚层碾压厚度为30cm。

平层及斜层碾压工艺试验均按无振2遍+有振6遍进行碾压。模板周边变态混凝土采取小振动碾碾压:均按无振2遍+有振28遍+无振2遍进行碾压。每一铺筑层碾压完10min后测试其密实度。

5)原位抗剪试验。在上游围堰堰顶$C_{180}15$混凝土的条带处进行原位抗剪试验,该条带分10个区,其中1区层间间歇时间为6h,层面不处理;2~3区层间间歇时间为8~10h,层面不处理或铺设净浆;4~6区层间间歇时间为12~14h,层面不处理或铺设净浆、砂浆;7~8区层间间歇为16~18h,层面铺设净浆或砂浆;9~10区层间间歇时间不小于72h,层面铺设砂浆或小级配混凝土。根据层面处理措施的不同,每种层面处理措施进行1组原位抗剪试验,每组4块做90d和180d的原位抗剪试验。

(5)性能参数检测。

1)配合比验证。在沐若工程的碾压混凝土工艺性试验中,混凝土拌和物的亲和性和工作性都比较好,表明混凝土配合比参数组成合理,能够满足施工设计要求。混凝土拌和物VC值损失较小,对混凝土可碾性影响不大。碾压混凝土拌和物机口和现场取样检测试验结果表明,碾压混凝土各性能指标均能满足设计要求,说明所选用的配合比是合适的。

2)现场取芯试验。钻孔取芯是评定碾压混凝土质量的综合方法,钻孔取芯工作主要针对两个试验阶段——碾压混凝土以及变态混凝土区展开,并对所取芯样外观进行描述,以评定碾压混凝土的均质性和密实性。

对于同一种配合比的相同碾压工况而言,从试验结果可以看出,碾压混凝土的各龄期强度发展正常,能够满足设计技术要求。变态混凝土及净浆、砂浆的性能能够满足设计要求。防渗面层的碾压混凝土$C_{180}20$二级配抗渗达到W10标准。

3)压水试验。在工艺性试验碾压混凝土达到试验龄期90d时,对其进行了现场压水试验。通过取芯→洗孔→密封→加压→读数,记录流量,并使用最后一次读数计算在该阶段压力下混凝土的渗透性。检验结果表明，$C_{180}15$ 三级配、$C_{180}20$ 三级配、$C_{180}20$ 二级配碾压混凝土抗渗性能较好，控制在初凝时间内的连续碾压施工的混凝土层面间结合良好。

4）原位抗剪试验。在原位抗剪试验中，对 90d 龄期的试件进行了 7 组共计 28 块的试验。其中，沿混凝土试件胶结面剪断的有 8 件；全部沿混凝土层面处剪断的有 14 件；其他 6 件。部分从混凝土层面剪断，部分从混凝土试件胶结面处剪断。

通过试验结果和现场剪断面照片可看出，层间间歇期在 8h 以内的试件，其剪断面大都沿混凝土试件胶结面剪断，剪断面起伏较大，部分骨料被剪断，说明层面结合很好。间歇时间超过 8h 以上的试件，其沿层面被剪断的概率较高，与采用哪种层间处理材料的关系不大。

根据原位抗剪试验成果，采取正常的处理方式进行施工，碾压混凝土摩擦系数 f' 值为 1.18～1.69，黏聚力 c' 值为 1.24～1.55MPa。

在沐若水电站工程混凝土原材料的试验研究中，针对骨料石粉含量高的特点，采用粉煤灰、高效减水剂以及引气剂组合联掺方式进行碾压混凝土配合比设计，所设计出的碾压混凝土的亲和性和可碾性较好，各项性能指标均能达到设计要求，且具有明显的经济效益。

5.6.4.4 高温多雨条件下的温控设计

（1）坝体稳定温度场计算。坝体稳定温度场主要与上游水温、下游水温、气温等因素有关，水库水温垂直分布规律的分析及取值，对坝体稳定温度场影响很大。

1）水库水温。沐若水电站正常蓄水位 540.00m 时相应库容 120.43 亿 m^3，多年平均径流量 76.37 亿 m^3。经分析水库 α 值为 0.63，属于典型的稳定分层型水库，库水温度近乎均匀分布。

参考国内外相关工程经验，查阅相关资料，针对以上因素进行了多种分析计算后，水库上游水面取正常蓄水位 540.00m，库表水温取年平均气温 26.5℃，水库高程 470.0m 以下库水水温取 23.5℃，高程 470.0m 以上库水水温呈曲线变化。

2）其他条件。水面以上坝体暴露面外界温度为年平均气温加上日照辐射影响，偏安全考虑不计日照辐射热影响，年均温度取为 26.5℃。

3）计算模型及成果。选取非溢流坝段作为典型断面，计算坝体稳定温度；求得坝体稳定温度场见图 5.6.7。

计算结果显示，坝体稳定温度为 25℃。

（2）温控标准与坝体允许最高温度计算。根据坝体运用条件、结构要求和基岩特性，参照国内外有关规范规定和工程经验，经计算分析拟定沐若水电站混凝土温度控制标准如下：

1）基础允许温差标准。根据国内外有关规范要求及设计成果，为防止发生贯穿裂缝，主体建筑物推荐采用的基础允许温差见表 5.6.13。

表 5.6.13　碾压混凝土基础允许温差标准表　单位：℃

控制高度	长 边 尺 寸 L		
	＜30m	30～70m	＞70m
$(0～0.2)L$	16	14	12
$(0.2～0.4)L$	17	16	15

2）防止表面裂缝温控标准。

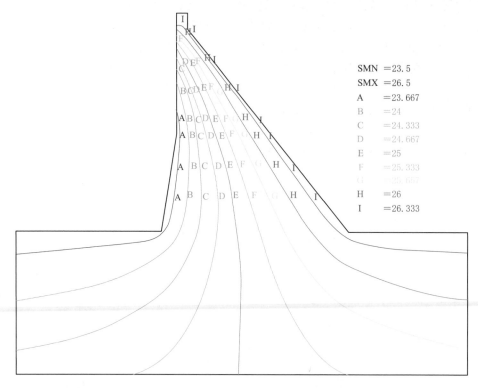

图 5.6.7　典型剖面稳定温度场图

a. 混凝土内外温差标准。为降低混凝土温度梯度，防止产生表面裂缝，内外温差控制在 18～20℃ 之间，常态混凝土取上限，碾压混凝土取下限。

b. 新老混凝土上下层温差标准。在龄期 28d 以上的老混凝土上连续浇筑新混凝土，在新浇混凝土连续上升的条件下，新老混凝土在各自 0.2L 高度范围内的上、下层温差为 16～18℃，常态混凝土取上限，碾压混凝土取下限。当新浇混凝土不能连续上升时，该标准应适当加严。

3）设计允许最高温度。根据有关规范，坝体各部位的允许最高温度为基础温差、上下层温差、内外温差与坝体的稳定温度之和的小值，通过计算确定坝体最高温度控制标准见表 5.6.14。

表 5.6.14　　　　　　　　　　坝体最高温度控制标准表　　　　　　　　　　单位：℃

部　位	坝块长边尺寸	$L<30m$	$30m\leqslant L<70m$	$L\geqslant70m$
碾压混凝土	基础强约束区	40	39	37
	基础弱约束区	42	41	40
	脱离基础约束区	43	43	43
常态混凝土	基础强约束区	41	39	38
	基础弱约束区	42	42	41
	脱离基础约束区	44	44	44

　　(3) 温控防裂措施设计。根据马来西亚沐若水电站坝址区高温多雨的气候特点，在经过大量计算分析后提出了下列有针对性的温控防裂措施：

　　1) 优选混凝土原材料，优化混凝土配合比，提高混凝土抗裂能力。要求大体积混凝土应选用发热量低的普通硅酸盐水泥（OPC）。在进行混凝土配合比设计和混凝土施工时，应保证混凝土设计所必需的极限拉伸值（或抗拉强度）、施工匀质性指标、强度保证率和碾压混凝土良好的可碾性。施工中加强管理，改进施工工艺，改善混凝土及碾压混凝土层面结合性能，提高混凝土抗裂能力。

　　2) 合理安排混凝土施工程序和施工进度。基础约束区混凝土及碾压混凝土应在设计规定间歇时间内连续均匀上升，不宜出现薄层长间歇；其余部位基本做到短间歇均匀上升；有盖重的固结灌浆应力争在混凝土间歇期内完成，最长不宜超过 15d。

　　3) 控制浇筑温度。

　　a. 浇筑基础约束区混凝土及晴天正午浇筑脱离基础约束区混凝土时，应采用预冷混凝土。要求混凝土浇筑温度按表 5.6.15 控制。

表 5.6.15　　　　　　　　　　混凝土浇筑温度表　　　　　　　　　　单位：℃

时　　间		全年	时　　间		全年
碾压混凝土	基础约束区	20	常态混凝土	基础约束区	22
	脱离基础约束区	28		脱离基础约束区	28

　　b. 严格控制混凝土运输时间和仓面浇筑坯覆盖前的暴露时间，为了减少预冷混凝土温度回升，混凝土运输设备上应安装遮阳保温设施，并减少转运次数，仓面喷雾形成湿润环境降低仓面温度。

　　4) 控制混凝土浇筑层厚及间歇期。

　　a. 基础约束区浇筑层厚一般为 1.5~2.0m，脱离基础约束区浇筑层厚一般为 2.0~3.0m。填塘混凝土深度小于 3m 部位，一般不再分层浇筑，深度大于 3m 的部位分层浇筑，分层厚 1~1.5m，待冷却到基岩温度后再行上升，必要时，应埋设冷却水管进行初期冷却。

　　b. 碾压混凝土可采用薄层连续铺筑，每一升程高度可根据施工情况调整，每一升程之间间歇期不少于 3d。除度汛影响外，最长间歇期不宜大于 15d。

　　5) 通水冷却。浇筑大坝碾压混凝土及大体积混凝土必要时（浇筑温度不能满足设计要求时）须埋设冷却水管进行初期通水冷却，以削减坝体最高温度。同时在陡坡接触灌浆部位、灌区侧面坝体内须埋设冷却水管进行后期通水冷却，使坝体温度降至稳定温度后进行接触灌浆施工。

　　坝内埋设的蛇形水管一般按 2.0m（浇筑层厚）×2.0m（水管间距）布置，水管距上游坝面 2.0~2.5m，距下游坝面 2.5~3.0m，距接缝面、坝内孔洞周边 1.0~1.5m。

　　通水冷却以通河水为主，碾压混凝土初期通水在混凝土覆盖水管后进行，通水时间 20d 左右。陡坡接触灌浆部位后期通水在接触灌浆前 1~2 个月前进行，通河水冷却，通水时间 1~2 个月。

　　冷却通河水流量为 25L/min，1~2d 变换一次进出水口，控制混凝土降温速率不大于

1℃/d。

5.6.4.5 高温多雨条件下的施工措施设计

（1）高温多雨对碾压混凝土施工的影响。高气温环境对碾压混凝土施工的影响主要体现在对碾压混凝土坝连续施工和碾压混凝土层面结合质量的影响。气温的高低与太阳辐射热的大小密切相关，在炎炎烈日下，混凝土拌和物会因吸收太阳辐射热而温度升高，造成混凝土表面的水分蒸发速度加快，使得表层混凝土因失水引起含水量减小，从而缩短混凝土的初凝时间、增大 VC 值，振动碾难以压实。

降雨对碾压混凝土施工的影响主要体现在以下几个方面：

1）降雨会造成人工砂及混凝土拌和物含水量增大，从而导致水灰比增高，使混凝土强度及可碾性降低。

2）降雨会造成仓面内碾压混凝土含水量增大，在混凝土表面形成径流，造成层面灰浆、砂浆的流失，加剧混凝土的不均匀性，极易形成薄弱夹层，影响混凝土的层间结合质量。

3）降雨时需暂停施工，雨后需进行必要的层间处理，阻碍了碾压混凝土连续上升，无法发挥其快速施工的特点，进而影响整个工程的施工进度。

沐若坝址区全年降雨频率高、雨量大且分布较为均匀，是制约沐若水电站大坝碾压混凝土快速上升最不利的关键因素。

（2）高温多雨条件下碾压混凝土施工措施。

为了解决高温多雨环境对碾压混凝土施工带来的不利影响的问题，经大量温控计算分析和对当地降雨资料的分析，提出了一套适用于高温多雨地区的施工措施和温控防裂措施。

1）混凝土拌和楼至施工仓面主干道路面全部采用混凝土硬化，合理规划布置混凝土入仓临时道路，采用石渣进行路面硬化，确保自卸汽车运输入仓时的道路通畅，满足大坝混凝土施工强度要求。

2）混凝土原材料输送及混凝土供料线路全程采用雨篷封闭，自卸汽车车厢顶部安装自制手动篷布结构的防雨设施。

3）混凝土浇筑前组建一支 30 人左右的防雨布覆盖及仓面排水专业队伍。施工现场备好足够的防雨布，并安装在自制滚筒上，以便能在极短的时间内将已摊铺或碾压完成的混凝土全部覆盖。

4）降雨时，试验室加强对混凝土的 VC 值控制，加大对砂石骨料含水率的检测频率，以便及时调整碾压混凝土的施工配合比，满足混凝土工作性能及施工质量的要求。

5）尽可能采用斜层平推铺筑法进行碾压混凝土施工，以减小最大仓面面积，缩短来雨时覆盖防雨布时间，同时仓面左右尽可能形成倾斜面，下游略向上游倾斜，已收仓面要始终低于正在施工的仓面，保证仓内积水向已收仓部位排走。每个坝段上游面设置一个排水通道，降雨后仓面积水之前，将紧固在连续上升模板上的小钢模及其外侧围栓拆掉，形成排水通道。

6）当降雨量小于 3mm/h 时，碾压混凝土可继续施工，但必须采取以下措施：

a. 拌和楼生产混凝土拌和物的 VC 值应适当增大，一般可采用上限值，如持续时间较长，应把水灰比缩小 0.03 左右。

b. 卸料后，应立即平仓和碾压，未碾压的拌和料暴露在雨中的受雨时间不宜超过 30min。

7）当 1h 内降雨量达到或超过 3mm 时暂停施工，暂停施工令发布后必须对仓面迅速做以下处理：

a. 已入仓的混凝土拌和料，迅速完成平仓和碾压，对碾压混凝土条带端头坡面，全面碾压密实，并用塑料布覆盖。

b. 如遇大雨或暴雨，来不及平仓、碾压时，所有工作人员应用塑料布迅速将仓内的混凝土条带全部覆盖，待雨过后再做处理。

c. 装有混凝土拌和物的车辆应用塑料布覆盖，待雨过后视时间长短，再定是否入仓。

8）因雨暂停施工后，当降雨量小于 3mm/h，并持续 30min 以上，且仓面未碾压的混凝土尚未初凝时，应恢复施工，雨后恢复施工应做好以下工作：

a. 立即组织人员有序排除仓面内积水，首先排除塑料布上部积水，再掀开塑料布，其次排除卸料平仓范围内的积水，再排除仓内其他范围内积水。视积水的程度，分别采用潜水泵排水、海绵和水瓢排水或真空吸污机排水。

b. 由仓面总指挥、质检员和试验室值班人员对仓面进行认真检查，当发现漏碾尚未初凝者，应立即补碾；漏碾已初凝而无法恢复碾压者以及有被雨水严重浸入者，应予清除。

9）雨后当仓面积水处理合格后，可先用大碾有振碾压将表层浆体提起后，方可卸料，再进行下一层的施工。对受雨水冲刷混凝土面裸露骨料严重部位，应铺水泥煤灰净浆或砂浆进行处理。

10）高温环境下，采取一次风冷措施以降低拌和楼出机口温度，对混凝土运输设备设置遮阳设施，控制混凝土运输时间和仓面铺筑层的覆盖时间，采用仓面喷雾等措施减少混凝土温度回升。用高压水冲毛机喷雾，每 1000～1500m² 仓面面积应有一个喷枪，喷雾过程要动态管理，确保层面不泛白，同时在上游二级配防渗区左右侧各布置一台高压水冲毛机进行喷雾施工；在每个碾压层已碾压面及时覆盖彩条布。

5.6.4.6 小结

沐若水电站碾压混凝土大坝坝址地区属典型的热带雨林气候，全年均为高温多雨天气。为了解决高温多雨环境对碾压混凝土施工带来的不利影响的问题，经大量温控计算分析和对当地降雨资料的分析，提出了一套适用于高温多雨地区的施工措施和温控防裂措施，包括：①根据气温和降雨情况及时调整拌和楼 VC 值；②采用斜层平推法浇筑，尽可能减小混凝土浇筑仓面面积；③加强天气预报，制定不同降雨条件下有针对性的措施；④采取风冷骨料、运输设备、仓面保温、仓面喷雾等措施减少混凝土温度回升。

上述系列创新措施，最大限度降低了高温多雨环境对碾压混凝土施工的影响，保证了沐若碾压混凝土大坝的施工质量和施工进度。沐若水电工程碾压混凝土大坝自 2011 年 1 月开浇第一仓碾压混凝土，2013 年 5 月完成大坝施工，共完成大坝碾压混凝土 152 万 m³，最大日浇筑碾压混凝土达 8458m³。通过前后 4 次钻孔取芯和各项技术指标试验检测表明，碾压混凝土施工质量满足设计要求。从 2013 年 9 月 21 日导流洞下闸蓄水开始，大坝运行安全稳定，充分验证了在全年高气温、强降雨气候条件下，沐若水电工程大坝碾压混凝土施工技术的科学合理性。

5.7　大坝安全监测及自动化

5.7.1　坝体变形监测

5.7.1.1　坝体水平位移

考虑到大坝轴线布置为弧线的特点，坝体水平位移以左、右岸坝端、1/4坝轴线处及中部的2号、6号、10号、14号、19号共5个坝段为主，其水平位移采用垂线观测，共计布置5条倒垂线和7条正垂线。具体布置是：5个坝段各布置一条倒垂线，10号坝段布设3条正垂线，6号和14号坝段各布置两条正垂线。

其他坝段水平位移主要通过布设于横缝处的三向板式测缝标点间接观测。三向板式测缝标点可观测横缝处两坝段间3个方向（坝轴向、水流向和铅直向）的相对位移，各坝段间的相对位移结合垂线的实测水平位移可近似推算出其他坝段的水平位移。三向板式测缝标点的布置方案是：在高程500m廊道的坝体横缝处各安装一个三向板式测缝标点，共计安装18个。

另外，在2号、6号、10号、14号和19号坝段坝顶各布设一个表面水平位移测点，共计5个，采用交会法观测坝体水平位移。该观测方法主要作为坝体水平位移观测的备用手段，在垂线出现故障或需要时观测。

5.7.1.2　坝体垂直位移

坝顶和坝基廊道处的垂直位移通过精密水准法观测。

坝顶：在坝顶处布设一条精密水准路线，精密水准路线延伸至左岸灌浆平洞，并在平洞端部设工作基点，坝顶水准路线上共布设水准标点22个。

坝基：在8~12号坝段上游基础廊道、横向排水廊道和下游交通廊道布设精密水准环线，共计布置15个水准点。

5.7.1.3　坝肩边坡变形

主要针对右岸坝肩"圣石"以及左岸5号坝段坝肩的局部不稳定块体进行监测。监测设施为多点位移计，共计布置7套多点位移计。

5.7.1.4　监测控制网布置

（1）水平位移监测网。水平位移监测网主要为大坝、边坡等部位的表面水平变形监测提供基准，共布置4个网点。水平位移监测网按全测角测边的一等边角网施测，测角中误差0.7″，测距精度1mm+1.0ppm。

（2）垂直位移监测网。大坝垂直位移监测网为一等水准环线。由一组水准基点、一组坝顶垂直位移工作基点和布设于左岸上坝公路旁的9座水准点组成，其中，水准基点布置在大坝左岸下游卸料平台，采用钢管标，坝顶垂直位移工作基点设置在左岸灌浆平洞内，垂直位移工作基点的稳定性定期通过水准基点进行校核。

5.7.1.5　大坝监测成果初步分析

工程自2013年10月下闸蓄水，2014年11月26日蓄水至正常蓄水位。截至2017年

5月，6号、10号坝段的正倒垂监测数据分别见图5.7.1和图5.7.2。监测表明，随着蓄水水位升高，大坝向下游变形逐渐增大；蓄水到达正常蓄水位后，大坝向下游变形逐步平缓，随上游水位变化，大坝变形数据略有波动。总体上坝体变形量不大，符合受力变形规律，大坝工作性能正常。

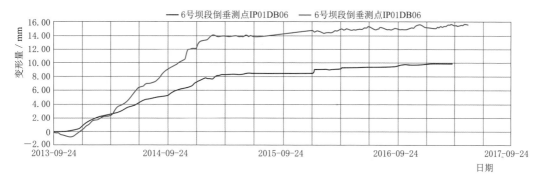

图 5.7.1　6 号坝段正、倒垂监测数据

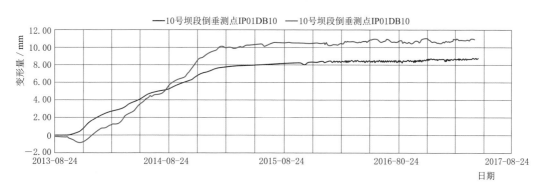

图 5.7.2　10 号坝段正、倒垂监测数据

5.7.2　渗流监测

（1）坝基渗漏量。监测范围包括坝体基础廊道各基础排水孔渗漏量。施工期的基础渗漏量通过容积法量测排水孔的单孔渗漏量进行观测；运行期的基础渗漏量可通过量水堰集中量测并结合渗漏量较大排水孔单孔量测法进行观测。量水堰布置在基础廊道集水井附近，布设 2 个量水堰。

（2）坝基渗压。坝基渗压监测的重点是 2～20 号坝段。在 2～20 号坝段基础廊道的主排水幕处各布设一个测压管，另外，为监测坝基横向的渗压分布情况，选择 2 个坝基部位有横向排水廊道和有纵向排水廊道的坝段各布设 2 个测压管；以上共计布设 23 个测压管。

（3）水质分析。水库蓄水后，随着局部渗漏通道的渗透压力的不断增大，可能造成局部管涌或化学侵蚀性破坏，特别是断层或夹层部位。因此，在水库蓄水前应取得主要的坝基渗漏水及河水水样的全部分析结果；在水库蓄水后，应定期对坝基渗漏水及河水水样进行对比简分析和全分析。

5.7.3　混凝土应力应变及温度监测

选取有代表性的坝段进行应力应变监测，监测内容为混凝土温度及局部结构混凝土应力。在 10 号坝段坝趾与坝踵处各布设 2 组二向应变计组和 1 支无应力计，分别距上、下游坝面 10cm 且与坝面平行，共计 8 支应变计和 2 支无应力计，在 11 号坝段坝体中心剖面上，埋设 1 支无应力计，坝踵和坝趾处各埋设 1 支混凝土应变计，以上共计布置应变计 10 支，无应力计 3 支；6 号段和 13 号坝段各布置 1 支测缝计监测基础部位与基岩结合情况；在 7～8 号坝段和 11～12 号坝段横缝间各布置 5 支测缝计监测横缝开合情况，总计 12 支测缝计；在 5 号坝段和 10 号坝段按 10m 左右一层布设温度计，共布设约 93 支温度计，以观测施工期和运行期坝体混凝土温度的变化和分布情况。各层布设在上游面处的温度计兼测水库水温。

5.7.4　大坝强振动监测

沐若水电站大坝测点布设在建筑物各阶振型的最大值、地震反应较大以及重要的动力特征部位。河谷自由场主要是反应地震动输入参数的情况。

大坝结构反应台阵测点分别布置在 8 号坝段、10 号坝段及河谷自由场地。强震动加速度传感器测量方向应布设成水平径向、水平切向和竖向三分量。其具体布置为：

8 号坝段：在坝顶高程 546m 处布设一个测点。

10 号坝段：在坝顶高程 546m 处和坝基高程 410m 处各布设一个测点，共计 2 个测点。

河谷自由场地：在大坝下游、距大坝 1km 以内的河谷空旷场地布设一个测点。布置位置在左岸上坝公路附近，测点周围不受建筑和结构振动影响，且稳定的基岩上。

以上共计 4 个测点。

5.7.5　安全监测自动化

5.7.5.1　安全监测自动化系统结构

沐若水电站监测自动化系统采用分布式体系结构，一次传感器就近接入采集单元，以缩短数字量与模拟量的传输距离，同时减少仪器电缆使用量。采用分布式体系结构比较能保障整个系统的稳定性与可靠性，即使一个测控单元出现问题也不会影响整个系统的运行。

在地面厂房设立监测中心站，通过各工程部位数据采集单元完成现场实时自动化数据采集传递接收工作。

根据沐若水电站枢纽建筑物布置特点及监测管理站的环境要求，采集单元布置原则是监测仪器相对集中的部位集中设置，主要考虑交通无干扰并远离强电磁干扰设备；监测中心站设置在电站地面厂房。在大坝生态电站控制楼附近设置大坝及大坝边坡监测管理站（简称大坝监测管理站）。监测中心站中配备数据采集计算机，其主要功能是通过数据采集系统接收分布于各部位测站上传的监测数据，按规定的格式统一存放在原始和整编数据库中，同时接收监测中心站上位机的相关指令，对数据采集装置下达控制指令。

现场采集单元直接与传感器相接，每个采集单元在分布式网络结构中都是独立的，不需采集计算机指令,各采集单元有其自身的日历和时钟,可独立完成监测数据采集、A/D 转换、接受采集计算机的指令完成有关操作等。由于光缆传输数据的优越性及可靠性,监测中心站与大坝监测管理站之间采用光缆连接实现网络通信;采集单元间使用 R485 通信电缆连接;监测中心站预留与电站监控系统以及电站 MIS 系统的传输接口。系统数据采集网络采用总线拓扑结构,即以数据采集计算机作为中央节点用总线向外延伸,连接相应监测站内的采集单元;接入监测自动化系统的监测项目主要包括大坝和电站主厂房。

5.7.5.2 采集单元的接入

大坝共布置了 12 个采集单元(D1~D12 采集单元),所有大坝和坝肩边坡内外部电测传感器通过敷设观测电缆,采取就近和方便的原则引入测站内。所有布设在测站内传感器与测量控制装置相连,经数据控制总线连接等方式,首先引至布设在生态电站里的监测管理站内,再通过现场机电通信光缆引至电站地面厂房的监测中心站,接入监测自动化系统。测压管和量水堰需增加电测仪器以便接入自动化系统,其中各测压管增加 1 支渗压计,总计 23 支渗压计;各量水堰增加 1 支堰流计,总计 2 支堰流计。电站后缘边坡布置 1 个采集单元(D13 采集单元),直接引至布设在电站地面厂房的监测中心站,接入监测自动化系统,见表 5.7.1。

表 5.7.1　　　　　　　　　　拟接入监测仪器表

部　　位	仪　器　类　型	仪　器　数　量
大坝	倒垂线	5
	正垂线	7
	多点位移计	10
	测缝计	8
	应力计	8
	无应力计	3
	温度计	93
	锚索测力计	10
	测压管	23
	量水堰	2
	强震仪	4
电站	多点位移计	6
	锚索测力计	4

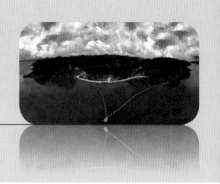

6 泄水建筑物

沐若水电站坝址所在河谷狭窄，纵坡较陡，坝后为砂岩与页岩、泥岩的复杂岩石组合体，其允许抗冲流速在 3.5m/s 以下，地质条件较差，对大坝消能防冲不利。若大坝消能防冲设计不当，将对坝趾岩体造成冲刷，影响大坝的稳定与安全，因此消能防冲设计是大坝设计的重点。

沐若水电站碾压混凝土重力坝坝顶宽度为 7m，坝顶高程 546m，坝基高程 400m，最大坝高 146m，采用无闸控表孔泄洪。堰顶高程 540m，共设 4 孔，溢流堰总净宽 54.2m。堰顶最大水头 H_{max}＝7m，定型设计水头 H_d＝5.25m。溢流表孔堰顶段采用开敞式 WES 实用堰型，之后接 120 级台阶，单个台阶高 1.0m，宽 0.8m（坡比为 1∶0.8）。出口采用反弧挑流消能，挑坎高程 410m，反弧半径 15m，挑角 25°；坝下设 24m 长护坦。

6.1 高坝台阶消能技术问题研究

6.1.1 台阶式消能应用现状

20 世纪 80 年代，随着碾压混凝土施工技术的推广，实现全断面快速碾压混凝土筑坝，加快了施工进度，缩短了工期，节省了投资，台阶式溢洪道得到了迅猛发展。90 年代，通过采用台阶式溢洪道与新型消能工联合应用，台阶式溢洪道才得以成功运用到高水头、大单宽流量的水利工程实践中，如水东、东西关电站等。

碾压混凝土筑坝技术的发展，促进了宽尾墩、台阶坝面等联合消能工的利用，台阶消能具有较好的消能效果和安全性，大大节省了下游消能防冲设施的工程量，降低了消能防冲工程投资，具有广阔的应用前景。

宽尾墩即闸墩尾部沿程逐渐加宽，迫使水流在墩间收缩，过墩后水面两侧向内翻卷，中间出现空腔，墩后呈现大面积无水区，往下底层水流渐次扩散，水流断面趋向三角形，呈三元流流态。

台阶式坝面的阻力作用，可以消减掉过台阶面的水流流速，使台阶的冲蚀得以控制，特别是在低水头、小流量条件下，其消能效果优于光滑坝面，对电站运行的常遇洪水的安全泄流是有益的。同时，由于台阶的存在，及其与宽尾墩构成的突扩、连续跌坎掺气设施，进一步改善和强化了原光滑坝面的掺气条件，具有更加可靠和有效的减蚀效果。

在溢流面适当位置设置掺气工向可能发生空化的区域通气，是最有效地减免空蚀的工程措施。采用掺气减蚀技术对溢流面进行保护，可以适当降低对不平整体的控制标准和对材料的强度要求，减轻施工难度，取得经济和安全的双重效果。

宽尾墩＋台阶坝面＋前置掺气坎联合运用，能够有效减免在高坝工程中单纯使用阶梯坝面易导致的空化水流与控制破坏。

国内外工程利用该技术泄洪消能的最大台阶坝面高度为90m，沐若水电站泄洪水头高达130m，远远超出现有技术水平。

6.1.2 消能方式选择

沐若坝址多年平均流量为242m³/s，天然洪峰来量分别为5050m³/s（$P=0.1\%$）、7040m³/s（$P=0.02\%$），经水库调洪后，下泄流量分别为270m³/s（$P=0.1\%$）、380m³/s（$P=0.02\%$）。

由于下泄流量不大，适合布置坝身表孔泄洪设施。考虑沐若工程地处偏远山区，采用方便、安全的无闸门控制的泄洪设施，堰顶高程为540.00m。沐若水电站碾压混凝土坝高146m，泄洪水头超过130m。坝址控制流域面积降雨均匀，水量大，径流年内分布较均匀，泄洪设施连续运用时间长。

坝址位于长约1000m的顺直河段上，河床纵向坡比约26‰。坝址河谷狭窄，岸坡陡峻，谷底宽约50m。坝区河道均覆盖第四系冲、洪积物，岸边可见巨大砂岩块石。坝区岩石主要属于早第三纪始新世滨海相地层，坝后为砂岩与页岩、泥岩复杂组合体，其允许抗冲流速在3.5m/s以下，属易冲刷岩体。

沐若大坝河谷狭窄，河谷底宽仅50m左右，尾水位较浅，加之大坝较高，导致洪水下泄之后具有较大的能量。若下泄水流直接冲击河床及两岸，将造成严重冲刷，不适合采用面流消能。

坝址所在河谷河床纵坡较陡，达26‰，若采用底流消能，须对河床进行较大范围的开挖，开挖深度达7m，还须设置70m长的综合式消力池，工程量较大。

坝址所在沐若河枯水期很短，洪枯流量差别不大，下泄水流较为均匀，便于起挑，适合采用挑流消能。由于下游河床地质条件较差，若水舌直接落在河床，势必对坝趾冲刷严重，对大坝的安全不利，须预先对下泄水消减一部分能量，但坝后岩体抗冲性能较差，若仅单独采用挑流消能方式，挑距及冲坑深度将不能满足大坝安全需要，故需在挑流消能工上游利用坝身结构先消减部分能量。参照类似工程经验，可采用宽尾墩＋坝面台阶进行先期消能，剩余能量经挑流鼻坎挑出安全的距离。

在采用宽尾墩＋台阶消能方式的条件下，若下游采用底流消能方式，与挑流消能方式相比较，前者的工程量仍远大于后者。

经上述综合分析比较，确定采用宽尾墩＋坝面台阶＋挑流消能的联合消能方式。

6.1.3 坝面台阶消能设计

台阶式泄槽的水流特点是台阶干扰水流运动，加强水流紊动掺气，并利用台阶对水流的撞击消能。下泄水流被坝面台阶沿级阻挡，从上一级台阶前沿跌落，在下一级台阶面产生撞击，并在台阶内的凹处形成水平轴旋滚，上部水流紊动，在水气接触面掺气。在这一连串的跌、击、旋滚、掺气的过程中，下泄水流的能量得到消杀。在一定的台阶形状及尺寸下，小流量时，跌、击起主要消能作用；流量较大时，旋滚、掺气起主要消能作用；在掺气饱和的情况下，形成水深、流速沿程不变的稳定滑行水流。

台阶式泄槽与末端消能工组合的消能方式更能适应高水头、窄河谷泄洪消能工程。台阶消能率研究尚处于试验阶段，至今并无统一公式。经试验研究表明，台阶消能率可达20%~80%，台阶消能率总体随流量增大而降低。

根据该工程溢流坝段断面形式，初拟了两种台阶形式：①小台阶方案，台阶高宽比取1：0.8，单级台阶高1m，宽0.8m，共120级；②大台阶方案，台阶高宽比仍为1：0.8，单级台阶高2m，宽1.6m，共60级。

经试验研究发现，1m级差台阶，在典型特征流量条件下均能形成滑移流态，压力特性良好，第50级（从上向下）及以下台阶坝面空蚀可能性较小，但第50级以上台阶坝面在超过万年一遇以上洪水流量时的水流掺气浓度均小于5%，发生空蚀的风险较大。2m级差台阶，在20~150m³/s流量区间出现挑离流态，尤其是150m³/s流量时水流经第一级大台阶后挑离出坝面，直接跌落在第9级（原18级）台阶上，在其后的台阶坝面上逐级跌落，坝面水体离散，溅出边墙的水体较多，部分挑离台阶的主体水流高度超过边墙顶部。由于表孔为无闸控制，这种挑离流态在上述流量区间将无法避免，并会带来一定危害。

因此，考虑在小台阶基础上改善50级以上掺气条件。经研究，提出了增设前置小挑坎和宽尾墩联合运用的强制掺气措施。经初步计算，在台阶起始处坝面加设0.35m高的挑坎和将延长后的闸墩尾部向泄槽中心左右各拓宽0.2m以形成宽尾墩的掺气坎设施（以下称之为前置掺气坎方案），坎下和墩后均能形成适当大小的空腔，其结构示意图如图6.1.1所示。

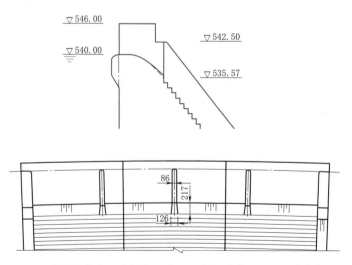

图6.1.1 前置掺气坎方案结构示意图（高程单位：m；尺寸单位：cm）

6.2 运用条件

水库在正常蓄水位 540.00m 以下的库容为 120.43 亿 m³，对应的水库面积 245km²，正常蓄水位 540.00m 与死水位 515.00m 之间的有效调节库容为 54.75 亿 m³，库容和水库面积大，具有较强的蓄水能力和滞洪能力。沐若水库调洪起始水位采用正常蓄水位，并采用敞泄方式进行洪水调节。

6.3 水力学设计

（1）体型设计。沐若工程地处偏远的山区，无闸门控制的泄洪设施无须技术熟练的工人对设备进行长期保养，运行更加安全，而且无闸门控制的泄洪设施不会产生人造洪水，有助于减小下游地区洪灾风险，特别是对下游巴贡水库的冲击，因此泄洪设施采用无闸门控制的溢流型式，堰顶高程为 540.00m，溢流堰净宽 54m。

根据堰顶高程和校核洪水位，堰面定型设计水头选用 $H_d = 5.25$m，堰面曲线方程为 $y = x^{1.85}/8.188$，堰顶上游面选用四分之一椭圆曲线，其曲线方程：

$$\frac{x^2}{1.55^2} + \frac{(0.883 - y)^2}{0.883^2} = 1 \tag{6.3.1}$$

（2）泄流能力。开敞式溢流堰泄流能力公式：

$$Q = Cm\varepsilon\sigma_s B \sqrt{2g} H_w^{3/2} \tag{6.3.2}$$

式中　Q——流量，m³/s；

　　　B——溢流堰净宽，m；

　　　H_w——计入行进流速的堰上总水头，m；

　　　g——重力加速度，m/s²；

　　　m——流量系数；

　　　C——上游面坡度影响修正系数，当上游面为铅直面时，C 取 1.0；

　　　ε——侧收缩系数，根据闸墩厚度及墩头形状而定，可取 $\varepsilon = 0.90 \sim 0.95$，取 0.93；

　　　σ_s——淹没系数，视泄流的淹没程度而定，不淹没时 $\sigma_s = 1.0$。

采用该公式计算的表孔泄流能力见表 6.3.1。根据特征洪水计算的下泄流量计算的特征水位及流量见表 6.3.2。

表 6.3.1　　　　　　　　　　　沐若水电站表孔泄流能力表

上游水位/m	540.00	542.10	512.63	543.15	543.68	544.20
下泄流量/(m³/s)	0	295.15	426.67	577.05	745.97	930.54
上游水位/m	544.73	545.25	545.78	546.30	546.83	547.14
下泄流量/(m³/s)	1128.64	1340.61	1565.17	1793.94	2034.69	2179.14

表 6.3.2　　　　　　　　　　沐若水电站特征水位及流量表

项　　目	洪峰流量 /(m³/s)	库水位 /m	表孔下泄流量能力 /(m³/s)	下泄单宽流量 /[m³/(s·m)]
消能防冲设计洪水标准（P=1%）	3670	541.39	190	3.52
大坝设计洪水标准（P=0.1%）	5050	541.91	270	5.00
大坝校核洪水标准（P=0.02%）	7040	542.46	380	7.04

（3）下游水流衔接与消能防冲设计。由于下泄的单宽流量较小，校核洪水的下泄单宽流量仅 7.04m³/(s·m)，因此，表孔采用坝身台阶式溢洪道消能。

起始台阶水平面高程 534.569m，挑流的末级台阶水平面高程 415.569m，台阶高 1.0m，宽 0.8m，所有台阶的中连线在大坝 1:0.8 的标准剖面线上。台阶下游衔接挑流消能方式，挑坎高程 410m，挑角 25°，反弧半径 15m。

为改善大泄量条件下台阶溢流坝的掺气效果，在台阶起始处坝面加设 0.35m 高的前置小挑坎，并在闸墩尾部向泄槽中心左右各拓宽 0.2m 以形成宽尾墩。

在第 5、第 12、第 20、第 27 级台阶，共设 4 层水平掺气孔，每层布置 12 个直径为 50cm 的孔，间距 4.7m，与坝内埋设直径为 80cm 通气管连通，在 1、3、5 隔墩设立管直通坝外。

为避免小流量下水流完全不起挑，直接从鼻坎上跌落冲刷坝趾，9~11 号坝段下游设长 24m 的护坦。

6.4　水工模型试验研究

采用 1:40 的大比尺物理断面模型，针对台阶坝面的掺气特性及其发展规律、坝面及侧墙时均压力及脉动压力特性、下游消能设施的消能效果等进行了水工断面模型试验研究。

6.4.1　研究内容及试验条件

（1）研究内容。

1）泄流能力。研究不同水位条件下表孔的泄流能力，对比分析加设圆弧形墩头对表孔泄洪能力的影响。

2）坝面沿程水面线。观测特征水位条件下，泄槽水面线沿程变化，分析溢流坝边墙和中隔墙高度设置的合理性。

3）坝面压力分布。测量分析特征水位条件下，表孔泄洪时台阶坝面沿程压力分布特性。

4）掺气效果。对比观测设置 4 级水平掺气孔前后，坝面水流的掺气浓度特性，分析水平掺气孔的掺气效果。

（2）试验条件。模型试验条件如表 6.4.1 所示，为了解超标洪水表孔溢流坝的水力特性，补充扩展了 3 个流量级（0.01%、PMF、PMF+基本流量）的试验工况。

表 6.4.1 模 型 试 验 条 件 表

洪水频率	洪峰流量/(m³/s)	库水位/m	设计下泄流量/(m³/s)	坝址下游水位/m
1%	3670	541.39	190	412.27
0.1%	5050	541.91	270	412.57
0.02%	7040	542.46	380	412.99
0.01%	8120	542.82	480	413.33
PMF	16000	545.79	1570	415.61
PMF+基本流量	16000+250	547.11	2160	416.47

6.4.2 模型设计

本模型按重力相似准则设计，并保证原型和模型的几何相似，模型比尺为 1:40，模型规模为 6m×20m×5m（高×长×宽），模型布置示意图如图 6.4.1 所示。

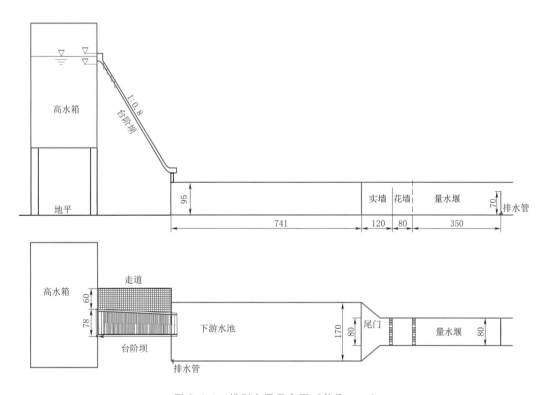

图 6.4.1 模型布置示意图（单位：cm）

本断面模型选取溢流表孔（共 4 孔）左侧两孔进行物理模拟。整个模型包括部分上游水库、溢流坝泄水建筑物（包括进口、台阶泄槽、左侧边墙、中隔墙、掺气设施等）以及部分下游河道。溢流坝采用优质有机玻璃制作，其糙率换算至原型为 0.015～0.017，与实际情况基本相符。模型上游水库水位采用水位测针测量，下游修建矩形量水堰测量下泄流量。

根据 SL 157—2010《掺气减蚀模型试验规程》规定，模型掺气设施处水流流速宜大于 6m/s。如不能满足，在保证水流流态相似的前提下，仍可进行掺气设施选型研究，但模型实测通气量向原型引伸时，应考虑缩尺影响。已有研究结果总结了原模型相对掺气比与模型坎上平均流速的关系，见图 6.4.2。掺气坎处最大流速为 3～4m/s，根据图 6.4.2 中的关系，原型水流汽水比 β_p 是模型水流汽水比 β_m 的 2～8 倍，说明原型掺气坎水流的挟气能力远大于模型水流，因此，原型掺气坎保护区的水流临底掺气浓度也将大于模型试验值。

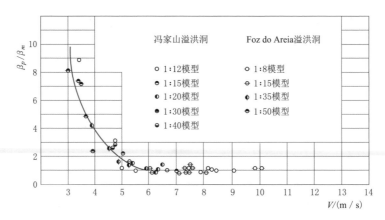

图 6.4.2　原模型相对掺气比与模型坎上平均流速关系曲线图

6.4.3　试验结果

（1）沐若水电站表孔台阶坝面设计方案的模型泄流能力较设计值偏小 4%～8%。

（2）在各级特征流量条件下均能形成稳定的底部强制掺气通道，挑坎后至未自掺气区间的坝面临底水流掺气浓度均在 5% 以上，自掺气后的水流掺气浓度均大于 10%，能保护台阶坝面全程免遭空蚀破坏。

（3）台阶坝面上的最大时均压力为 3.82×9.81kPa，而台阶坝面的最低负压绝对值均在 0.38×9.81kPa 以内。

（4）台阶坝面实测最大脉动压力均方根值为 2.48×9.81kPa，出现在第 100 级台阶面、下泄流量为 2160m³/s 时；反弧坝面上的最大脉动压力均方根为 2.88×9.81kPa，亦出现在 2160m³/s 时；总的来看，坝面脉动压力随流量增加而增大。溢流坝边墙的水流脉动压力，在同一流量条件下，沿程各测点的脉动均方根值均相差不大；对同一测点，脉动均方根与下泄流量成正比，模型试验测得的边墙最大脉动压力均方根值为 1.72×9.81kPa。

（5）台阶坝面的消能效果可通过坝面消能率来衡量，可采用以下公式估算：

$$\eta = \frac{E_1 - E_2}{E_1} \times 100\%$$ （6.4.1）

式中 E_1 ——以反弧最低点高程为基准面的坝前水流单位水体总能量；

E_2 ——反弧最低点水流单位水体总能量。

由库水位、反弧最低点水面高程及断面平均流速，计算出典型特征流量条件下台阶溢流坝的消能率 η 达到了 79%～89%，即沐若表孔台阶溢流坝有较好的消能效果。

(6) 表孔台阶坝面消能大大减轻了下游河道的消能防冲难度。各级典型流量挑射水流对下游基岩的冲刷均满足设计要求，最深冲坑距护坦末端冲坑后坡为 1:10，考虑下游水位较设计值低 1m 后，冲刷略有加剧，冲坑后坡为 1:7，均在安全坡比范围内。

(7) 当流量小于 180m³/s 时，下泄水流或贴壁跌落或挑落在下游护坦上，试验测得小流量泄流对护坦的最大平均冲击压力为 1.3×9.81kPa，瞬时最大冲击压力为 5.3×9.81kPa。

6.4.4 试验结论

大坝坝址地处热带雨林，并且枯水期很短，坝址所在河谷狭窄，纵坡较陡，坝后地质条件较差，对大坝消能防冲不利，采用台阶消能工可取得较好的效果。水工模型试验成果表明，在各级流量条件下，泄洪消能率均在 80% 左右。

通过优化试验研究，增设前置掺气挑坎＋宽尾墩方案，在各级特征流量条件下均能形成稳定的底部强制掺气通道，可有效提高台阶坝面前段的水流掺气浓度，能保护台阶坝面全程免遭空蚀破坏，同时对泄槽水流流态、坝面动水压力等影响较小。

沐若水电站最终采用宽尾墩＋前置掺气挑坎＋台阶坝面的消能方式，可大大减轻下游河道的消能防冲难度，减小工程量。

(1) 3 个模型的泄流能力总体一致，可以满足设计要求。各级特征流量下坝面均能形成滑移流态，坝面压力特性良好，未见较大负压。

(2) 各级特征流量条件下，台阶坝面水流自掺气和小挑坎＋宽尾墩强制掺气充分。在小流量条件下，试验测得台阶坝面沿程临底水流掺气浓度均大于 10%；大流量条件下水流掺气浓度也基本大于 5%。考虑掺气浓度的缩尺效应，3 种方案均可有效保护台阶坝面全程免遭空蚀破坏。

(3) 闸墩墩头形状的影响主要包含两个方面：泄流能力和局部水流流态。从水力学基本原理定性分析来看，圆弧形墩头汇流条件较好，局部水流流态平顺（试验亦证实），水头损失较小，可稍稍提高表孔的泄流能力；平直形墩头局部水流结构略差。

从泄流能力试验成果定量分析来看，圆弧形墩头和平直形墩头试验成果基本一致认为，圆弧形墩头带来略微提高的泄流能力基本消耗在试验测试精度和误差中。从另外考虑到加设圆弧形墩头增加工作量不大，但对局部水流流态有利，试验建议表孔闸墩墩头采用圆弧形。

(4) 增设 4 级水平掺气孔的影响。加设 4 级水平掺气设施后，中小流量可略微改善坝面掺气效果。对比无水平掺气设施模型和有水平掺气设施模型的水流掺气浓度测量结果（表 6.4.2）和坝面压力测量结果（表 6.4.3）可知，当泄量小于 380m³/s（校核洪水工况）时，4 级水平掺气孔可在一定程度上提高溢流坝上游坝段水流的掺气效果。但当泄量大于 380m³/s（校核洪水工况）时，效果不明显。

表 6.4.2　　　　　　　有无水平掺气设施的掺气浓度测量结果对比表　　　　　　　%

编号	测点位置	流量 Q/(m³/s)					
		190	270	380	480	1570	2160
C1	4 级水平台阶	51.2	57.1	58.4	50.6	41.8	37.3
		49.8	42.4	43.7	45.6	46.5	43.4
C2	8 级水平台阶	19.3	5.5	1.4	1.8	7.8	4.5
		16.5	3.1	1.3	1.2	8.6	5.1
C3	11 级水平台阶	30.3	23.7	10.6	10.1	14.8	14.6
		29.2	23.1	10.3	9.7	13.0	12.3
C4	15 级水平台阶	25.8	25.2	19.5	11.5	6.2	6.4
		25.6	25.6	18.8	11.4	9.2	7.2
C5	19 级水平台阶	26.3	26.4	23.4	20.7	5.7	4.9
		25.8	25.3	22.9	20.0	8.2	5.5

注　上排数据为有水平掺气孔的结果，下排数据为无水平掺气孔的结果。

表 6.4.3　　　　　　　有无水平掺气设施的压力测量结果对比表

单位：×9.81kPa

编号	测点位置		流量 Q/(m³/s)					
			190	270	380	480	1570	2160
P6	6 级水平台阶	②	0.37	0.05	0.01	−0.03	0.05	−0.19
			0.37	−0.15	−0.11	−0.19	0.13	−0.15
P11	12 级水平台阶	①	−0.31	−0.35	−0.31	−0.35	0.29	0.85
			−0.35	−0.43	−0.43	−0.35	0.17	0.25
P12		②	−0.15	−0.19	−0.23	−0.23	0.21	0.69
			−0.15	−0.23	−0.31	−0.27	0.45	0.49
P18	20 级水平台阶	①	−0.23	−0.23	−0.15	−0.15	0.29	0.49
			−0.35	−0.39	−0.35	−0.39	0.01	0.25
P19		②	−0.07	−0.07	−0.03	−0.03	0.17	0.29
			−0.15	−0.15	−0.15	−0.15	0.21	0.25
P24	27 级水平台阶	①	−0.19	−0.19	0.09	0.17	0.77	1.13
			−0.19	−0.07	0.01	0.09	0.57	0.89
P25		②	−0.03	0.09	0.21	0.25	0.69	1.01
			−0.03	−0.15	0.09	0.17	0.65	0.97

注　上排数据为有水平掺气孔结果，下排数据为没有水平掺气孔结果。

6.5　结构设计

6.5.1　结构布置

表孔布置在 9～11 号坝段，堰顶高程同正常蓄水位 540m，堰顶设 5 个闸墩，其中 1

号、3 号、5 号闸墩厚 1.62m，2 号、4 号闸墩厚 0.86m。闸墩净距为 13.5m，溢流堰净宽 54.00m。在表孔上游设检修门，检修门挡水标准为 5 年一遇洪水标准（在 100m³/s 基流条件下）。

堰面下游泄槽等分为 2 区，边墙厚 1.5～2m，高 5m；中隔墙厚 1.4m，高 3.5m。泄槽在高程 535.92m 以下设消能台阶，下游接挑流鼻坎，高程 410m，挑角 25°。

9～11 号坝段下游设长 24m 的护坦。护坦顶高程 402m，两侧设 1:1 的护坡，护坡顶高程 416m，护坦、护坡厚 2m，按顺水流向每块长 12m、垂直水流向每块宽 10m 分缝分块。护坦混凝土上部 60cm 采用 C30 的抗冲耐磨混凝土，其下部为 C25 混凝土。护坦下布置 20cm×30cm 的排水盲沟，间距 4m×6m，护坡表面布置 $\phi56$ 的排水孔，间距 2m×2m，入岩深度 6m。

6.5.2　闸墙结构计算

（1）计算条件。泄槽侧面闸墙考虑单侧泄水，水深 3m。

（2）计算荷载。自重和时均压力。

（3）计算结果。隔（边）墙各截面均为压应力状态，承载能力满足要求。

（4）结构主要配筋。闸墙内两侧竖向 1 排 $\phi25@20$，水平向 1 排 $\phi22@20$。

6.5.3　护坦计算

（1）计算条件。沐若大坝建筑物为 1 级水工建筑物，护坦属于消能防冲建筑，洪水标准按 100 年一遇洪水设计，1000 年一遇洪水校核；护坦厚取 2m。

典型特征流量水位流量关系如表 6.5.1 所示。

表 6.5.1　　　　　　　　　　不同工况计算条件表

工况	洪水频率/%	洪峰流量/(m³/s)	库水位/m	下泄流量/(m³/s)	坝址下游水位/m	尾坎下游 260m 水位/m	抗浮安全系数	钢筋抗拉安全系数
正常工况	1	3670	541.39	190	412.27	403.03	1.2	1.5
校核工况	0.1	5050	541.91	270	412.57	403.67	1.05	1.4

（2）计算荷载。自重＋时均压力＋脉动压力＋扬压力。

（3）计算结果。根据计算，平面尺寸 12m×10m 护坦须配置 C32 锚筋 30 根，锚固深度大于 3.45m。

（4）结构配筋。护坦及护坡表面配置 C22@20×20 的钢筋网。采用 C32@200×200 的锚杆与基岩连接，锚杆埋入岩石深 4.2m，顶部弯钩与护坦表面钢筋网连接。

6.6　运行效果

2014 年 1 月 30 日大坝溢流堰顶浇筑完成，2014 年 11 月 25 日大坝溢洪道正式开始过流，2015 年 2 月 12 日达到本次过流最高水位 542.78m，库水位 542m 以上运行时间 30d。溢洪道运行过程中观察表明，进水口堰顶段水流均匀、平顺、稳定；台阶段水流掺气充分；反弧挑坎段水舌起挑、入水落点正常。总体而言，溢洪道运行的水流流态和特性与设计研究结果非常相似，均满足设计要求，见图 6.6.1～图 6.6.3。

图 6.6.1　2014 年 11 月 10 日，大坝过流前
整体形象图

图 6.6.2　2015 年 2 月 12 日，水位
542.78m 溢洪道图

图 6.6.3　2015 年 2 月 12 日，水位
542.78m 挑流坎图

7 引水发电系统

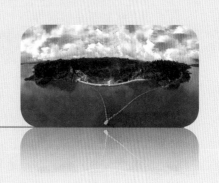

7.1 引水发电系统总体布置

沐若水电站采用引水式地面厂房,共安装 4 台单机容量 236MW 的混流式机组,总装机容量 944MW。

电站总体布置利用了天然库汉,在约 2.7km 的水平距离上获得了 300m 的发电水头,地理条件较优。进水口布置在距离大坝右侧约 7.5km 的库岸边,主厂房布置在坝址下游 12km 处,引水隧洞由进水口至厂房直线布置。引水发电建筑物主要由进水口、引水隧洞、调压井、地面厂房、GIS 开关站等组成。

进水口采用岸塔式,主要包括引水渠、进水塔、交通桥等建筑物。引水渠宽 50m,渠底高程 494.50m,顺水流方向长约 140m。进水塔由 2 个独立塔体结构组成,总体尺寸为:50m×18.6m×54.5m(长×宽×高),建基面高程 492.50m,塔顶高程 547.00m,塔高 54.50m,水流向依次设拦污栅、事故检修门等,塔顶通过交通桥与岸边公路相接。交通桥长 60m,桥梁采用预制混凝土 T 形梁,共分为 4 跨,单跨长 15m;桥墩为双柱排架结构,高 15~40m,桥墩基础设置混凝土灌注桩,桩长 15~20m。进水口上游 260m 处还设有拦漂排,以减少漂浮物进入进水塔,拦漂排长 828m。

引水隧洞采用二机一洞,主洞由 2 条平行隧洞组成,在进厂前采用 Y 形钢岔管一分为二,分别与 4 台机组相接,单条隧洞长 2.7km。隧洞进口中心高程 500.0m,洞轴线间距 25.0~35.0m;出口中心高程 218.0m,洞轴线间距 17.0m。从进口到出口依次为渐变段、上平段、调压井段、上弯段、竖井段、下弯段和下平段。上平段隧洞内径 8.0m,调压井段隧洞内径 7.0m,竖井段隧洞内径 6.2m,下平段隧洞内径 5.7m,支管内径 4.2~3.4m。调压井段上游侧的隧洞为钢筋混凝土衬砌,调压井下游侧隧洞(含调压井段、上弯段、竖井段、下弯段和下平段)为钢衬。

调压井采用阻抗式,共 2 个,布置在引水隧洞上平段末端,为钢筋混凝土结构,断面为圆形,上部井筒直径为 25.0m,顶高程 560.0m,底高程 508.0m;下部阻抗孔直径为 7.0m,顶高程 508.0m,底高程 483.5m;调压井总高度 76.5m。

地面厂房布置在下游河道右岸,距大坝约 12km,厂房纵轴线近平行于河道流向。厂区平面上从右至左依次为:安Ⅰ段、安Ⅱ段、1~4 号机组段、左端副厂房、厂外副厂房;水流向依次为:GIS 室、主变压器、上游副厂房、主厂房、尾水平台、尾水渠。

安Ⅰ段长 13.0m,安Ⅱ段长 12.0m;机组段采用二机一缝,总长 70.0m;左端副厂房长 7.5m;厂房总长度为 102.5m。上游副厂房跨度 9.0m,主厂房跨度 26.5m,尾水平台宽 8.0m,厂房总宽度为 43.5m。主厂房机组安装高程 218.0m,建基面高程 204.0m,地面高程 239.0m,屋顶高程 260.4m,厂房总高度为 56.4m。地面厂房总体尺寸为:102.5m×43.5m×56.4m(长×宽×高)。

厂房共安装 4 台机组,地面以下为剪力墙及大体积混凝土结构,上部为混凝土框架结构。安装场布置在厂房右端,副厂房布置在主厂房上游,主变压器露天布置在副厂房与 GIS 室之间的上游侧平台上,中控室布置上游副厂房的上部。尾水平台布置有机组检修闸门及其启闭门机。厂房左侧为厂外副厂房区,布置有油库及油处理室、室外风压机房、柴油机房等辅助设施。

尾水渠宽 70.0m,水流向长 50.0m,底部采用 1∶3 反坡由 207.5m 高程渐变至 224.0m 高程,再接入下游河道。

进场公路布置在尾水渠左侧,公路高程 239.0m,与安装场左端的进场大门相接。

7.2 进水口设计

7.2.1 进水口布置

进水口位于大坝西北约 7.5km 处的双溪沙河岸,边坡岩体为第三纪始新世砂岩与泥岩或页岩呈软硬相间互层,岩层倾向 241°,倾角 85°,岩体风化不均,强风化深度一般在 5~15m,裂隙、剪切带较发育。

进水口主要建筑物包括引水渠、进水塔、交通桥等。根据进水口的地形、地质条件,在满足水力学条件的前提下,结合枢纽总体布置、边坡稳定、地基承载力要求等综合确定进水口布置。

(1)引水渠。引水渠宽 50.0m,渠底高程 494.50m,顺水流方向长约 140m。两侧边坡开挖坡比 1∶1,底板 $i = 1/12000$,可满足进水塔的取水要求。

(2)进水塔。进水塔布置形式为岸塔式,采用 2 个塔体单元分别控制 2 条独立的引水隧洞。进水塔为钢筋混凝土建筑物,由水库正面取水。进水塔平面尺寸 50.00m×18.60m,分 2 段布置,单段长 25m,建基面高程 492.50m,塔顶高程 547.00m,塔高 54.50m。

进水塔顺水流向总长 18.6m,依次设拦污栅段、喇叭口段、事故检修闸门井段、渐变段等。塔顶设有门机以满足闸门的安装、运行及检修,同时可兼顾拦污栅的安装检修。塔顶通过交通桥与库岸及外界公路相接。

进水塔最低运行水位 515.0m,在满足进水口最小淹没深度后,进口流道底板高程确定为 496.0m,底板厚度为 3.5m,建基面高程 492.5m,塔顶平台高程在考虑了水库最高水位和适当的安全超高后确定为 547.0m，塔高 54.5m。

进水口拦污栅为直立布置形式，过流栅孔总尺寸为 18m×25m，为避免低水位运行时漂浮物绕过拦污栅进入流道，在 514.0m 高程设置了水平封闭孔板，拦污栅清污采用提栅清污方式。过栅流速为 0.62m/s。

喇叭口段顶缘为 1/4 椭圆曲线：$\frac{x^2}{11^2}+\frac{y^2}{3^2}=1$，侧向墙同样采用 1/4 椭圆曲线过渡：$\frac{x^2}{4^2}+\frac{y^2}{3^2}=1$，以减小水头损失。

考虑到厂房蜗壳进口前已设置球阀，故进水塔只需设事故检修门，并满足"动水下闸、静水开启"的运行要求。检修闸门段为单孔布置，上游侧止水，闸孔尺寸为 8.7m×8m。通气及检修楼梯布置在检修闸门井下游侧，闸门井顺水流向宽 1.5m，井内布置有钢制楼梯下至引水隧洞内，除满足隧洞充水通气外，还可方便隧洞施工及检修。

进水塔塔顶布置有供闸门和拦污栅启闭用的门机及其轨道，以及其他运行控制、监测设施。

（3）渐变段。进水塔与引水隧洞之间设置有渐变连接段，渐变段顺流向长 15m，外围混凝土断面尺寸为 13m×13m（宽×高），起始断面为矩形，尺寸为 8m×8m（宽×高），末端断面为圆形，直径 8m，后接引水隧洞进口，见图 7.2.1。

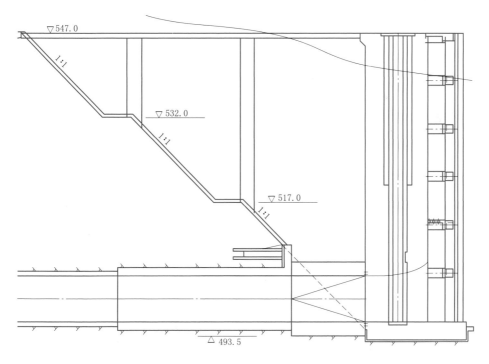

图 7.2.1 电站进水塔示意图

（4）交通桥。进水塔与岸坡采用交通桥连接，设计通行荷载标准"汽车-20"，可满足进水塔门机及闸门、拦污栅等设施的运输。

交通桥长 60m，共分为 4 跨，单跨长 15m，桥面宽度为 6m，采用预制混凝土 T 形梁，梁高 1.5m；桥墩为双柱排架结构，高度为 15～40m，断面直径 1.0m，桥墩基础设置混凝土灌注桩，桩长 15～20m。

（5）基础处理。进水塔基础大部分坐落在弱风化区域，尚有少部分位于强风化区域，岩体主要由页岩与泥岩互层以及砂岩组成，基岩为较软岩体，由于页岩与砂岩强度差别较大，作为进水塔的基础，一方面要求满足设计承载力的要求，另一方面也要防止进水塔基础的不均匀沉陷。因此，对进水塔基础应进行固结灌浆的措施，以提高进水塔基础的抗压强度，确保进水塔体结构的安全稳定。

进水塔基岩采取全面积进行固结灌浆，固结灌浆孔深 9m，间排距均为 2.5m，梅花形布置，固结灌浆采用有盖重施工方式。

7.2.2 进水口结构设计

（1）进水塔整体稳定和地基应力。进水塔运行水位 540.00m，设计水位 541.53m（200 年一遇水位设计），校核水位 541.91m（1000 年一遇水位设计）；进水塔整体稳定计算工况及荷载组合见表 7.2.1。

表 7.2.1　　　　　　　　　进水塔整体稳定计算工况及荷载组合表

荷载组合	计算工况		荷载组合						
	工况	库水位/m	自重	静水压力	扬压力	风浪压力	泥沙压力	土压力	活荷载
			1	2	3	4	5	6	7
基本组合	设计洪水位	541.53	√	√	√	√	√	√	√
	正常蓄水位	540.00	√	√	√	√	√	√	√
特殊组合	完建未挡水	—	√					√	√
	校核洪水位	541.91	√	√	√	√	√	√	√
	检修	540.00	√	√	√	√	√	√	√

计算选取单机单塔 [25.00m×18.60m×54.50m(长×宽×高)] 作为独立结构进行计算，分别计算抗滑、抗浮、抗倾覆稳定、地基应力。

其中对于抗滑和抗倾覆稳定计算，因进水塔布置在水库中，进水塔上、下游水压基本平衡，抗滑稳定计算中的建基面切向力仅为风荷载、浪压力以及隧洞部位产生的上下游水压差，滑动力远小于阻滑力，进水塔不存在抗滑稳定问题；同样，对于抗倾覆稳定分析，建基面上产生倾覆力矩的荷载也是风荷载、浪压力以及隧洞部位产生的上、下游水压差，荷载较小，相应产生的倾覆力矩较小，进水塔不存在抗倾覆稳定问题。

进水塔抗浮稳定及地基应力计算成果见表 7.2.2。计算结果及分析表明：在各计算工况下，进水塔的抗滑、抗倾覆及抗浮稳定均能满足规范要求。建基面均处于受压状态，最大压应力发生在完建期，约为 1.16MPa，最小压应力发生在运行期，约为 0.20MPa，进水塔基岩的抗压强度为 1.0～6.0MPa，页岩弱风化区域抗压强度为 1.0MPa，此部位通过基础固结灌浆，可以满足地基承载要求。

表 7.2.2   进水塔抗浮稳定及地基应力计算成果表

荷载组合	计算工况		地基应力		抗浮安全系数
	工况	库水位/m	上游应力/MPa	下游应力/MPa	
基本组合	设计洪水位	541.53	0.204	0.751	1.97
	正常蓄水位	540.00	0.205	0.762	2.02
特殊组合	完建未挡水	—	0.276	1.163	—
	校核洪水位	541.91	0.204	0.748	1.96
	检修	540.00	0.219	0.644	1.93

（2）进水塔应力分析。进水塔设一道拦污栅，采用直立平面活动式，每个进水塔拦污栅设四孔，拦污栅墩截面宽 1.2m，长 3.5m，孔跨 4.70m，栅墩间在高程 504.50m、513.00m、521.50m、530.00m、538.50m 各设一支撑梁与进水塔上游挡墙连接，并在栅墩之间设联系横梁，布置高程同支撑梁。进水塔塔体四周均为挡水结构，因水荷载不同，塔身沿竖向呈阶梯截面。

计算选取单个塔体的底板及塔身结构为整体进行有限元计算分析，底部基岩竖直向取 50m，水流向取 100m，计算模型见图 7.2.2 和图 7.2.3。

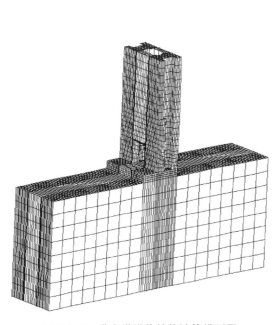 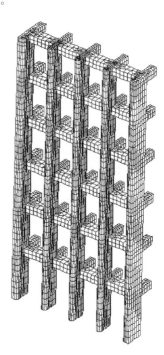

图 7.2.2 进水塔塔体结构计算模型图   图 7.2.3 拦污栅墩计算模型图

计算考虑施工完建、正常运行、检修及拦污栅阻塞等四种工况。主要计算成果如下：

1）施工完建工况及正常运行工况，拦污栅墩在重力作用下，均为压应力状态，应力数值不大，最大仅为 2.6MPa，位于拦污栅墩底部。支撑梁及连系梁在自重作用下，局部出现少量拉应力区，拉应力数值较小，均在 0.5MPa 以内；拦污栅墩结构受力状态是很安全的。

2）拦污栅阻塞工况，由于考虑了 4m 水头的压力差，在 504.50m 高程和 513.00m 高程联系梁出现较大拉应力，拉应力最大为 2.37MPa，出现在联系梁与拦污栅墩相接部位，其他部位拉应力大多在 0.5MPa 左右，对于局部出现的较大拉应力，采用合适的配筋后，满足强度要求。拦污栅墩门槽最大位移出现在高程 509.0m 处，其中垂直水流向最大位移为 0.48mm，顺水流向最大位移为 0.26mm，位移数值较小，可满足正常使用要求。

3）进水塔上游墩墙受外水压作用下，内侧受拉，外侧受压，由于墩墙 520.00m 高程以下较厚，为 4.0m，外水头按最高水位计算，为 46m，上游墩墙应力数值较小，拉应力在 0.46MPa 以内，压应力大多处于 2.0MPa 左右，墩墙底部与底板相接处，局部有应力集中，压应力数值达到 5.6MPa，从应力数值上看，均在混凝土材料允许应力范围内，结构是安全的。

4）进水塔下游墩墙应力趋势与上游墩墙相同，因闸门下游布置进水塔交通通道，下游墩墙结构厚度为 2.6m。在外水压力作用下，下游墩墙的最大拉应力为 1.14MPa，拉应力数值大的范围较小，仅位于下游墩墙内侧 504.00m 高程附近，下游墩墙拉应力主要在 0.6MPa 左右，小于混凝土的抗拉强度。压应力大部分在 2.2MPa 左右，墩墙底部与底板相接处，局部有应力集中，压应力数值达到 5.0MPa，也小于混凝土的抗压强度。

5）进水塔底板在外水压力作用下，下游侧底部受压，上部受拉，压应力约 1.95MPa，拉应力约 1.72MPa，超过混凝土的允许抗拉强度，需配置适量钢筋，经计算，进水塔底板配筋为每米 5 根直径 32mm 钢筋，即可满足规范要求。

7.3 引水隧洞设计

7.3.1 引水隧洞布置

（1）地质条件。引水隧洞穿越地层主要为砂岩、页岩以及砂页岩组合岩体，地层走向 290°～310°，倾 SW，倾角 80°～85°，主要为微新岩体，局部沿层面及结构面呈弱风化状。隧洞围岩主要以软岩为主，强度低，完整性差，多属Ⅲ类、Ⅳ类围岩，其中 1 号引水隧洞Ⅱ类围岩约 166m，占 6%，Ⅲ类围岩约 1060m，占 40%，Ⅳ类围岩约 1250m，占 47%，Ⅴ类围岩约 182m，占 7%；2 号引水隧洞Ⅱ类围岩约 151.5m，占 7%，Ⅲ类围岩约 1002.6m，占 38%，Ⅳ类围岩约 1306.9m，占 49%，Ⅴ类围岩约 190m，占 6%。

引水隧洞开挖后围岩变形较大，常产生掉块及塌洞，尤其在隧洞进出口部位和岔管部位，岩体自稳能力差，上覆岩薄，围岩稳定性差。

同时，由于隧洞所处区域地面降雨量大，隧洞沿线山体地下水丰富，地下水位一般在地表以下 15～40m 之间，主要为裂隙水，局部存在层间承压水，而隧洞最大埋深达 250m，外水压力大。从开挖施工揭示的情况看，隧洞共发育有 1000 处地下水点，为裂隙水及层间承压水，表现为滴水状、淋雨状、股流状及涌水状，流量一般 5～10L/min，最大涌水量约 200L/min，随时间涌水量逐渐减弱。开挖过程中两条隧洞共出现 190 处塌方，一般方量 2～10m³，大者约 50m³。地下水的作用直接影响隧洞围岩的稳定性，也不利于施工，对隧洞衬砌结构安全影响也较大。

（2）引水隧洞布置。综合考虑地形、地质、覆盖厚度、水力学、施工、运行以及进水塔、调压井、电站厂房等建筑物的布置等各种因素，并进行技术经济比较，确定了采用二机一洞平行布置两条引水隧洞的方案。隧洞总长分别为2673.88m和2665.77m。隧洞进口中心高程为500m，出口中心高程为218m，隧洞断面为圆形，开挖直径为6.1～10.7m。引水隧洞上平段末端布置阻抗式调压井，隧洞进口至调压井前32m处采用钢筋混凝土衬砌，内径为8.0～7.0m，引水隧洞上平段平面有限元计算模型最大内水压力水头为61.44m，调压井前32m至隧洞下游出口均采用钢衬混凝土衬砌，内径为7.0～3.4m，最大内水压力水头为429.0m（含水击）。为方便施工，在引水隧洞上平段及下平段分别布置了一条施工支洞，此外，在两条隧洞间还设置了8条施工连通洞，以避免施工干扰，加快进度。

平面上，两条引水隧洞平行布置，根据进水塔的布置，引水隧洞进口处的洞轴线间距为25m，距进水塔约250m后，经弧段过渡洞轴线间距渐变为35m。其中，1号隧洞洞身轴线平面上由NE66.26°经半径为300m的平弯段过渡为NE56.52°；2号隧洞洞身轴线平面上由NE66.26°经半径为300m的平弯段过渡为NE56.52°。下平段经Y形岔管后，变为4条平行布置的支管，各支管间距17m，后分别接至主厂房的4台机组。

剖面上，引水隧洞由上平段、调压井段、上弯段、竖井段、下弯段、下平段、岔管段及支管段等组成。结合机电调保计算的结果与地形地质条件，每条隧洞分别布置1个上游调压井，1号引水隧洞调压井布置在距进口1361.5m处，与竖井间距86m，2号引水隧洞调压井布置在距进口1311.1m处，与竖井间距101.6m。两条隧洞上平段纵坡分别为1.47%、1.53%，竖井段长度分别为138.1m、134.9m，为有效降低竖井段的高度，在满足机械运输条件的前提下，经过论证，两条隧洞下平段采用了较大的纵坡，同时考虑与前期已经开挖施工的施工支洞相衔接，最终将纵坡确定为7%与13%的两段组成。引水隧洞直径上平段为8m，在调压井前渐变为7m，调压井后渐变为6m，在下弯段后再渐变为5.5m，经Y形岔管后，支管直径变为4.2m，并渐变至3.4m接主厂房，结合压力钢管布置的特点与地质条件，钢岔管布置在距厂房58.8m处。在机组设计流量条件下，流道上平段流速为3.42m/s，下平段流速为7.2m/s，支管流速为6.2m/s。单条引水隧洞水头损失为9.7m。

钢筋混凝土衬砌与钢衬混凝土衬砌的分界点设置在调压井上游32m处的上平段，该处最小的山体埋深为78m，距边坡的最短距离约100m，引水隧洞的内水压力为0.60MPa，隧洞埋深及渗透路径均满足规范要求；此外，调压井边坡原始状态下的地下水位线高于管道内的水头压力线，压力管道出现内水外渗对边坡稳定的影响也在设计可控范围内。引水隧洞全程采取了回填、固结灌浆的措施，以加强围岩的稳定性能，增加围岩的抗渗能力，减小内水外渗的不利影响，以满足引水隧洞的正常运行要求。因此，引水隧洞进口至调压井上游32m处的上平段采用了钢筋混凝土衬砌，调压井上游32m至隧洞出口采用钢衬混凝土衬砌，以满足高内水压及高外水压条件下引水隧洞的结构及运行安全。

7.3.2 引水隧洞结构设计

（1）开挖支护设计。引水隧洞开挖设计结合围岩特性、类别、临时支护形式及结构要求等确定。上平段为钢筋混凝土衬砌，隧洞内径为8.0m，对于进口50m范围的隧洞衬砌加强段，考虑临时支护及衬砌厚度，相应隧洞开挖直径为10.7m；当上平段其他剩余洞段围岩为Ⅲ类、Ⅳ类时，开挖直径为9.9m；围岩为Ⅱ类、Ⅲ类的洞段，开挖直径为9.3m；调压井段隧洞流道内径为7.0m，隧洞内径经渐变段由8.0m渐变为7.0m，此段为压力钢管外回填混凝土，考虑钢管安装及钢筋绑扎需要的空间，隧洞的开挖直径为8.9m；隧洞上弯段、竖井段及下弯段内径均为6.0m，考虑压力钢管外回填混凝土，隧洞开挖直径为7.9m；下平段流道内径为5.5m，开挖直径为7.4m；岔管后支管内径由4.2m变为3.4m，考虑支管运输、安装等要求，开挖直径确定为6.1m。

引水隧洞支护设计主要为系统的锚喷支护措施。锚喷支护参数为：挂网喷混凝土15cm，钢筋网为$\phi6@20\times20$cm，系统锚杆为直径25mm杆长4m和直径25mm杆长6m两种规格，锚杆间排距均为1.5m，两种规格锚杆交错布置。

对于围岩条件较差的Ⅴ类围岩，以及断层发育、地下水充沛的Ⅳ类围岩，根据揭示地质条件，随机采用钢支撑措施进行加固支护。

（2）衬砌结构设计。针对不同的部位、外水压力及围岩地质条件，引水隧洞衬砌采用了不同的结构形式和厚度。钢筋混凝土衬砌段进口50m范围为隧洞衬砌加强段，考虑进水口上部的边坡开挖，边坡卸荷存在不稳定滑面，隧洞进口的开挖对边坡及隧洞围岩的稳定更加恶化，此段钢筋混凝土衬砌厚度设计为1.2m，喷混凝土厚度为15cm，其余部分按围岩类别设计衬砌厚度，Ⅱ类、Ⅲ类围岩衬砌厚度为0.5m，Ⅳ类围岩衬砌厚度为0.8m；钢衬衬砌段为满足钢衬正常施工安装空间，混凝土衬砌厚0.8~1.2m，钢衬外一般采用素混凝土，地质条件较差的洞段、结构形式变化大或者受力复杂的部位，如调压井段、岔管段及支管段，则配置了一定数量的钢筋，以提高衬砌安全性。

调压井前引水隧洞为钢筋混凝土衬砌段，所受水荷载主要为静水压力、外水压力，其中，静水压力为44.00~61.44m，隧洞PD值为352.00~491.52t·m。衬砌结构及配筋计算采用有限单元法，计算荷载主要有：结构自重、内水压力、外水压力、围岩抗力、灌浆压力等，其中围岩弹模Ⅳ类为2.5GPa，Ⅱ类、Ⅲ类为15GPa。计算工况为正常运行工况和检修工况。衬砌结构设计考虑围岩与衬砌联合承载，正常运行工况内水压力主要由外部围岩承担，并考虑本工程地下水位高的特点，考虑外水压力的平压作用，衬砌仅承担少部分内水压力；检修工况考虑一定厚度围岩与衬砌共同承担外水压力。

调压井后引水隧洞为钢衬衬砌段，所受水荷载主要为静水压力、水击压力以及外水压力，其中，静水压力水头最大值为324m，水击压力水头最大为105m，在蜗壳进口处最大，水击压力从调压井处至蜗壳进口沿程线性分布，相应钢衬末端最大内水压力水头为429.0m（含水击压力）。钢衬在设计时均按全水头进行设计，即钢衬本身强度就能单独承担内水压力和外水压力，混凝土结构不用分担水荷载，隧洞强度和使用要求由钢衬控制。两条压力钢管的长度分别约为1341m和1386m，采用07MnCrMoVR的高强钢和Q345R分段卷制。岔管管壁厚72mm，其余管壁厚32~54.9mm。在引水隧洞下平段采用了衬砌外排水管网、钢衬表面排水盲沟等措施降低地下水压力，增加钢衬抗外压安全性。

（3）固结灌浆设计。引水隧洞上平段钢筋混凝土衬砌按联合承载设计，隧洞内水压力主要由围岩承担，为了加固隧洞围岩、封闭隧洞周边岩体裂隙，提高隧洞围岩的整体性和抗变形能力，增强围岩抗渗能力和长期稳定渗透比降，隧洞全长采取了固结灌浆的措施，对围岩进行了加固，避免内水外渗对周边边坡的影响。固结灌浆在隧洞衬砌回填灌浆完成7d后进行，孔深6m，灌浆压力0.6~0.8MPa，对于部分采用了钢拱架支护的部位，后期造孔存在一定难度，因此，利用了钢拱架及系统锚喷混凝土形成的封闭条件，进行先期固结灌浆，采用分段阻塞的工艺，第一段深入围岩2m，第二段为4m，灌浆压力第一序第一段为0.3MPa，第二段为0.6MPa，第二序第一段为0.4MPa，第二段为0.8MPa。固结灌浆后围岩透水率$q \leqslant 5Lu$，声波值$V_0 > 3000m/s$；实测纵波速度平均值较隧洞围岩体天然状态下纵波速度平均值提高了8.5%~13%。

（4）衬砌结构计算。

1）设计标准与计算方法。按《水工隧洞设计规范》《水工混凝土结构设计规范》要求对衬砌进行限裂设计，最大裂缝允许宽度为0.30mm。

2）计算模型。计算模型采用平面模型计算，选择典型隧洞断面，两隧洞中心间距为34m，左右及底部围岩范围各取50m，围岩底部全约束，侧面法向约束。模型共639个单元，模型见图7.3.1。

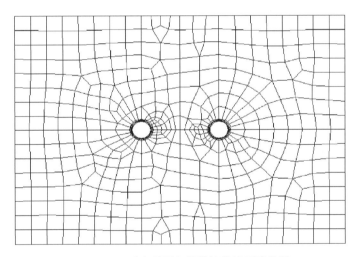

图 7.3.1　引水隧洞上平段计算模型网格图

3）荷载及工况。选择运行工况和检修工况，计算此两种工况下衬砌的安全稳定性。荷载类型包括：结构自重、内水压力、外水压力、围岩抗力、灌浆压力等。钢筋混凝土衬砌计算工况及荷载组合见表7.3.1。

表 7.3.1　　　　　　　　钢筋混凝土衬砌计算工况及荷载组合表

荷载组合	计算工况		荷　载　组　合				
	工况	库水位/m	结构自重	围岩抗力	内水压力	外水压力	灌浆压力
基本组合	运行水位	540.00	√	√	√	√	
特殊组合	校核水位	541.91	√	√	√	√	√
	检修	540.00	√	√		√	√

结构自重：主要为混凝土衬砌的自重。

围岩抗力：计算采用衬砌及围岩的有限元连续介质方法进行计算，因此围岩抗力已客观计入。

内水压力：为库水位至隧洞中心高程的水头。

外水压力：根据地下水位线至隧洞中心高程的水头再乘以相应的折减系数计算。依据《水工隧洞设计规范》（DL/T 5195）中对于外水压力折减系数的取值，本工程外水压力折减系数范围为 $0.25 \sim 0.8$。因为衬砌在内水压力作用下，外水荷载为有利荷载，能减小衬砌的拉应力，而在检修工况下，外水荷载为不利荷载，衬砌主要受外水压力而产生压应力。因此，在运行水位工况及校核水位工况时，外水荷载取小值进行计算，在检修工况时，外水荷载取大值进行计算。结合本工程的地质条件，对衬砌在运行水位工况及校核水位工况时，外水压力折减系数取 0.3；检修工况时，外水压力折减系数取 0.7。

灌浆压力：衬砌顶部考虑 0.4MPa 回填灌浆压力，作用范围为隧洞顶部 120°范围。

4）计算结果。各工况计算结果详见表 7.3.2，表中Ⅳ类取页岩微新参数，围岩弹模取值为 2.5GPa，Ⅱ类、Ⅲ类取页岩微新参数，围岩弹模取值为 15GPa。

表 7.3.2　　　　　　　　引水隧洞上平段运行工况计算成果表

荷载组合	计算工况	混凝土衬砌厚度/m	围岩类别	隧洞中心内水压力（mH₂O）	隧洞中心外水压力（mH₂O）	衬砌内侧最大拉应力/MPa	衬砌外侧最大拉应力/MPa	衬砌断面合力与弯矩
基本组合	运行水位540.00m	1.2	Ⅳ类	40.74	12.22	0.885	0.526	$N=769.8\text{kN}$ $M=65.4\text{kNm}$
		0.8	Ⅳ类	59.53	12.22	1.935	1.403	$N=1217.8\text{kN}$ $M=57.9\text{kNm}$
		0.5	Ⅱ类、Ⅲ类	59.53	12.22	0.851	0.643	$N=349.1\text{kN}$ $M=7.9\text{kNm}$
特殊组合	校核水位541.91m	1.2	Ⅳ类	42.65	12.80	0.922	0.549	$N=802.9\text{kN}$ $M=68.0\text{kNm}$
		0.8	Ⅳ类	61.44	12.80	1.985	1.44	$N=1249.4\text{kN}$ $M=59.4\text{kNm}$
		0.5	Ⅱ类、Ⅲ类	61.44	12.80	0.873	0.660	$N=358.2\text{kN}$ $M=8.1\text{kNm}$
	检修540.00m	1.2	Ⅳ类	—	40.74	−1.583	−1.191	$N=-1533.4\text{kN}$ $M=-97.1\text{kNm}$
		0.8	Ⅳ类		105.0	−5.08	−4.05	$N=-3335.3\text{kN}$ $M=-139.6\text{kNm}$
		0.5	Ⅱ类、Ⅲ类	—	105.0	−2.201	−1.863	$N=-941.9\text{kN}$ $M=-18.6\text{kNm}$

由表 7.3.2 计算结果可以看出，隧洞围岩参数对衬砌受力影响很大，Ⅱ类、Ⅲ类围岩条件下，衬砌应力均小于混凝土允许抗拉强度，断面内力较小；而Ⅳ类围岩条件下，衬砌厚度为 0.8m 时，衬砌的应力超过混凝土的运行抗拉强度，需要选配合适的钢筋。检修工况下，衬砌的压应力均小于混凝土的运行抗压强度，混凝土衬砌能承担外水压力作用。

经配筋计算，1.2m 厚混凝土衬砌采用双层配筋，内外层每米各配 5 根直径 25mm 钢筋；0.8m 厚混凝土衬砌采用双层配筋，内外层每米各配 5 根直径 32mm 钢筋；0.5m 厚混凝土衬砌采用单层配筋，衬砌内侧每米配 5 根直径 25mm 钢筋。

7.3.3 引水隧洞施工

引水隧洞洞线长，工程量大，工期紧，根据总体计划要求，在引水隧洞下平段和上平段分别布置一条施工支洞，施工支洞为城门洞型，其断面尺寸为 8.50m×7.184m（宽×高）；两条引水隧洞间的施工联通洞布置有 8 条，用于连接 1 号和 2 号引水隧洞，以方便施工，其中上平段 3 条，下平段 5 条，在进水口、上平支洞及下平支洞形成了引水隧洞的多个开挖工作面，减少了施工干扰，加快了施工进度，隧洞混凝土施工完后采用混凝土进行全部封堵；具体布置见图 7.3.2。

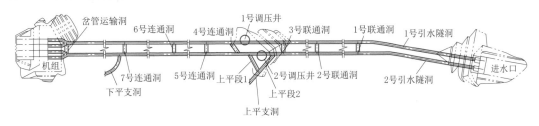

图 7.3.2　施工支洞和联通洞布置图

隧洞开挖采用风钻造孔，孔径 42mm，光面爆破，楔形掏槽，周边孔在测定出的轮廓线上开孔，周边孔间距 40cm。掏槽孔及主爆孔药径均为 32mm，周边光爆孔药径 25mm，用炮泥堵孔，非电雷管毫秒微差起爆，辅助爆破孔间排距为 80cm，炸药单耗为 0.9～1.3kg/m³。出碴采用 ZL50 装载机配 3 台 20t 自卸车出渣。竖井采用 LZM 反导井出渣，在保障施工安全的前提下加快了竖井开挖速度。

上平段调压井处至下平段施工支洞间的钢衬管节通过已经开挖成型的调压井吊运进隧洞，同时竖井顶部设置有吊运装置，可完成下平段及竖井段钢衬管节的运输，降低了运输难度，避免了施工干扰；下平段施工支洞至岔管段的钢衬管节通过下平段施工支洞运输；岔管及支管的管节则从隧洞出口运输。

引水隧洞上平段混凝土衬砌采用针梁式全断面钢模台车，单仓衬砌长度为 12m。针梁式钢模台车在进水口进行组装，通过进水口渐变段达到洞内就位。混凝土采用 8m³ 搅拌运输车运至施工部位后，再由混凝土泵通过进料口泵送入仓。

隧洞钢衬段回填混凝土按 12～18m 一仓进行分段回填。竖井段压力钢管回填混凝土采用溜管下料，竖井混凝土施工则利用压力钢管安装提升系统作为人员和材料的施工通道。

7.4 调压井设计

沐若水电站引水隧洞长约 2.7km，因引水隧洞较长，机组调保要求必须设置上游调压井，调压井布置在引水隧洞上平段末端，采用阻抗式，断面为圆形，直径为25.0m。

7.4.1 调压井布置

（1）位置选择。调压井的位置在综合分析地形、地质条件、引水隧洞布置等因素的基础上，使其尽量靠近厂房，满足最高与最低涌浪要求，同时因调压井结构一般高度较高，断面较大，为有利于结构安全，将调压井布置在山坡内，利用山体围岩分担内水荷载。

沐若水库正常蓄水位为540m，根据引水线路布置，引水隧洞在距厂房约1km处为上平段末端，且上平段末端处地形高程在565m左右，地形条件较适合布置上游调压井，考虑一定厚度的覆盖层开挖，调压井部位岩体可以露天开挖，施工相对较方便。因此，将调压井位置选择在引水隧洞上平段末端，距引水隧洞竖井86m处，调压井距厂房约1.1km。

调压井区域大部分处于砂页、岩互层的强风化区域，岩体为陡倾角层状，厚度较薄，强风化深度约50m，岩体软弱、风化严重，地质条件较差。调压井断面为圆形，在上部开挖坡脚处以及下游边坡处，岩体层面与井筒开挖面基本平行，且岩层厚度较薄，岩体较破碎，井筒围岩的稳定性较差，需采取特殊的工程措施。

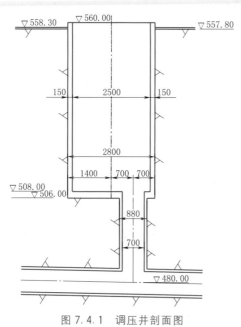

图7.4.1 调压井剖面图
（高程单位：m；尺寸单位：cm）

（2）结构尺寸。根据调压井布置位置，进行水力计算，并结合相关工程经验，确定调压井的断面及结构尺寸。为有利于承载外部荷载，调压井断面设计为圆形，根据过渡过程中稳定断面计算结果，断面内径设计为25m。调压井内正常运行工况下水位为540.0m，甩负荷工况下，调压井最高涌浪为559.0m，最低涌浪为509.0m，因此，调压井混凝土结构顶部高程设计为560m，因顶部地表开挖后高程为558.0m，考虑安全超高后，调压井井筒高出地面2m，顶高程为560.0m。井筒底板底部高程为506.0m，井筒底板厚2.0m；井筒高度为52m，连接管高度为24.5m，调压井总高度约76.5m。井筒衬砌538.0m高程以上厚度为0.95m，538.0～523.0m高程衬砌厚度为1.2m，523.0m高程以下厚度为1.4m，均为钢筋混凝土衬砌。连接管段为钢衬钢筋混凝土衬砌，混凝土衬砌厚度为0.8m，见图7.4.1。

（3）平面布置。调压井所处山体边缘，调压井开挖直径较大，调压井下游侧20m处即为山体自然边坡。开挖期，考虑到地层岩性较差、围岩稳定难度大的特点，调压井在布置上应加大间距，并靠山里侧布置，以增加竖井间围岩的稳定性。运行期在内水压作用下，衬砌混凝土将承载较大的拉应力，应加强限裂措施及固结灌浆，以防止内水外渗影响山体外自然边坡的稳定性。

建设过程中，受地形条件限制，两个调压井水流向仅能错开 50m 左右距离，引水隧洞轴线间距为 35m；如按常规设计，两调压井间围岩厚度 29m，仅 1 倍洞室开挖跨度，洞间围岩厚度偏小。经研究，在不影响调压井水力学条件的情况下，将上部井筒与下部连接管设计成非同心结构，可增大调压井上部井筒间距，调整后的围岩厚度为 40.8m，约 1.5 倍洞室开挖跨度，围岩稳定条件趋好。

7.4.2 调压井结构设计

调压井最大内水压力为 50.55m，PD 值最大为 1264t·m，混凝土衬砌限裂难度大。经分析，调压井高度为 76.5m，不同高程的受力差别明显，为保证调压井衬砌安全，同时又达到经济合理的要求，衬砌按高程分别进行受力分析及配筋设计。调压井的结构受力分析，采用有限元法，以 2 个调压井组成的整体模型为计算对象，围岩范围为调压井外侧 50m 范围，岩石边界面法向约束；计算模型见图 7.4.2。

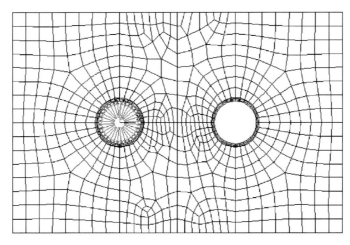

图 7.4.2 调压井结构计算模型图

数值分析表明，高程 538m 处，衬砌拉应力范围为 1.33～1.49MPa，断面拉力为 1349kN，环向钢筋选择每米 5 根直径 25mm 钢筋。经裂缝宽度计算，最大裂缝宽度为 0.63mm，大于规范要求的 0.35mm。从衬砌所受的荷载分析，在机组正常运行时，衬砌所受的静水压力仅为 3.53m，配筋面积可以判定正常运行情况满足强度及裂缝限制条件，甩负荷工况时水击荷载产生的裂缝值较大，而水击荷载为瞬时荷载，随着涌浪下降，衬砌应力会立即下降，裂缝也会减小，因此，对于水击荷载，衬砌配筋按强度设计；高程 523m 处，衬砌拉应力范围为 0.81～0.98MPa，断面拉力为 1090kN，环向钢筋选择每米 5 根直径 28mm 钢筋；高程 508m 处，衬砌拉应力范围为 1.07～1.33MPa，断面拉力为 1711kN，环向钢筋选择每米 5 根直径 32mm 钢筋。

7.4.3 调压井开挖设计

调压井处岩体主要有砂岩、泥岩、页岩以及砂岩泥岩互层等，其中仅新鲜砂岩的强度较高，泥岩和页岩岩性较差。由于井筒部位岩体风化严重，岩层面与上部开挖边坡走向基本平行，因此，调压井施工期围岩稳定问题需重点研究。

(1) 上部边坡设计。调压井 558.0m 高程以上边坡开挖坡比为 1：1，最顶部一级边坡开挖坡比为 1：1.7。边坡从上至下分级开挖，共 4 级，各级边坡设有马道，马道宽 5.0m，马道内侧设排水沟，每级边坡高度为 15m。每开挖一级边坡，立即进行边坡锚喷支护，支护参数为：挂网喷混凝土 15cm，其中钢筋网为 φ6@20×20cm，系统锚杆直径 25mm，杆长 6m，间距为 1.5m；每级马道下设两排锁口锚杆，锚杆直径 28mm，杆长 9m，间距为 1.5m；坡面排水孔直径为 56mm，长 6m，间距为 3m。经计算，支护后的调压井上部边坡安全系数为 1.244，见图 7.4.3，可基本满足施工及运行期的边坡稳定规范要求。

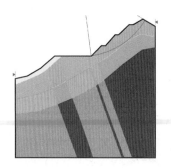

图 7.4.3 调压井上部边坡
最危险滑面图 ($K = 1.244$)

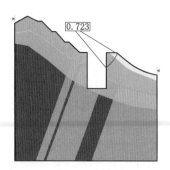

图 7.4.4 调压井井筒
最危险滑面图 ($K = 0.723$)

(2) 井筒开挖。井筒的开挖施工利用下部引水隧洞上平段作为施工出渣通道，以加快施工速度。在高程 558.0m 平台自上而下钻孔至引水隧洞，形成导孔，然后利用反井钻机从下至上将导孔钻扩成导井，使 558.0m 高程平台与下部引水隧洞连通，再采用人工钻爆方式将导井扩挖成直径 4.2m 的出渣通道。调压井井筒开挖时，开挖石渣直接经导井下坠进入引水隧洞上平段，再由施工机械运出。

对调压井井筒开挖的施工模拟计算表明，无支护措施条件下，围岩安全系数仅 0.75 左右（图 7.4.4），井筒部位岩体几乎为塑性区，必须采用适合的支护及施工措施，方可保证施工期安全及围岩稳定。经多方案对比研究，最终采用了预先加固及逆作法的建设方案。第一步，在调压井覆盖层开挖至顶部高程 558.00m 平台后，暂不进行井筒开挖，而在井筒开挖圈外 9m 范围内浇筑一层 50cm 厚混凝土板，在其满足强度要求后，采用垂直固结灌浆的措施，对竖井顶部井圈的围岩进行预先加固；灌浆孔孔深 20m，分两序灌浆，每序分段，最大灌浆压力 1.0MPa，以加固井圈顶部最易松散失稳的强风化岩土体。第二步，从上至下进行井筒开挖，采用分级开挖、分级支护方法，每级开挖高度不超过 3m，开挖后及时进行锚喷支护和排水孔施工。此外，对调压井高程 538m 以上强风化围岩采用逆作法，增加了施工期井筒护壁混凝土支护结构，即高程 538m 以上每开挖一级，浇筑一圈 3m 高、50cm 厚的钢筋混凝土衬砌，并将衬砌钢筋与锚杆焊接，共同加固该级开挖岩体，依此进行每级开挖、支护至调压井开挖完成。采用上述支护加强措施后，施工期围岩稳定安全系数为 1.25。第三步，调压井开挖完成后，再由下至上分段进行调压井衬砌浇筑。第四步，在调压井衬砌达到一定强度后，对井筒周边岩体进行全断面固结灌浆，以减小运行期井筒渗水对围岩及边坡稳定的不利影响，灌浆孔孔深12m，分两序灌浆，最大灌浆压力1.2MPa。

沐若水电站调压井结构尺寸大，内外荷载大，地质条件差，经综合分析与研究，采用一系列有效的工程技术与措施，保证了调压井结构安全与围岩稳定，工程实践表明，工程采用的技术与措施均是十分必要和有效的。

7.5 地面厂房

7.5.1 厂区布置

沐若电站主厂房厂址选择在坝址下游约12km处沐若河右岸的一天然水潭处，厂址处河道开阔、地势较平坦，后缘山体较高。

电站厂区地面高程239.0m，高于下游校核洪水位。从左至右依次布置有安装场、主厂房及其副厂房。安装场地面高程239.0m，安装场左侧为场前区，接进厂公路，副厂房位于主厂房上游侧，与主厂房同长，副厂房地面以下各层分别与安装场、发电机层、水轮机层同高程。副厂房上游侧的边坡开挖平台处，布置有275kV变电所，场内布置有4台主变压器和GIS室，并且预留了2台高压电抗器的位置。上游副厂房和主变压器之间布置有场区内交通消防通道。厂房横剖面见图7.5.1。

进厂公路由安装场左侧方向进厂区，为双车道、行车道净宽7.0m，可满足电站厂房的设备进出。

7.5.2 主厂房布置

(1) 厂房主要结构形式及特征尺寸。电站厂房外形尺寸为102.5m×43.5m×53.9m（长×宽×高）。厂房建筑物结构形式采用钢筋混凝土框架结构，地面以上围护结构为填充墙，机组段、右端副厂房段及安装场，跨度为26.5m，副厂房跨度9.0m。

厂房主要高程根据EPC投标方案确定，水轮机安装高程为218.0m；根据机组制造厂家提供资料，确定的尾水管底板高程为207.50m；主厂房建基面高程204.0m。根据蜗壳断面最大直径3.4m以及厂房上游侧球阀尺寸及其安装要求，确定的水轮机层地面高程为222.9m，发电机层高程为232.3m。厂内起吊设备为一台双小车的中级工作制桥式吊车，起吊重量为2×300t，桥机轨顶高程由发电机转子带轴起吊高度控制，其轨顶高程为251.0m。考虑桥机高度、屋架高度后确定的主厂房屋顶高程为260.4m。

机组段长度根据机型、蜗壳尺寸、蜗壳外包混凝土以及必要的结构厚度等综合确定；厂房宽度主要是由厂房水下部分的尺寸控制，水下部分下游侧由蜗壳尺寸、基本通道、尾水管盘型阀的布置和必要的结构厚度确定，上游侧主要根据球阀的尺寸和必要的结构厚度确定。根据以上原则，初步确定2号、4号机组单机长度为17m；而1号、3号机组受球阀尺寸控制，单机长度增加为18m。机组段总长为70m，采用两机一缝，机组段宽度34.74m。

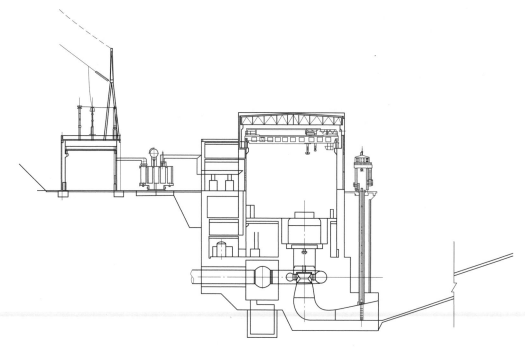

图 7.5.1 厂房横剖面图

（2）机组段各层布置。机组段共三层，分别为发电机层、水轮机层及球阀廊道层，其中发电机层高程为 232.3m，水轮机层高程 222.9m，球阀廊道层 213.0m。发电机层上游侧布置有励磁盘等，并设有球阀吊物孔，下游侧布置有机旁盘等设备。水轮机层上游侧布置励磁变、球阀吊物孔等，下游侧布置中性点接地装置，尾水管放控制操作阀。球阀廊道内布置有球阀、检修排水泵及渗漏排水井。球阀上游侧连接压力引水钢管内径 3.4m，球阀中心线高程 218.0m，底板安装高程 213.0m。

（3）安装场布置。安装场布置在主厂房机组段左侧，平面尺寸为 25m×26.5m，按一台机扩大性检修放置转子、顶盖、转轮及上机架等的需要进行设置，并考虑了设备进厂卸货所需的场地要求。安装场分为两层及左、右两段布置，两层的楼面高程分别为 239.0m、232.3m。其中左端、高程 239.0m 段为安装场卸货平台，与进场公路同高程，运输平板车可以直接进入，利用厂房桥机起吊卸货。卸货平台下部为空压机室，楼面高程 232.3m 与发电机层同高。安装场右端与发电机层同高，安装检修期可满足发电机转子带轴的整体吊装。

为减小安装场结构尺寸，在满足机组安装检修的条件下，将通常布置在安装场下部的机修间、油处理室、透平油库等移出到主厂房外，另行安排房屋布置。

（4）右端副厂房段布置。主厂房右端的副厂房段共三层，布置有通风、制冷设备及交通通道，楼面高程分别为 239.0m、232.3m、222.9m，与外部地面、发电机层、水轮机层相接。前期的设计方案中，在该部位布置 2 台冲击式水轮机。现阶段，由于已考虑在大坝处布置生态电站，故主厂房内的 2 台冲击式水轮机取消。但 4 号机组为边机组段，考虑到桥机起吊限制线的要求，主厂房右端仍保留了部分副厂房段以满足桥机正常运行要求。

右端副厂房段长 7.5m，宽度与主厂房相同，厂房结构形式采用钢筋混凝土框架结构，地面以上围护结构为砖墙。

7.5.3 副厂房布置

副厂房由安装场上游副厂房、机组段上游副厂房和辅助机组上游副厂房三部分组成。均位于主厂房上游侧，与主厂房同长。

机组段上游副厂房与机组段同长，共五层。地面以上的高程 247.0m 部分主要布置有电气试验室、公用设备控制室、计算机室、中控室、通信电源室、通信机房、值班室和会议室等，地面以下分为四层，分别是地面层高程 239.0m，该层布置有 PT 柜、避雷器柜和高压厂用变等设备，四台变压器的低压母线也从主厂房经此层引出；厂用电设备层高程 232.3m，布置有厂用电变压器、11kV 开关柜等设备；电缆夹层高程 228.9m；技术供水室层高程 222.9m，布置有机组供水泵、油压装置等设备。

安装场上游副厂房与安装场同长，分为四层，地面以下一层，高程为 222.9m，平面尺寸为 14m×9m。地面以上三层，平面尺寸为 25×9m；高程分别为 239.0m、243.0m 和 247.0m。该部分主要布置有电气试验室、直流电源蓄电池室、值班室和会议室等。

7.5.4 厂内交通布置

根据 EPC 合同，厂内交通需要在主厂房两端分别设电梯，以通往主、副厂房内各个高程。调整后的厂内交通方案，在安装场上游副厂房右侧布置有一处通往各层的电梯及楼梯间，即 1 号楼梯间，该楼梯间能通达电站主厂房内上至中控室、下至球阀室的各高程部位（运行高程为 247.0～213.0m），为厂内主要的垂直交通；在右侧的副厂房段上游副厂房左侧，也布置有一处电梯（兼货运电梯）及楼梯间，为 2 号楼梯间，通过该楼梯间可直接通达主厂房和机组段上游副厂房各层，运行高程为 247.0～213.0m。在安装场下游侧左端，布置有从安装场高程 239.0m 通往发电机层（高程 232.3m）的楼梯间，为 3 号楼梯。安装场左侧端墙设进厂大门，门洞尺寸为 9m×4m（宽×高）。

安装场上游副厂房左侧的走道端设一主要人行出口，通过走道可方便地从 1 号楼梯和 3 号楼梯到达各个部位。

7.5.5 厂房排水

（1）厂内渗漏排水系统。主厂房内渗漏排水系统主要排除运行期主厂房机组段、安装场段及右端副厂房段的结构渗漏水及机组正常运行排水，渗漏排水系统由集（排）水管、排水沟及渗漏排水井组成，渗漏排水井布置在球阀廊道内的 1 号机组段范围内。

渗漏集水井平面尺寸 5.0m×3.5m(长×宽)，底板高程 206.0m，井深 6.0m，布置 2 台潜水排污泵，总抽排能力约 200m³/h，2 台水泵根据井内水位自动控制运行、互为备用。

厂房内的各层渗水由布置在各层的排水沟（管）汇集至球阀层的排水沟内，集中排至渗漏排水集水井内。集水主管均采用明管安装，以方便检查及检修。厂内生活用水及设备漏水均通过落水管排至 213.0m 高程球阀廊道底部两侧的排水沟，再排至渗漏集水井，由集水井内布置的 2 台水泵经埋管排至下游尾水渠内。

（2）厂内检修排水系统。机组检修排水系统由尾水管放空阀、检修排空管、检修排水泵井及检修排水泵等组成。机组检修排水泵井平面尺寸 6.2m×4m（长×宽），底板高程 205.80m，井深 6.2m，布置有 3 台潜水排污泵，总抽排能力约 450m³/h，可由泵后的 3 条埋管排水至尾水渠内。

每台机组设 1 个蜗壳放空阀，在 213.0m 高程上游侧球阀廊道内可操作放空阀，经排水管将水排入尾水管中。每台机组尾水管左侧设 1 个尾水管放空阀，在 222.9m 高程水轮机下游侧可操作放空阀，经排水管将水引至检修排水井内的排水泵。检修排空管沿主厂房纵轴线平行布置，贯穿整个机组段，并与主厂房 3 号机组段底部的检修排水井内的排水泵连通。

（3）厂外地面排水系统。根据有关水文地质资料，右岸电站厂房建筑物所处区域山体地下水丰富、地面降水强烈，为避免地面降雨对主厂房边坡及地表建筑物的不利影响，在电站厂房建筑物及其边坡均布置了排水设施。

在主厂房后边坡，设置系统排水孔（孔深 24m）与随机排水孔相结合的边坡地下水排水措施，将边坡内地下水引排至各级马道的排水沟内；地表降雨可由各级边坡马道的排水沟汇集并引排至边坡以外。

在电站主厂房建筑物周边，沿高程 239.0m 平台周边，布置断面尺寸约 1m×1m 的主排水沟，将汇集至 239.0m 高程的地表降雨，经安装场左端的排水沟自流引排至下游尾水渠内。

7.5.6 尾水平台

尾水平台位于主厂房下游侧，横贯主厂房下游左右两端，平台宽 8.0m，布置有机组检修闸门启闭门机及其行走轨道。平台高程 239.0m 满足下游校核洪水位（高程 237.0m）及其安全超高要求，经进场公路可直达尾水平台。尾水平台下部由尾水墩支撑在厂房下部基础混凝土上，尾水墩共 6 个，其中边墩厚 3.8m，中墩厚 7.6m；尾水墩中部设有机组尾水检修闸门槽，布置有机组检修叠梁门，闸门孔口尺寸 9.35m×4.8m（宽×高）；由布置在尾水平台上的门机进行启闭操作。

7.5.7 尾水渠

厂房尾水渠位于主厂房至下游河道间，由开挖 I 级阶地形成。尾水渠渠底最低高程 207.5m（与尾水管出口底板同高程），渠底宽 68m，长 63m，以 1:3 的坡度与天然河床相接。尾水渠末端设有尾水控制宽顶堰，堰顶高程 224.0m，可保证在下游河床水位低于高程 224.0m 时，尾水满足机组运行的最小淹没深度要求。设计尾水位高程 228.0m。

根据尾水渠现已开挖揭示的情况，渠底建基岩体基本为全强风化的砂岩及页岩，建基面岩石的稳定情况较差，为防止电站尾水对渠底及其边坡基岩的冲刷破坏，尾水渠底需采用钢筋混凝土护坦保护，两侧边坡也需进行钢筋混凝土护坡保护，钢筋混凝土护坦及护坡的厚度为 0.5m，并在其中布置排水孔减压。

7.5.8 275kV 变电所

275kV 变电所位于副厂房上游的开挖平台上，平行与主厂房走向布置，平台地表高程 239.0m。变电所长 126m，宽 15～40m，占地面积约 4800m²，布置有 4 台主变压器及其与之配套的 GIS 室。

变电所采用 GIS 配电装置与主变压器布置在地面同高程的平面布置方式，主变压器布置在 239m 高程户外。

GIS 室布置在上游靠山里侧，中部并排布置 1～4 号机变压器及阻抗器等配套设备，各变压器之间轴线间距 17m，主变压器下游侧为副厂房。GIS 室与主变之间间隔 3.9m，副厂房与变压器之间设有 7m 的行车道，可作为变压器运输通道，两者间形成变电所厂内循环通道。该通道在变电所左端下游侧与安装场大门及进场公路连接，为人员、设备运输进出厂的主要通道，右端可达主厂房右端副厂房段。变电所左端上游侧布置开敞式油罐区、事故油池及油处理室。

GIS 区为单层框架结构建筑物，地面高程 239.0m，布置 GIS 配电装置室和专为 GIS 设置的风机房，以及通往屋顶层的楼梯。屋顶层高程约 252.0m，布置高压出线架及其相关设备。

7.5.9 厂房结构设计

（1）结构设计。厂房采用两机一缝布置，两台机长度为 35.0m，厂房总长 102.5m，上游副厂房跨度 9.0m，主厂房跨度 26.5m，尾水平台宽度 8.0m，厂房总高度为 53.9m，主副厂房的外形尺寸为 102.5m×43.5m×53.9m（长×宽×高）。主副厂房不分缝，采用整体浇筑，厂房结构形式为钢筋混凝土墙及框架结构，其中地下以下结构主要为大体积混凝土和混凝土连续墙，地面以上为混凝土框架结构和砖墙围护结构。

（2）整体稳定及地基应力。主副厂房整体稳定分析包括厂房地基应力计算、整体抗滑稳定和抗浮稳定，其中抗滑稳定验算为计算厂房建基面的抗滑稳定。

1）计算工况及荷载。主厂房设计尾水位 228.0m，校核尾水位 237.0m。各计算工况及荷载组合见表 7.5.1。

表 7.5.1 主副厂房整体稳定计算工况及荷载组合表

荷载组合	计算工况		荷 载 类 型				
	工况	尾水位/m	结构自重	永久设备重	水重	静水压力	扬压力
基本组合	正常运行	228.00	√	√	√	√	√
特殊组合	检修	228.00	√	√			√
	机组未安装	228.00	√		√	√	√
	施工完建	—	√	√			
	非常运行	237.00	√	√	√	√	√

结构自重：为混凝土结构自重。

永久设备重：包括水轮机、发电机、定子、吊车等设备重。因目前尚缺乏详细设备资料，永久设备重暂按 2000t 估算。

水重：为厂房流道内水体重力。

静水压力：按尾水位高程计算。

扬压力：为尾水位与厂房底板高程的水头差。

2）计算成果。由于厂房布置在岸边，厂房上游墙靠山体布置，不存在厂房滑动稳定的问题，因此不需计算厂房的抗滑稳定。厂房各工况的地基应力及抗浮安全系数详见表7.5.2。

表 7.5.2 主厂房稳定及地基应力成果表

荷载组合	计算工况		地基应力		抗浮安全系数
	工况	尾水位/m	上游应力/MPa	下游应力/MPa	
基本组合	正常运行	228.00	0.26	0.36	2.85
特殊组合	检修	228.00	0.28	0.33	2.77
	机组未安装	228.00	0.25	0.34	2.80
	施工完建	—	0.42	0.44	—
	非常运行	237.00	0.18	0.33	2.07

计算结果表明：在各计算工况下主厂房的抗浮安全系数均能满足规范要求。厂房建基面均处于受压状态，最大压应力发生在完建期，约为0.44MPa，最小压应力发生在非常运行工况，约为0.18MPa，厂房基岩的抗压强度为1.0~6.0MPa，可以满足地基承载要求的，因此主厂房基岩应是可以满足承载要求。

（3）厂房结构计算。采用有限元法对主副厂房进行整体应力计算分析。

计算模型：以主副厂房一个机组段35.0m长作为独立结构进行计算，分析厂房混凝土结构的应力情况。底部基岩范围竖向取50m，水流向取100m。

荷载：结构自重、静水压力、扬压力。

工况：正常运行工况、检修工况

边界条件：基岩底部全约束，顶面自由，其他面法向约束。主副厂房整体稳定分析模型网格见图7.5.2。

正常运行工况下，副厂房上游墙受外水压力作用，混凝土应力较大。其中副厂房上游墙外侧高程222.0~226.0m范围出现较大拉应力区，数值为1.5~2.3MPa，由于外水压力的作用，相应主厂房上游墙在此段高程范围也出现了较大的拉应力，数值与副厂房上游墙外侧的拉应力基本相当，因此，对主、副厂房上游墙外侧在高程222.0~226.0m范围需加强配筋，特别是副厂房上游墙外侧，需加强配筋，以限制混凝土裂缝宽度，防止外水渗入厂内。其他高程拉应力较小，在混凝土允许应力范围内。

主厂房的下游墙及尾水闸墩形成联合结构作为下游的挡水结构，正常运行工况与检修工况，下游墙及闸墩均需承担外水压力，其中在检修工况下，厂房下游墙及闸墩所受外水压力最大，以此工况计算厂房下游墙的结构安全性。计算表明，尾水闸墩下游面均出现拉应力，拉应力大多为0.6~0.8MPa，闸墩在214.0m高程部位拉应力最大，达到1.32MPa，但分布范围较小，高程方向小于1.0m范围；主厂房下游墙最大拉应力在0.9MPa左右。总体而言，因下游墙与尾水闸墩结构较厚，在外水荷载作用下，拉应力数值不大，大多小于混凝土的抗拉强度，下游墙及尾水闸墩结构应是能保证安全的。

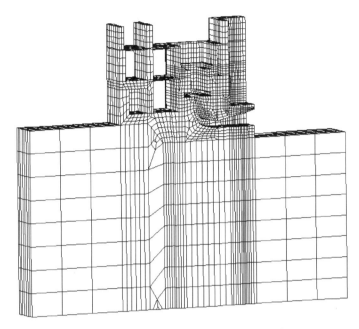

图 7.5.2   主副厂房整体稳定分析模型网格图

两种计算工况中，主厂房内部由于只受自重作用，相应混凝土应力较小，均满足混凝土的允许应力。

7.5.10   基础处理

厂房基础落地层主要为页岩夹砂岩，地层走向 300°，深部倾向 SW，倾角 85° 左右，朝上部地层渐变成倒转，倾角变缓。厂房基础一带未见断层发育，仅有两组较发育的裂隙。岩体透水性属中等至弱透水。基础处岩体风化不均，砂岩夹页岩层呈强至弱风化状态；基础处理的主要工程地质问题为基础不均匀变形问题。

根据地质条件，厂房建基岩体的强度及变形特性差异较大，其中泥岩、页岩部分，抗压强度 20～10MPa，变形模量 2～1.5GPa，而砂岩部分，抗压强度 60～80MPa，变形模量 10～12GPa，强度与变形模量相差较大，容易导致基础产生不均匀沉降。为防止主厂房基础产生不均匀沉陷，结构设计形式上主厂房加强了底板的结构厚度和刚度，并要求对部分软岩进行挖除置换，同时为提高主厂房基础的抗压强度，增强岩体的均一性，防止基础不均匀沉陷的产生，对塔基岩体采取固结灌浆加固处理措施。

主厂房基础全面积进行固结灌浆，固结灌浆孔深 9m，间排距均为 2.5m，梅花形布置，固结灌浆采用有盖重施工方式。

7.6   生态电站

7.6.1   总体布置

为避免电站发电运行过程中，大坝下游至电站主厂房尾水间 12km 河段出现断流，设计中考虑了在大坝未泄洪时下泄 $8m^3/s$ 的生态流量,以保证下游河道内的水生环境、尽量减小对生态环境的不利影响。

沐若水电站以发电为主要任务,应充分利用水能、增加水力发电量,有必要对生态流量加以利用,避免水能资源的浪费;利用下泄流量发电,给大坝及沐若水电站提供保安备用电源,确保大坝及电站的运行安全,此外,生态流量发电可就近为库区周围土著居民提供生活用电,改善其生活质量,有较好的社会及经济效益。因此,利用生态流量在大坝下游设置水电站。生态流量电站采用坝后式,布置在大坝左岸 7 号、8 号坝段的坝趾处,取水口及压力引水钢管(兼生态流量放水管)布置在 7 号坝段内。

根据生态流量的水能分析结论,生态流量电站安装两台单机容量 3.7MW 的卧轴混流式水轮发电机组,单机额定流量为 $3.87m^3/s$,设计额定水头为 110m。

生态电站的布置设计,结合现场地质及地形条件并综合考虑了安全、工程量、运行操作管理、外界因素影响等方面的因素,对进水口布置、压力钢管埋设及厂房的布置设计进行了多方案比较,确定了与大坝 7 号、8 号坝段结合的布置方案,相对其他方案在引水钢管长度、基础开挖、边坡处理、对施工进度的影响、泄洪雾雨对厂房运行的影响等方面,具有明显的优势,同时由于生态电站布置在 7 号、8 号坝段下游坝趾上部,成为坝体的一部分,增加大坝安全稳定系数,综合利用效果明显。

沐若大坝为弧形碾压混凝土重力坝,生态电站取水压力钢管的埋设及施工将对本来就紧张的大坝工期带来影响。为尽量减小对大坝碾压混凝土的施工影响,对钢管的布置及埋设方式进行了比较论证,确定了在坝后背面预留压力钢管管槽的施工方案。生态电站厂房布置在 7 号、8 号坝段坝趾上部,布置有两台机组及一套生态放水管,为满足机组检修情况下生态流量下泄不受影响,压力钢管需要采用"一管三岔"的卜形岔管布置形式。由于坝后至生态电站厂房间的距离非常小,压力钢管布置难度较大;7 号、8 号坝段总长仅有 35m,顺流向可供利用的水平段长度仅有 19m,在如此狭小的空间上布置两台机组及一套生态放水设备,同时还须满足厂房内的交通及运行空间,厂房的布置设计困难;此外,为避免大坝泄洪对生态电站的不利影响,生态电站尾水出流应高于大坝下游最高洪水位,因此在满足机组发电的吸出高度要求后,尾水出口采用了非常规的尾水侧堰布置形式。

7.6.2 生态电站设计

(1)进水口。根据大坝总体布置及运行要求,为满足压力钢管及生态电站厂房的布置需要,进水口只适合布置在 7 号坝段。为满足生态流量取水及发电淹没深度等要求,生态流量电站进水口设置在高程 515m 以下,并预埋一根内径 150cm 钢管穿过坝体通向下游坝面。

进水口在高程 508.6m 设置的悬挑牛腿作为进水口闸门平台,牛腿上依次布置有拦污栅槽及事故检修门槽,直通至坝顶高程 546.0m。坝顶未设固定的起吊设备,拦污栅或检修闸门需要检修时,采用移动起吊设备操作。闸门槽后的坝内采用喇叭形的过渡段与内径 150cm 钢管相接,见图 7.6.1。

(2)压力钢管。为减小压力钢管埋设对碾压混凝土施工产生不利影响,引水压力钢管

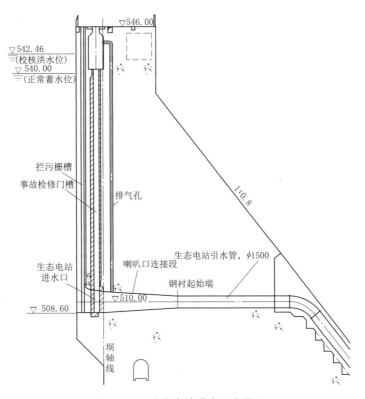

▽546.00

▽542.46
(校核洪水位)
▽540.00
(正常蓄水位)

拦污栅槽

事故检修门槽　　排气孔

1:0.8

生态电站引水管，φ1500

生态电站
进水口　　喇叭口连接段　　钢衬起始端

▽510.00

▽508.60

坝
轴
线

图 7.6.1　生态电站进水口布置图

在总体上采用了"坝后背管"的布置方案。同时，针对当地气候雨水较多、干湿交替频繁、紫外线照射强烈，暴露在外的钢管后期维护成本大、维修困难的具体情况，采用了在大坝混凝土浇筑时预留台阶式钢管槽及插筋，后期安装钢管后再回填常态混凝土的"埋管"设计方案。这样，一方面较好地解决了压力钢管支撑、固定及结构受力的要求，同时也最大限度地减小了压力钢管的后期检修、维护工作量。

为兼顾发电及生态放水要求，生态电站共安装两台机组和一个生态放水管阀。引水管路由布置在 7 号坝段的一条内径 150cm 的压力钢管，经"一管三岔"的"卜"形岔管后由支管分别与机组阀门或生态放水管阀门相接，岔管后的支管变为内径 100cm。压力钢管由进口上平段、上弯段、斜直段、岔管段、渐变段、1 号支管段、2 号支管段、下弯段、下平段等组成，在上平段设有压力钢管检修进人孔，与大坝坝内廊道网相通。由于钢管埋设在坝后背面的浅层混凝土中，坝面与发电厂房之间水平距离短，无法按照常规将压力钢管"卜"形岔管布置成水平分岔，经论证后采用了沿坝面斜向布置岔管的方案。该方案中，钢管在台阶式钢管槽内安装，坝体浇筑完成后再回填混凝土，使之全部埋设在坝体中；上弯段、岔管段、下弯段局部混凝土厚度及钢筋予以加强，使之兼顾镇墩的作用；在斜直段（除镇墩范围外）钢管外 240°范围外包垫层，以减小钢管内水压力传给外围混凝土引起开裂，避免雨水进入钢管外壁降低防腐效果。由于 1 号支管跨坝体 7～8 号横缝，1 号支管 15m 范围采用垫层管，以适应横缝不大于 4mm 的变形。生态电站压力钢管布置见图 7.6.2。

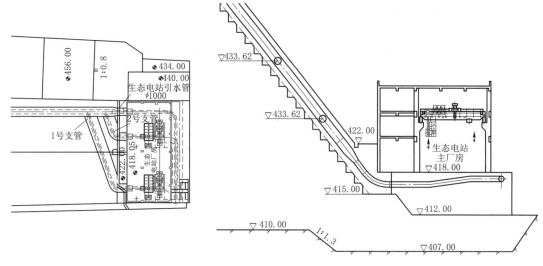

图 7.6.2　生态电站压力钢管布置图

（3）发电厂房。厂房的布置按照总体格局，只能控制在 7 号、8 号坝段的坝趾上部水平段范围内，受范围及可利用尺寸限制，厂房平面尺寸为顺水流向 19m、垂直水流向 35m。

在垂直水流向，厂房右侧接大坝台阶消能坝段右导墙、左侧接 6 号坝段的左岸边坡挡墙，厂房基础底板跨 7 号、8 号坝段布置，其重量可作为提高坝体稳定安全系数的有效载荷。

7 号坝段坝趾下游有块巨大孤石，处于稳定状态，应避免对其进行扰动，不宜进行爆破开挖，进厂道路只能利用现有施工临时道路，与厂房大门平顺相接，鉴于诸多控制因素的制约，只能将厂房卸货及安装场布置在 2 台机组中间，以方便机组及附属设备的运输，同时与 2 号机组共用安装及检修空间，达到合理利用空间的目的，厂内机组及设备布置设计也只能在此前提条件下进行。

在考虑了 2 台机组及其检修需要的尺寸、进水阀门、桥机结构及运行、厂内交通及结构尺寸要求后，厂房内已经无布置生态放水阀的空间，因此将生态放水阀布置在主厂房外，厂房内自左至右依次布置有生态放水管、1 号水轮发电机组、安装场、2 号水轮发电机组；副厂房布置在上游侧，与主厂房同高，根据机电设备的组成、功能及布置要求，分为三层，以达到合理利用有效空间、方便运行管理的目的。

生态电站厂房设置在溢流表孔台阶式溢洪道左边墙外侧，沐若水库大多数时间在正常蓄水位以下运行，水库泄洪的时间很少，生态电站厂房仍然采用了基本封闭的结构，以避免泄洪时对生态厂房产生影响。

（4）尾水及出口。生态电站机组采用卧轴混流式水轮发电机组，尾水管为弯锥形，其后接尾水流道，因电站厂房布置在大坝下游校核洪水位以上，为保证机组运行需要的淹没深度要求，在尾水出口末端设置了溢流挡水堰，尾水溢出挡水堰后直接排入大坝下游河道内，跌水处布置有钢筋混凝土护坡，形成生态流量。

由于生态放水管及放水阀门的布置，厂房下游无空间布置挡水堰，因此在厂房右侧采取了悬挑式的结构，以便布置挡水堰，见图 7.6.3，其下部为大坝护坦左侧护坡，给尾水溢出挡水堰后直接排入河道提供了条件。

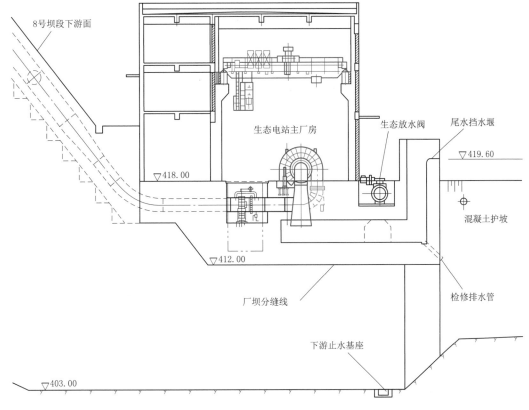

图 7.6.3　生态电站 2 号机组尾水出口布置图

为了减少设备投入，降低维修成本，简化维护程序，电站尾水流道没有设置尾水闸门及起吊设备，而是按机组分别设置挡水堰，尾水互不连通，便于单台机组检修时不影响另外一台机组运行发电，每个挡水堰底部低洼处设置小直径连通管，通向外部，作为检修排水管，使机组发电时不影响机组对淹没深度要求，机组检修时能排空流道及挡水堰内的水，给机组检修创造条件。

7.7　关键技术问题研究

7.7.1　深厚强风化软岩的边坡稳定

边坡稳定问题对建筑物安全及工程进度有重要影响。沐若水电站引水发电建筑物的边坡工程主要为进水口、调压井、主厂房等主要建筑物开挖引起的人工边坡。施工期的开挖揭示表明，边坡岩体主要为全、强风化的砂岩、页岩及其互层组成，加上厂址区域的降雨强度大、地表径流及地下水丰富，边坡岩体风化严重，风化深度大且性状较差，因此边坡稳定问题突出。施工过程中，进水口、调压井、主厂房边坡均不同程度地出现边坡变形大、马道出现裂缝及局部滑塌破坏等不利现象。为保证边坡施工及运行期的稳定安全，在开挖施工期，对相关边坡的布置及开挖支护设计进行了有针对性的专题研究。

7.7.1.1 边坡设计标准及条件

（1）边坡设计的原则。

1）充分发挥边坡自稳能力，尽可能减少边坡的开挖扰动，确立优化边坡布置和加固处理相结合的设计思路。

2）根据揭示的地质、地形条件，综合考虑边坡排水、交通及进水塔建筑物布置的要求，优化边坡的布置设计。

3）根据施工期、运行期不同的设计条件考虑施工进度，分阶段实施支护，以分别满足施工期及运行期的稳定要求，减小施工强度。

4）边坡加固设计应结合边坡地质条件、边坡布置方案及边坡失稳后对其他建筑物的影响程度，分部位提出不同的加固措施，做到技术可靠、施工可行、经济合理。

（2）边坡等级及抗滑稳定安全标准。

1）边坡等级划分。根据《水电水利工程边坡设计规范》（DL/T 5353）中有关规定：水工建筑物边坡的级别，根据边坡所影响建筑物的级别及边坡失事的危害程度，划分为3个等级。沐若进水口边坡、调压井边坡及主厂房边坡失稳将危及进水塔、引水隧洞、主厂房等建筑物的安全，危及的建筑物均为1级建筑物，边坡失稳将影响机组正常运行，造成较大危害，因此将边坡级别均定为1级。

2）边坡设计安全系数。根据《水电水利工程边坡设计规范》（DL/T 5353），边坡设计安全系数见表7.7.1。

表 7.7.1   边 坡 设 计 安 全 系 数 表

边坡级别	持久状况	短暂状况	偶然状况
I	1.30～1.25	1.20～1.15	1.10～1.05

因沐若水电站主厂房边坡地质条件及物理力学参数较低，经试算，支护措施对边坡安全系数的提高表现不敏感，结合规范要求边坡安全系数可在要求的范围内取较小值，因此边坡永久运行期的安全系数可定为1.25，施工期的安全系数可定为1.15，偶然状况的安全系数可定为1.05。

（3）边坡稳定分析的力学参数及方法。

1）边坡稳定计算的岩石（土）物理力学参数。引水发电系统建筑物边坡岩体的地质条件大致相同，岩体主要包括砂岩、泥岩、页岩以及砂岩泥岩互层等，其中仅砂岩岩性较好，泥岩和页岩岩性较差，由于砂岩所占比例较低，加上岩体风化强烈、降雨及地下水丰富，因而地质条件总体较差，施工及运行期的边坡稳定问题突出。

由于边坡岩体产状多为陡倾角，砂岩、泥岩、页岩等岩层交替分布，岩层层位较多，使得数值分析需要模拟的岩层较多，处理较复杂。考虑到泥岩与页岩的物理力学参数很相近，为方便模拟计算处理，对边坡岩体的物理力学参数进行了概化处理，其中将泥岩、页岩以及泥岩页岩互层划分归类为同一岩层，取相同的参数进行数值分析。

通过对各类岩层的地质物理力学参数情况的概化，并考虑风化等影响因素，数值模拟计算将边坡岩体材料分类为：第四系堆积物，泥页岩强、弱、微新风化，砂岩强、弱、微新风化，共7类岩性材料。各材料分区根据地质剖面揭示的分区情况进行模拟，对于将相同参数的泥、页岩看作相同岩性区域，不同岩性的区域分界按地质剖面提供的岩层分界线确定。

关于地下水位线下边坡岩（土）体的物理力学参数，由于缺乏相关试验参数，因此计算中类比相关工程经验，结合国内皂市、构皮滩工程的岩土材料参数，本工程水下岩体材料的参数取值采用：地下水位线以下岩（土）体的饱和容重在天然容重的基础上增加$1kN/m^3$；水下岩（土）体的C与ϕ参数进行折减降低，将ϕ值减小$4°$，ϕ值按0.7系数进行折减。各类岩层计算采用的地质参数值见表7.7.2。

表7.7.2 引水发电系统边坡岩体物理力学参数计算采用值

岩石名称	容重 /(kN/m³)	饱和容重 /(kN/m³)	弹模 /MPa	泊松比	抗拉强度 /MPa	C /kPa	ϕ/(°)	水下C /kPa	水下ϕ /(°)
第四系堆积物	20	21	100	0.35～0.5	0.003	30	20	21	16
泥岩、页岩强风化	20	21	200	0.35～0.5	0.003	30	22	21	18
泥岩、页岩弱风化	23	24	2000	0.35	0.02	200	25	140	21
泥岩、页岩微新	25	26	2500	0.34	0.03	300	31	210	27
砂岩强风化	21	22	1500	0.35	0.004	40	28	28	24
砂岩弱风化	25.5	26.5	15000	0.24	0.086	860	40	602	36
砂岩微新	25.5	26.5	17000	0.24	0.12	1200	50	840	46

2）边坡稳定计算分析的方法。通常边坡稳定分析方法主要有两类：一类是基于极限平衡方法，直接计算边坡的安全系数，根据安全系数来评价所施加的工程措施和边坡稳定状态。另一类则应用数值方法，计算分析边坡的位移场、应力场、塑性区等，从而分析和评价边坡的稳定性。

对沐若引水发电系统的边坡工程计算，主要采用了两种计算方法：一种是针对边坡施工开挖过程的有限元方法进行数值模拟分析，另一种是对开挖后边坡的安全稳定状况及支护措施的效果评价的极限平衡法安全系数计算分析，复核是否满足规范对安全系数的要求，验证开挖坡比及支护设计的合理性。

7.7.1.2 进水口边坡处理

电站进水口位于大坝西北约7.5km处的双溪沙河岸，进水口建筑物包括引水渠、进水塔、交通桥及公路等。引水渠由开挖岸坡形成，渠底高程494.90m，渠底宽50m，顺水流向长约132m。按进水塔建基面高程492.50m计，进水口开挖边坡高度约80m。

（1）进水口地质条件。电站进水口布置于一山脊状的缓坡上，自然坡角15°～25°，两侧发育有冲沟，冲沟走向与山脊近平行，发育到600m高程左右逐渐尖灭，沟深5～15m。山坡较为单薄，宽50～60m，山坡最高高程约624m。在山坡610m左右有一条可通车的木山道。

天然斜坡的残积土为第四系（$Q_e l$）和人工浮土（Q_r），厚13.2～19m，最薄的约

2.5m，最厚的约 23.4m，主要分布于山坡上及冲沟中。人工浮土（Q_r），厚度差别较大，厚者约有 1～5m，有的弃于山坡上，雨后易形成泥石流。

下伏基岩地层主要包括三类：

1）砂岩夹少量页岩、泥岩或中厚砂岩、杂砂岩，分布有 7 层，一般厚 15～60m。

2）泥岩或页岩。薄层状或极薄层状，夹有多层剪切带，为软岩，分布有 6 层，一般厚 13～25m。

3）泥岩或页岩夹砂岩，页岩呈薄层状或极薄层状，夹有多层剪切带，为软岩，目前发现有 2 层，厚 25m 左右。

进口段岩层总体倾向 200°～215°，倾角 30°～55°，为中倾岩层。从钻孔中揭示向深处地层变陡，达到 70°～85°，变为高倾角岩层。

全风化带一般厚 13.2～19m，最薄的约 2.5m，最厚的约 23.4m。强风化一般达 11.5～31.5m，局部地段可能更深；弱风化在强风化以下深一般 6.2～25.7m；微风化厚一般 0.5～3m。

（2）进水口边坡开挖支护设计。进水口边坡开挖设计采取 1∶1 的开挖坡比，每 10～15m 设一级马道，马道宽 5m。边坡开挖初期支护采用挂网喷混凝土再加系统锚杆，喷混凝土厚 10cm，系统锚杆采用间排距 150cm、直径 25mm、长 4m 的系统锚杆，马道锁口锚杆长 6m。进水口边坡开挖平面及地质剖面如图 7.7.1 和图 7.7.2 所示。

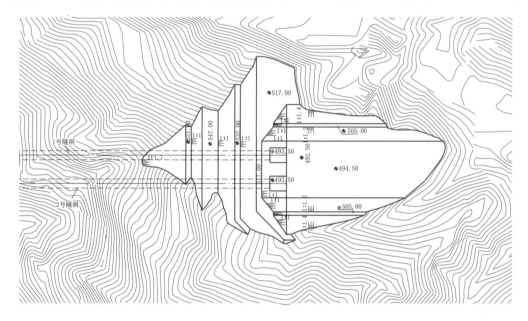

图 7.7.1 进水口边坡平面图

（3）施工过程模拟分析。

1）计算模型与边界条件。为了解进水口边坡开挖过程中边坡的变形及应力情况，对进水口边坡进行平面有限元的施工模拟分析。进水口边坡模型范围为：水流向取约 500m

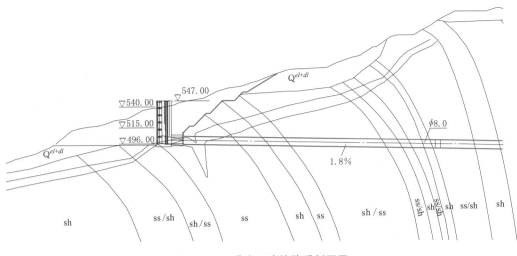

图 7.7.2　进水口边坡地质剖面图

长，竖向沿进水塔基础向下取100m，模型两侧结点采用法向约束，底部结点全约束，模型如图7.7.3所示，开挖后模型如图7.7.4所示。

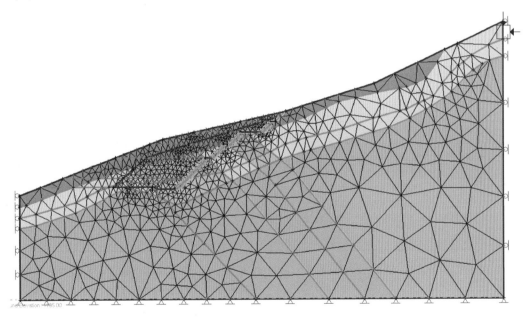

图 7.7.3　进水口边坡计算模型图

　　施工模拟分析是按边坡的施工开挖过程分步进行计算，按每开挖一级边坡分为一个计算步骤。进水口边坡共4级马道，每级马道以上的部位开挖为一个施工步骤，其中最下面一级马道涉及隧洞进口部位开挖，分为两个施工步骤，即对进水口边坡的施工模拟分6个步骤分步开挖进行，计算中每开挖一级边坡，进行该级边坡的喷锚支护。

　　因边坡地形较缓，边坡原始地应力受地质构造作用较小，地应力应主要为岩体自重所产生的应力场，所以对初始地应力采用自重应力场。

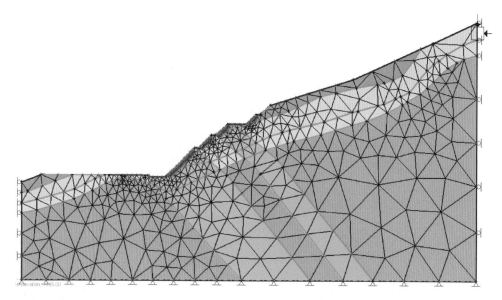

图 7.7.4　进水口开挖后边坡模型图

2) 计算结果。

a. 位移。边坡开挖后位移变形主要表现为底板部位向上的反弹位移、边坡坡面的向上及向外变形。为便于分析，现整理了各开挖步骤完成后，边坡在开挖的底板、坡面及马道处的最大位移，见表 7.7.3。

表 7.7.3　　　　　　　　进水口边坡各施工步骤位移值表　　　　　　　　单位：cm

施工步骤	开挖底板最大位移	边坡坡面最大位移	马道最大位移
开挖至 557.0m 高程	1.44	1.32	1.08
开挖至 547.0m 高程	2.04	1.87	1.96
开挖至 532.0m 高程	3.60	2.10	2.40
开挖至 517.0m 高程	3.60	2.85	2.85
开挖至引水隧洞顶部	3.60	2.85	3.00
开挖完成	3.60	2.85	3.00

边坡开挖完成后，最大位移出现在 532.0m 高程处，在 532.0m 高程马道及斜面处产生的位移为 3.0~3.6cm。整体看来，边坡的变形趋势合理，位移数值在 3.6cm 以内，对于软岩边坡来说，变形较小。因为计算采用的有限元方法，依照以往的工程经验，有限元方法对于软岩边坡的变形计算值一般偏小，所以实际开挖过程中，边坡的变形值可能比计算值要大，但边坡的变形分布情况应该与实际分布是一致的，由位移分布情况看，边坡开挖后，532.0m 高程马道处将是变形较严重的区域，此部位需重点监测和支护。各开挖步骤完成后边坡位移分布及开挖完成后边坡的整体变形分别见图 7.7.5~图 7.7.11。

b. 塑性区。边坡开挖后，在泥岩、页岩强风化区域出现大量的塑性区，尤其是高程 547.00m 以下的坡面附近塑性区较大，对边坡的稳定存在很不利影响，此处应采用工程措施以加强边坡稳定。塑性区分布如图 7.7.12 所示。

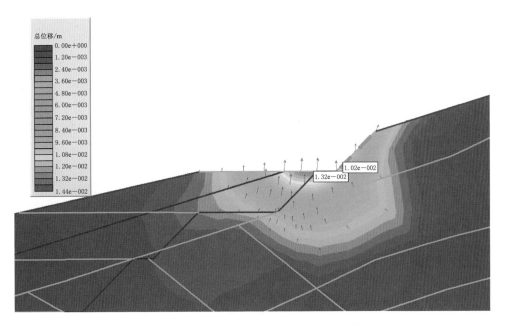

图 7.7.5　开挖至 557.0m 边坡位移分布图

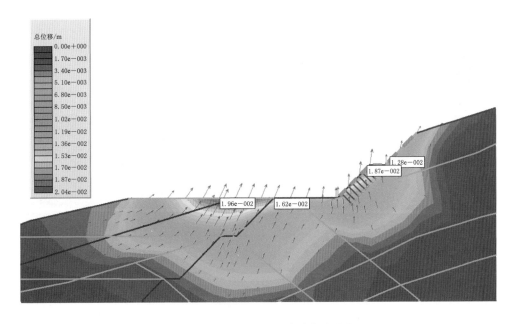

图 7.7.6　开挖至 547.0m 边坡位移分布图

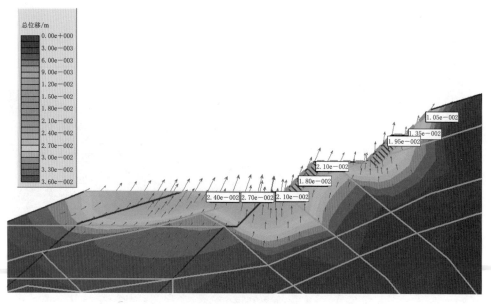

图 7.7.7　开挖至 532.0m 边坡位移分布图

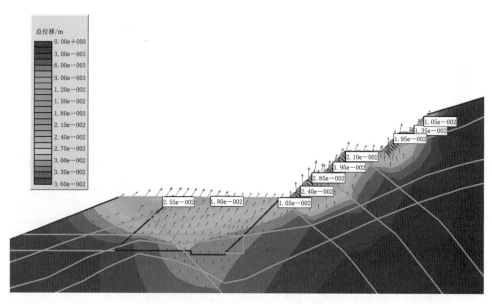

图 7.7.8　开挖至 517.0m 边坡位移分布图

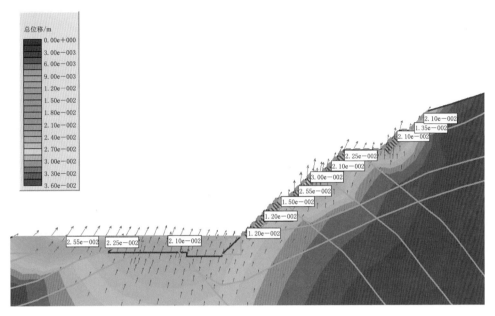

图 7.7.9　开挖至引不隧洞顶部边坡位移分布图

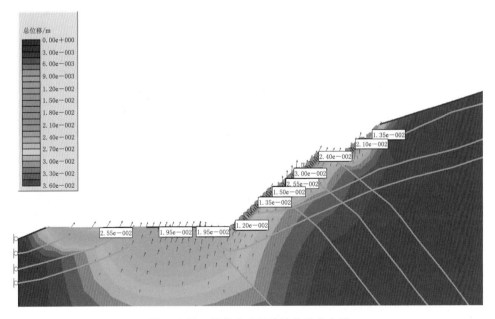

图 7.7.10　开挖完成后边坡位移分布图

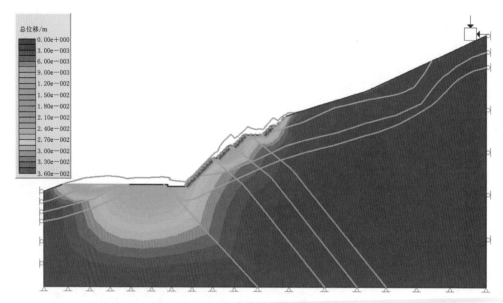

图 7.7.11 开挖完成后边坡变形示意图

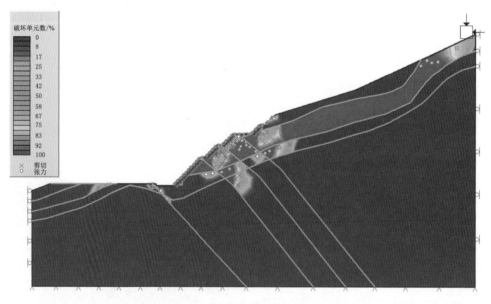

图 7.7.12 开挖完成后边坡塑性区分布图

c. 应力。边坡最大压应力为 8.4MPa，位于模型底部砂岩区域，主要是由于自重引起。边坡最大拉应力为 0.15MPa，位于边坡坡面处，主要是由于开挖应力释放引起坡面张拉所产生。最大主应力和最小主应力分别见图 7.7.13、图 7.7.14。

3) 施工过程模拟分析结论。由平面有限元数值分析的计算结果可以看出，边坡由于受开挖施工卸荷影响，边坡变形以向上的反弹变形和向坡外的变形为主，位移数值在 3.6cm 以内，其中 532.0m 马道处位移相对较大，结合塑性区的分布范围分析，马道

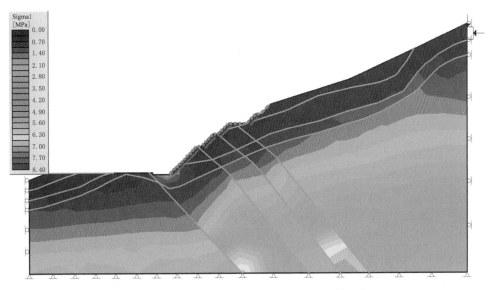

图 7.7.13 第一主应力分布图（压为正、拉为负）

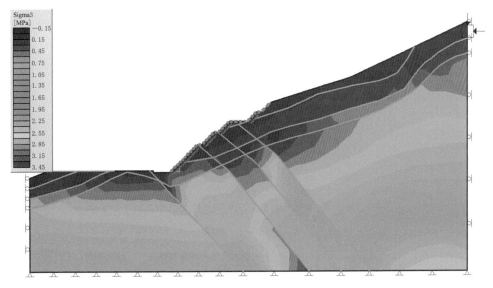

图 7.7.14 第三主应力分布图（压为正、拉为负）

532.0m 附近变形及塑性区均较大，为整个边坡中稳定性较差部位，施工开挖中对此附近的区域进行重点监测。

（4）边坡稳定安全系数计算。

1）计算工况及荷载组合。根据规范要求，对边坡施工期安全及永久运行期安全分别作了不同安全系数的规定，因此制定施工期工况、暴雨工况、永久运行工况及运行期水位骤降工况等 4 个计算工况，分别计算边坡的安全系数。边坡所受荷载为：边坡岩（土）体自重和地下水作用。计算工况及荷载组合详见表 7.7.4。

表 7.7.4 各工况下进水口计算工况及荷载组合表

工况类别	计算工况	荷载组合	
		自重	地下水
持久状况	正常运行	√	√
短暂状况	施工期	√	√
偶然状况	施工期暴雨	√	√
	运行期水位骤降	√	√

　　地下水作用及水下岩体材料参数对边坡安全系数计算结果影响很大，因此，计算中需重点确定以下几个计算边界条件：①各计算工况下地下水位线；②地下水位线以下岩（土）体物理力学性质的变化。其中，对于地下水位线的选取方法为：对比在原始地表下钻孔揭示的地下水位覆盖深度，边坡开挖后的地下水位线仍取大致相同的覆盖深度。基于此，确定了施工期工况、暴雨工况、运行工况及运行期水位骤降工况的地下水位线，如图 7.7.15 所示。

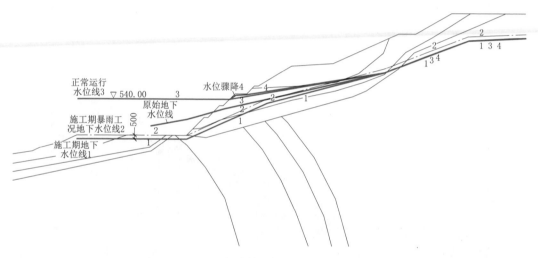

图 7.7.15 各计算工况地下水位线示意图

　　2）计算结果。针对各种工况下不同的地下水位，分别计算进水口边坡的安全系数，各工况下边坡的安全系数如表 7.7.5 所示。

表 7.7.5 各工况下进水口边坡安全系数表

工况类别	计算工况	安全系数 K	规范规定值 $[K]$	地下水位线	说　明
持久状况	正常运行	1.074	1.25	地下水位线 3	地下水位沿 540.0m 高程出水
短暂状况	施工期	1.18	1.15	地下水位线 1	地下水位线在进口底板下 5m
偶然状况	施工期暴雨	1.10	1.05	地下水位线 2	施工期地下水位线抬高 5m，沿进水口底板出水
	运行期水位骤降	1.055	1.05	地下水位线 4	对应库水由 542.0m 骤降至 540.0m 时地下水位线变化

　　各种工况下进水口边坡最危险滑面的位置分布，如图 7.7.16～图 7.7.19 所示。计算结果表明，多数工况下最小滑弧面均为穿过第四系，此部位设计坡度对边坡安全系数影响较大，因此，对第四系及泥岩、页岩强风化带的处理为边坡稳定性的重要部位。

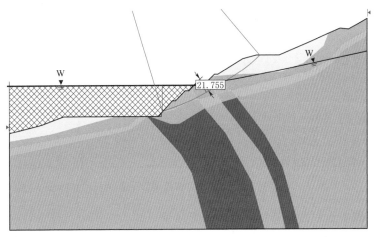

图 7.7.16　正常运行期边坡最危险滑面图（$K = 1.074$）

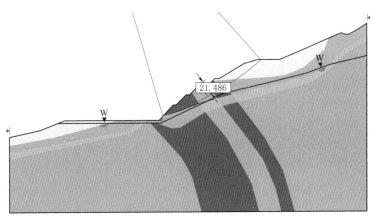

图 7.7.17　施工期边坡最危险滑面图（$K = 1.18$）

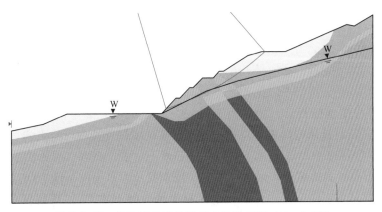

图 7.7.18　施工期暴雨边坡最危险滑面图（$K = 1.10$）

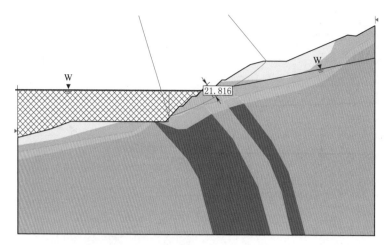

图 7.7.19　运行期水位骤降边坡最危险滑面图（$K = 1.055$）

3）边坡稳定安全系数计算结论。由计算结果可知，在短暂状况下，施工期进水口边坡的安全系数为 1.18，满足规范要求 1.15 的安全系数，因此，在施工开挖期进水口边坡符合规范要求；偶然状况下，进水口边坡的安全系数为 1.1、1.055，也满足规范要求的 1.05 安全系数；而持久状况下，即电站蓄水运行后，正常运行工况边坡的安全系数仅为 1.074，小于规范要求的安全系数值 1.25，不符合规范要求，需另增加加固措施。计算表明，蓄水运行后，由于地下水位升高，边坡岩体的物理力学性能指标降低，安全系数降低较多，因此需采取边坡加固措施以保证运行期边坡的安全稳定。

（5）进水口边坡稳定与加固设计。进水口边坡自然坡角 15°～25°，边坡岩体主要为页、砂岩互层岩体，页岩比例高，岩体软弱、强度低。开挖揭示的边坡岩体风化严重，强风化厚度达 40m。此外，高程 540m 以下边坡，在电站运行期将浸泡于库水之中，边坡岩体遇水软化、强度会进一步降低，且处于库水位变幅区，因此进水口边坡的稳定条件较差。

进水口边坡最大开挖高度为 87m，高程 557m 以下开挖坡比为 1∶1，高程 557m 以上开挖坡比为 1∶1.7。经计算分析，施工期边坡安全系数为 1.18，运行期水库蓄水后，边坡安全系数为 1.07，遇水软化对边坡安全稳定削弱很大，施工期与运行期边坡最危险滑面分别见图 7.7.20、图 7.7.21。

1）边坡施工期系统支护。进水口边坡施工开挖期系统支护方案为：采用挂网喷混凝土 10cm，系统锚杆 $\phi 25$，$L = 4m@150cm \times 150cm$，每级马道布置两排锁口锚杆 $\phi 25$，$L = 6m$，高程 547.0m 以上边坡排水孔 $L = 6m@300cm \times 300cm$，高程 547.0m 以下边坡采用浅层排水孔，深入围岩 50cm。

2）边坡运行期加固设计。由于滑面较深，约 22m，若采用锚筋桩支护，则桩身太长，造孔困难。经对比研究，进水口边坡除采用系统喷锚支护外，重点施加预应力锚索加固，具体为：在高程 517.0m 马道下布置 2 排锚索，锚索长 20m，锚索为水平向布置；在高程 532.0m 下布置 3 排锚索，锚索长 40m，锚索倾角为水平向下倾 15°；在高程 547.0m 马道下布置 3 排锚索，锚索长 40m，锚索倾角为水平向下倾 25°；在高程 557.0m 马道下边坡及以上边坡分别布置 2 排锚索，锚索长 40m，锚索倾角为水平向下倾 25°，锚索间距

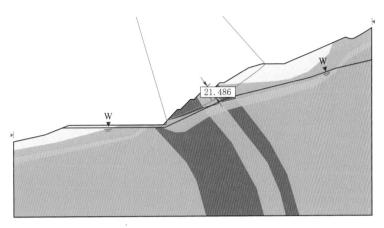

图 7.7.20　进水口边坡施工期最危险滑面图（$K=1.18$）

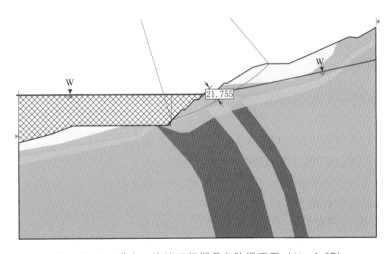

图 7.7.21　进水口边坡运行期最危险滑面图（$K=1.07$）

均为 4.5m；锚索吨位均按 1500kN 设计，边坡水下部分采用钢筋混凝土护坡保护。

　　计算表明，锚索加固后进水口边坡稳定性有较大改善，在支护措施后进水口边坡安全系数为 1.25，边坡滑弧位置如图 7.7.22 所示。

　　（6）进水口边坡稳定评价。

　　1）由边坡施工期平面有限元数值模拟分析的计算结果表明，施工期进水口边坡受开挖施工卸荷影响，边坡变形以向上的反弹变形和向坡外的变形为主，位移数值在 3.6cm 以内，其中高程 532.0m 马道处位移相对较大；塑性区的分布范围分析表明，马道 532.0m 高程附近变形及塑性区均较大，是边坡中稳定性较差的部位。综合上述分析结果，进水口边坡施工期的变形、应力、塑性区均为正常，边坡处于安全稳定状态。

　　2）对边坡稳定的极限平衡计算结果分析表明，进水口边坡在施工开挖期的边坡稳定安全系数满足规范要求。

　　3）后期蓄水运行后，由于边坡地下水位的上升，现状边坡稳定安全系数大幅降低，不能满足规范要求的稳定安全系数。

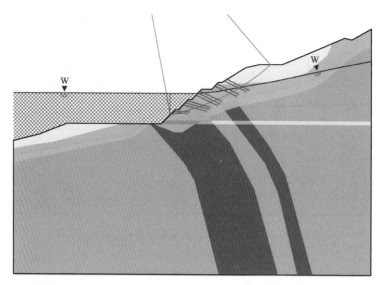

图 7.7.22　运行期边坡安全系数 $K = 1.25$，边坡滑弧位置图

4）在提高运行期边坡稳定安全的三种措施中，边坡顶部的削坡减载对边坡安全系数的提高较明显，但容易引发新的关联边坡稳定问题；放缓边坡下部的坡比对提高边坡的稳定安全作用有限。

5）改变边坡下部的坡比对目前施工影响较大，按照分期施工、分步实施的原则，后期对进水口边坡的加固方案应以锚索加固为主。

6）运行期进水口边坡稳定经锚索加固后可满足规范要求。

7.7.1.3　厂房后边坡处理

对电站主厂房后边坡的开挖支护设计遵循了施工期与永久运行支护相结合，按照不同分区与标准、分期实施的原则。其中，施工期支护方案为边坡开挖过程中，及时采取系统锚喷支护、施工排水孔降低地下水位等措施，以保证边坡施工期的稳定；在高程 238.8m 以上边坡开挖完成后，在进行厂房基坑开挖的同时，需进行预应力锚索（锚桩）及格构梁支护，以保证边坡施工期与运行期的安全与稳定。

（1）主厂房地质条件。电站主厂房位于沐若河右岸距坝址以下 12km 的一个天然回水湾处，电站厂房下游临河、背靠山坡。厂房建基面大部分位于砂岩、泥页岩，或两者互层岩体中。

可研阶段勘察成果表明，厂房部位的钻孔 PH4 和 PH5 揭示岩体破碎，岩芯获取率低，岩体的强度与完整性较差。根据其完成的 PH1、PH2、PH4、PH5 等 4 个钻孔的资料，采用 Barton 的 Q 系统分级，平均 Q 值为 0.22，岩体质量较差。因此，电站厂房建筑物最主要的工程地质问题为边坡稳定与建筑物基础处理。

由于厂房区域岩层产状陡倾，边坡开挖后临空方向呈顺向坡结构特征，边坡开挖切层的可能性不大，因此边坡的稳定问题主要表现在两个方面：一是沿临空结构面与其他结构面形成的块体稳定，这种块体可能不是很多，但危险性大，极易产生顺结构面滑动破坏。二是岩层的倾倒破坏，这主要是因岩层陡倾，开挖后因卸荷回弹，可能顺层面拉开，在降雨等因素的作用下，发生倾倒破坏现象。

厂房后边坡最大开挖高度约127.5m，其中厂房地面高程以下基坑开挖高度为70m，地面高程以上边坡最大开挖高度为57.5m。边坡自然坡角25°～30°，边坡岩体为砂岩、页岩互层，以页岩为主夹少量砂岩，岩层逆向陡倾，岩性软弱。由于地处热带雨林，地表降雨量大，边坡处山体地下水丰富，一般在坡内7m即可见地下水。受降雨侵蚀影响，岩体风化严重，强风化带厚度大于30m。边坡开挖后，强风化页岩遇水泥化极易产生失稳破坏，边坡稳定条件较差。

（2）主厂房边坡开挖设计。

1）边坡的开挖支护设计。受地形条件、调保要求、交通公路等原因限制，开挖坡比无放缓条件，设计的边坡综合开挖坡比为1∶1.2。在建设过程中，厂房基坑开挖至230.0m高程，监测表明，边坡位移变量较小，边坡稳定。但随着厂房基坑开挖至214m高程后，边坡监测的位移明显增大且呈不收敛状态，马道喷混凝土出现大量裂缝，部分马道有下陷状态，边坡处于不稳定状态，必须迅速采用加固措施。

主厂房边坡受布置在高程300.0m电站主厂房施工进场公路以及边坡顶部永久交通道路的限制，主厂房后边坡的设计综合坡比为1∶1.33，单级坡比1∶1、每10～15m设一级马道，马道宽5m。边坡开挖支护初期采用挂网喷混凝土再加系统锚杆，喷混凝土厚10cm，系统锚杆采用间排距150cm、直径25mm、长4m的系统锚杆，马道锁口锚杆长6m，边坡系统排水孔间排距300cm，长6m。

2）边坡加固设计。

a. 根据开挖揭示的地质情况，结合现场施工条件，经分析计算确定了采用锚筋桩加格构梁以及边坡深部排水的处理方案，即先快速施加锚筋桩支护及边坡深部排水孔，保证边坡施工期稳定，后逐步施加格构梁以满足运行期稳定要求。其中，在高程260m以下的边坡，每级边坡布置3排3ϕ28锚筋桩，高程260m以上的边坡布置5排3ϕ28锚筋桩，锚筋桩间距为3m，单根长24m。计算表明，采用支护措施后边坡的安全系数为1.24，监测数据也显示边坡变形趋于稳定。支护后厂房边坡最危险滑弧面见图7.7.23。

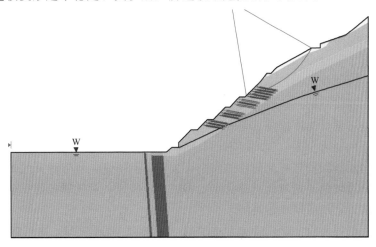

图7.7.23　厂房边坡最危险滑弧面图（K＝1.24）

b. 边坡坡面布置格构梁，格构梁尺寸为 40m×50m（宽×高），格构梁中横梁位置与每排锚筋桩高程一致，纵梁与锚筋桩每列位置一致，间距 3m，使锚筋桩位于格构梁交叉位置，以使锚筋桩形成整体的加固系统。

c. 在锚筋桩造孔过程中，根据现场边坡钻孔出水情况，有针对性地布置随机排水孔（直径 120mm、孔深 23m），另在高程 240m、252m 布置系统排水孔（直径 120mm、孔深 23m、间距 3m），降低边坡内地下水位、减小地下水对边坡的不利影响。

d. 沐若水电站所处区域雨量大、地下水丰富，对边坡周边的地表降雨汇水通道进行疏通，减小降雨对边坡的不利影响。

（3）主厂房边坡稳定分析。对主厂房后边坡的稳定分析主要采用极限平衡安全系数分析方法，计算选取边坡最不利断面进行计算分析，以计算主厂房边坡安全系数，评价边坡的稳定状态。

边坡的计算工况及荷载组合见表 7.7.6。

表 7.7.6　　　　　　　　　主厂房边坡计算工况及荷载组合表

工况类别	计算工况	荷载组合		
		自重	地下水	锚筋桩加固力
短暂工况	施工期	√	√	/
持久工况	运行期	√	√	√

边坡的安全系数计算结果见表 7.7.7。

表 7.7.7　　　　　　　　　主厂房边坡各工况安全系数值表

工况类别	计算工况	安全系数值 K	规范要求安全系数值 K
短暂工况	施工期	1.02	1.15
持久工况	运行期	1.25	1.25

施工期不采用锚筋桩加固的工况下，边坡的安全系数仅为 1.02，不能满足规范的要求。对此考虑的处理措施有两种：①修改开挖支护设计，将边坡的开挖坡度放缓，提高边坡的安全系数；②边坡加固处理。考虑边坡周边的道路布置，主厂房边坡开挖坡比已不能放缓，因此，主厂房边坡在施工期需及时施加加固措施，以保证边坡的稳定与安全。

施工期无加固措施时，边坡的滑弧及安全系数见图 7.7.24。

边坡在施加锚筋桩加固措施后，安全系数有较明显的提高。其中开挖边坡顶部以外的天然边坡安全系数变为 1.17，如图 7.7.25 所示。此滑弧范围多数处于天然边坡的范围，开挖范围内再增加加固措施对此部位的安全系数提高不明显，且考虑到此部位在天然状况下已趋于稳定，边坡的开挖对此部分稳定削弱较小，因此，对此部位的安全稳定不推荐施加更多的加固措施，仅后期加强观测。

边坡开挖范围内高程 260～230m 边坡的安全系数提高到 1.25，加固效果明显，安全系数满足规范要求，见图 7.7.26。

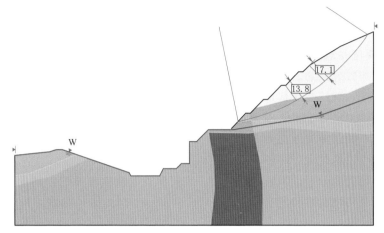

图 7.7.24　施工期主厂房边坡最危险滑面图（$K = 1.02$）

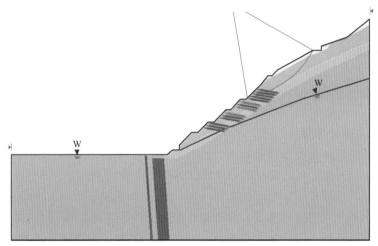

图 7.7.25　主厂房边坡开挖范围内滑弧面图（$K = 1.17$）

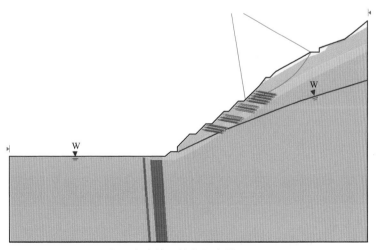

图 7.7.26　主厂房边坡开挖范围内滑弧面图（$K = 1.25$）

7.7.2 软弱岩层狭窄空间大型调压井非对称布置

7.7.2.1 调压井地质条件

调压井布置地段为一山头近上部斜坡，地表沟槽发育，地形相对残破，两调压井分别位于两山丫上。调压井后部山头最高高程约615m，调压井处地表高程为573~574m。1号调压井穿过地层为砂岩夹少量页岩，NE侧为页岩。2号调压井穿越页岩夹少量砂岩，以软岩为主。调压井处地层陡倾，纯粹的砂、页岩厚度皆不大，调压井直径达到28m，因此，平面上调压井大多跨越不同的岩组。

地层倾向为25°~30°，倾角75°~80°。裂隙多以缓倾角为主，钻孔揭示1号、2号调压井处裂隙平均线密度分别为1.03条/m、1.56条/m。从钻孔取芯情况看，1号调压井的岩体质量较好，平均获得率为87.85%，平均RQD为79.43%。2号调压井的岩体质量稍差，平均获得率为62.31%，平均RQD为40.7%。

调压井处全风化带厚为5~14.8m；强风化厚为3.1~34.8m；弱风化厚为10.3~30.4m。

调压井处两钻孔共完成43段压水试验，透水率为27.58~84.65，为中等透水岩体。1号、2号调压井地下水位高程分别为497.19m及557.12m，两井地下水位相差较大，主要是由两井处地形不同引起的，1号调压井处沟槽发育、切割深，地下水排泄条件较好，水位相对较低。

7.7.2.2 调压井设计思路

根据引水系统总体布置及调保要求，沐若水电站设两座上游调压井，其井筒开挖直径28m、井深75m。调压井所处部位的外侧山体单薄，布置场地狭小。调压井周围岩为陡倾砂岩、页岩互层，岩体软弱、全强风化层深厚，地表降雨强度大、地下水发育深，相对于该处软弱岩体的不利地质条件而言，常规设计条件下的井筒间距难以满足洞间围岩稳定及施工期安全要求。调压井设计具有规模大、建造条件复杂、工程风险控制难度大的特点。因此，设计采取了以下措施及对策：

在调压井布置上，根据开挖揭示的地质条件，提出了大型地面调压井连通升管与上部井筒偏心布置，增加相邻井筒间距的布置形式，解决了调压井井筒间围岩间距不足的问题。

在施工保障措施方面，为保证直径28m的两个调压井在全强风化的砂页岩互层岩体中的开挖稳定，采用了分层开挖、分层初期衬砌（初期钢筋混凝土衬砌厚0.5m，高3m）的逆作工法。在井筒自上而下完成开挖后，再进行自下而上的井筒二次衬砌，以保证施工安全及施工质量。

在衬砌结构设计上，研究采用了"永临结合、分期支护、分段实施"的多层环复合衬砌结构的设计思路，充分利用先期实施的0.5m厚初期衬砌，在保障井筒的开挖施工安全的同时，减少后期衬砌结构的厚度及配筋，以取得技术及经济效益。

7.7.2.3 调压井布置

两个调压井的上部井筒内径25m，开挖直径28m，高度为52m；下部连接管内径7m，开挖直径8.8m，高度为24.5m，总高度76.5m。地质资料表明，调压井所处山体单薄，地层陡倾，为砂页岩互层，页岩比例高，岩体质量较差，强风化厚 35～50m；地形上，调压井上游侧距离 10m 处为高度约 60m 的开挖边坡，下游侧 20m 处即为山体自然边坡，井圈处外围山体单薄。

分析表明，施工开挖期，由于调压井开挖直径大，山坡地形为非对称，支护受力不均匀，且地层岩性较差，因此开挖期围岩稳定性差。运行期，调压井井筒衬砌混凝土需承载较大的内水荷载，难以满足抗裂设计要求，存在内水外渗影响山体边坡稳定的可能。综合两方面的因素，需在平面布置、开挖支护、围岩加固、衬砌结构等方面进行统筹考虑，分阶段、分步骤实施。

设计过程中，首先考虑在布置上加大两个调压井间距，以增加洞室间围岩稳定性；受开挖平台宽度等地形限制，两个调压井圆心点错距（顺水流向）仅有 50m，引水隧洞轴线间距为 35m，常规设计的两调压井间围岩间距 29m，仅 1 倍开挖洞径，竖井间岩柱厚度明显偏小。经分析，在满足调保水力学要求的前提下，可将上部井筒与下部阻抗孔设计成非同心结构，以增大调压井上部井筒的间距，调整后围岩间距为 40.8m，约 1.5 倍洞室开挖跨度。另外，为减小调压井内水外渗对下游边坡稳定安全的不利影响，对井筒衬砌结构采用分高程段（考虑内水压力分段）进行结构配筋。对于上部内水压力小、衬砌结构能满足抗裂要求的，则通过加强配筋满足抗裂设计要求；对只能满足限裂设计的衬砌段，除加强配筋减少裂缝宽度外，还考虑了通过加强围岩固结灌浆，提高围岩抗力及加强衬砌与围岩联合承载的措施；通过适当范围及强度的固结灌浆，除提高井筒围岩的强度及整体性外，还可减小其渗透特性，有利于边坡的稳定。

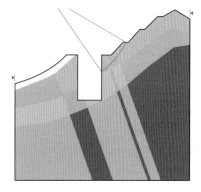

7.7.2.4 调压井开挖及围岩稳定

边坡稳定计算表明，调压井开挖期无支护条件下的围岩稳定安全系数仅 0.78，见图 7.7.27，为保障施工期井筒开挖稳定安全，施工中采用"逆作法"进行施工临时衬砌支护加固，开挖出渣井采用了 LZM 反导井工法。

图 7.7.27　调压井井筒最危险滑面图（$K=0.78$）

边坡开挖至高程 558.00m 形成调压井顶部平台后，首先对井筒开挖圈外 9m 半径范围的井圈围岩实施 50cm 厚混凝土板覆盖，进行井口固结灌浆，灌浆孔孔深 20m、最大灌浆压力 1.0MPa，以加固顶部最易失稳的强风化岩土体。其后，由上至下开挖井筒，每级开挖高度为 3m，开挖后及时进行锚喷支护和排水孔施工；其中，为保证高程 538m 以上强风化围岩的稳定及施工期安全，还进行了钢筋混凝土衬砌支护，即每开挖一级，浇筑一圈 3m 高、50cm 厚混凝土衬砌结构，并将护壁衬砌混凝土钢筋与锚杆焊接。调压井开挖完成后，再由下至上进行永久调压井衬砌浇筑，待衬砌混凝土达到强度后，对围岩进行全断面水平钻孔固结灌浆，灌浆孔孔深 12m、最大灌浆压力 1.2MPa。计算表明，采用上述支护及加固措施后，调压井稳定安全系数为 1.25，可满足施工及运行期的围岩稳定要求。

施工实践表明，采取上述支护和施工技术后，调压井施工顺利、质量良好，施工安全得以保障。

7.7.2.5 调压井结构设计

调压井位于引水隧洞上平段末端，距引水隧洞竖井 86m 处，每条隧洞分别设一个简单式调压井。调压井井筒内径 25m，下部升管内径 7m。

调压井内的静水位与库水位相同，正常运行工况下水位为 540.00m，水力过渡过程计算表明，甩负荷工况下，调压井最高涌浪为高程 557.00m、最低涌浪为高程 509.00m。调压井顶部地表高程为 558.00m，混凝土衬砌顶部高程为 560.00m，井筒露出地面；井筒底板底部高程为 506.00m，井筒底板厚 2.0m；井筒高度为 52m，阻抗孔高度为 24.5m，调压井总高度约 76.5m。井筒衬砌 538.00m 高程以上厚度为 1.0m，538.0m 高程以下厚度为 1.5m，阻抗孔衬砌厚度为 0.8m，均为钢筋混凝土衬砌。调压井结构剖面如图 7.7.28 所示。

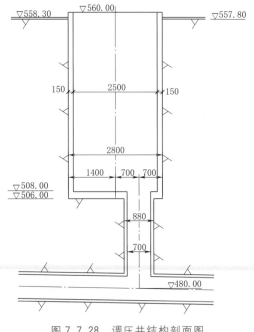

图 7.7.28 调压井结构剖面图
（高程单位：m；尺寸单位：cm）

调压井在最高涌浪水头时，井筒最大内水压力水头达到 49m，相应 PD 值为 1225t/m，PD 值较高，因此，钢筋混凝土衬砌设计需加强衬砌的结构及配筋，防止调压井衬砌开裂产生内水外渗破坏现象。

7.7.2.6 调压井结构计算

计算模型以一条引水隧洞的调压井结构为计算对象，井筒取至地表，左右两侧及底部围岩范围各取 90m。计算模型的整体网格和调压井的混凝土衬砌网格分别见图 7.7.29 和图 7.7.30。

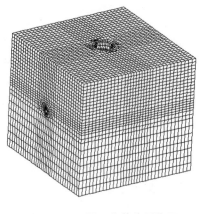

图 7.7.29 调压井整体网格图

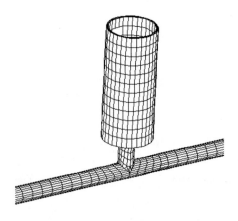

图 7.7.30 调压井的混凝土衬砌网格图

约束条件：对基岩底部取固端约束，地表自由，其他面法向约束。

计算中混凝土和围岩均按线弹性体考虑。

根据调压井的运行使用情况，选择甩负荷工况和检修工况进行计算；各计算工况及荷载组合见表7.7.8。

表 7.7.8　　　　　　　　　　　调压井计算工况及荷载组合表

工况组合	计算工况		荷　　载　　组　　合			
	工况	调压井水位/m	结构自重	围岩抗力	内水压力	外水压力
基本组合	正常运行	540.00	√	√	√	
特殊组合	甩负荷	557.00	√	√	√	
	检修	—	√	√	—	√

甩负荷工况下，计算结果详见表7.7.9。由应力情况表明，在最高涌浪作用的水头下，混凝土衬砌应力主要表现为环向受拉，应力分布较均匀，近似环向均匀受拉状态，衬砌拉应力数值均超过了混凝土的抗拉强度，调压井衬砌必须选配适量的钢筋。

表 7.7.9　　　　　　　　　　　调压井衬砌甩负荷工况计算成果表

工况组合	计算工况	混凝土衬砌厚度/m	围岩参数	最大内水头/m	最大外水头/m	衬砌内侧最大拉应力/MPa	衬砌外侧最大拉应力/MPa
基本组合	正常运行	1.5	取页岩微新参数	32.00	—	1.814	1.489
		1.0	取页岩弱风化参数	2.00	—	0.155	0.135
特殊组合	甩负荷	1.5	取页岩微新参数	49.00	—	2.786	2.237
		1.0	取页岩弱风化参数	19.00	—	1.483	1.269
	检修	1.5	取页岩微新参数	—	40	3.73	3.73
		1.0	取页岩弱风化参数	—	10	−1.4	−1.4

经配筋计算，调压井井筒1.5厚衬砌配筋为：内外侧双层配筋，每层各配每米6根直径36mm钢筋；调压井井筒1.0厚衬砌配筋为：内外侧双层配筋，每层各配每米5根直径28mm钢筋。

检修工况下，衬砌主要为压应力，应力数值较小，小于混凝土运行抗压强度，检修工况下衬砌结构是安全的。

计算外水压力时，还考虑了另一种特殊工况，因甩负荷时，最高涌浪水位为557.00m，最低涌浪水位为509.00m，若衬砌开裂，内水外渗较严重时，调压井内水为由最高涌浪变为最低涌浪，而衬砌外的水位仍有可能处于最高涌浪的水位，此时衬砌的外水压力水头为48m，经计算，衬砌的压应力为4.48MPa，也小于衬砌的抗压强度，调压井衬砌抗外水压力是可以满足要求的。

7.7.3 深埋引水隧洞设计

7.7.3.1 引水隧洞结构设计

引水隧洞围岩为砂页岩互层，岩层陡倾，岩体类别主要为Ⅲ类、Ⅳ类，以Ⅳ类岩体为主，局部洞段存在少量的Ⅱ类与Ⅴ类岩体。隧洞进口高程为 500.0m，出口高程为 218.0m，隧洞上、下平段间高程差为 282m，前期可研设计中、上、下平段间采用斜井方案，斜井长度约 424m，经分析，长斜井方案存在出渣不便、钢衬施工困难、工期长等问题，因此，实施中将斜井方案改为竖井方案，同时上平段采用 1.5% 的坡比、下平段采用 7% 的坡比，以降低竖井段高度。

引水隧洞衬砌设计的最大内水压力为 3.40MPa，最大 PD 值约 2000t/m，钢筋混凝土衬砌难以满足限裂要求。考虑地质地形条件及内水压沿程分布特性，上平段采用限裂设计的钢筋混凝土衬砌厚 0.5～0.8m，竖井段及下平段采用钢衬钢筋混凝土衬砌厚 30～50mm。支护方面，隧洞上平段流道直径为 8.0m，下平段直径为 5.7m。因洞室规模不大，隧洞轴线与岩层面交角较大，施工期围岩稳定总体较好。隧洞支护以系统锚喷支护为主，仅在进、出口等地质条件较差洞段采用钢拱架加强支护；除系统排水孔外，还根据开挖中地下水出露情况设置随机排水孔，以降低隧洞围岩地下水压力。

施工方面，对难度较大的竖井采用 LZM 反导井出渣，在保障施工安全的前提下加快了竖井开挖速度；钢衬管节运输经调压井由竖井顶部吊装，降低了钢管运输难度；上述措施，缩短了竖井及钢衬的施工工期，对保障工程的控制性施工工期效果显著。

7.7.3.2 衬砌外排水设计

衬砌结构的最大设计内水压力约 3.40MPa，隧洞竖井及下平段需采用钢衬。由于隧洞最大埋深 250m，工程区域雨量丰盛，地下水位较高，岩体透水性强，因此，衬砌所受的外水荷载也较大。设计研究表明，钢衬厚度由抗外水压失稳工况控制，在采用增设加径环等措施后，07MnCrMoVR 材质钢衬最大厚度仍达到 72mm，现场制安及焊接工艺要求高、工程量大、施工难度大，需采取措施降低地下水压力。经研究，在引水隧洞下平段采用了新型的衬砌外排水措施，包括设置隧洞衬砌外排水管网及钢衬外表面排水盲沟及管网等。

（1）隧洞衬砌外排水管网：布设范围在引水隧洞下平段后半段（靠主厂房侧），先完成系统排水孔钻孔，插入带滤布花管，将排水孔内水引出；横断面上，在混凝土衬砌外设置环形排水支管将各个排水孔孔口连接，再沿纵向在隧洞下部左右两侧用排水主管连接各个环形支管，从而形成能防局部堵塞的并联式排水管网，将隧洞外地下水引排至下游尾水渠，横剖面示意如图 7.7.31 所示。

（2）钢衬外表面排水盲沟及管网：布设范围为下平段上半段（靠竖井侧），在钢衬外表面每 2 个加径环间布置 1 道矩形截面的排水盲沟，再用连接支管与钢衬下部混凝土衬砌内的 2 条排水主管连接，利用排水主管将钢衬外地下水引排至施工支洞，自流出山体外，断面示意如图 7.7.32 所示。

7.7.3.3 地面厂房设计

沐若水电站采用岸边式地面厂房，设计水头 300m，安装 4 台单机容量为 236MW 的

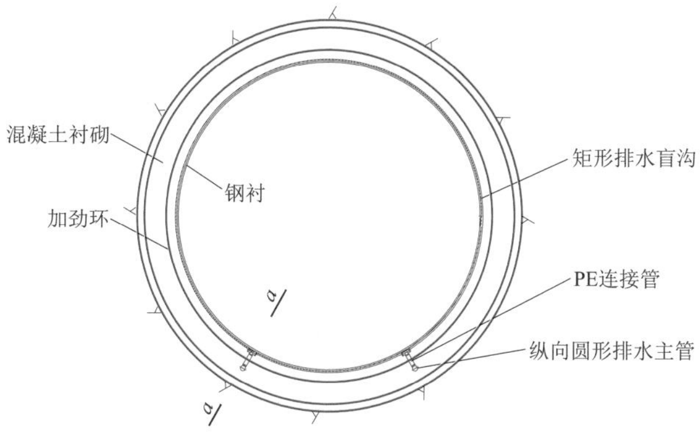

图 7.7.31　钢衬表面排水横剖面图

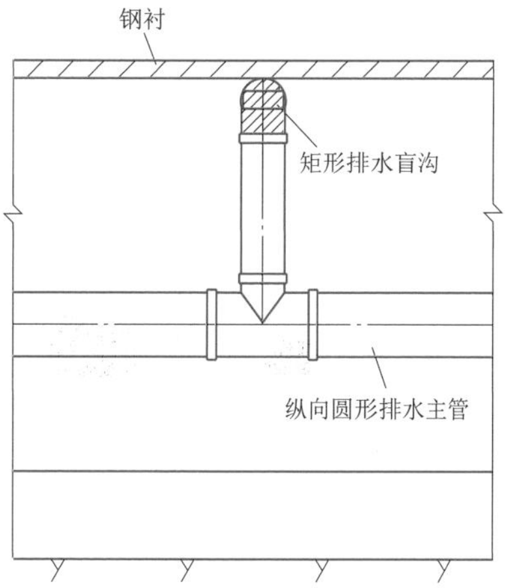

图 7.7.32　钢衬表面排水 a—a 剖面图

混流式机组。主厂房机组安装高程 218.0m，水轮机转轮直径 3.85m，主厂房跨度为 26.5m。主厂房左右两端布置主、副安装场，长度分别为 25m、7.5m，副厂房跨度为 9.0m，尾水平台水流向长度为 8m。厂房总体尺寸 102.5m×43.5m×56.4m（长×宽×高），主厂房总体布置如图 7.7.33 和图 7.7.34 所示。

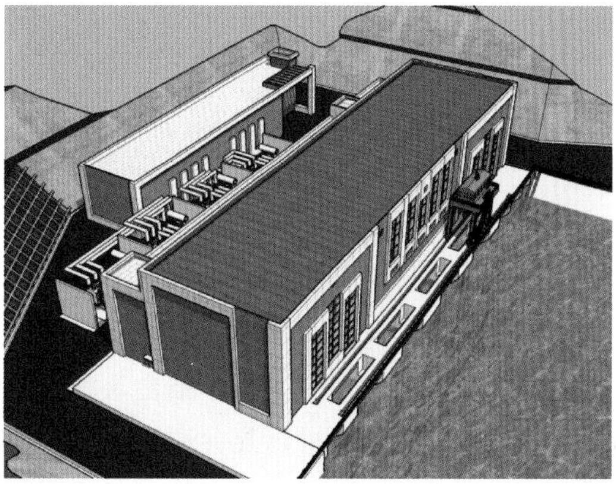

图 7.7.33　沐若水电站厂房效果图

厂区总体布置中，根据厂房上游侧地形条件，通过适当开挖形成较大平台，将 GIS 楼、主变压器均布置在副厂房上游侧平台上，并在厂区周边、主变与 GIS 楼及副厂房之间均设置交通道路，满足机电安装检修及厂区交通要求，再结合尾水平台交通道路，厂区交通形成“回”形通道。

由于主厂房基岩强度低且软硬不均，为加强结构整体性及节省工程量，机组段采用二机一缝结构形式，双机组段分段长度为 35m。副厂房布置在上游侧，具有运行管理方便、通风采光好、受机组振动影响小的优点。主副厂房之间基础未设分缝，为整体联合受力基础，以减小不均匀沉降影响。

厂房布置主要考虑了下游巴贡电站库水位对本电站尾水的影响，由于巴贡电站库容大、库水位变幅大，使沐若电站厂房水下部分的总高度约 47m，厂房基坑的开挖深度约 50m，厂房的抗浮稳定问题突出，基坑施工难度较大，厂房的防渗、抽排水要求高；同时，厂房下游侧钢筋混凝土墙体结构为抵御较高的外水压力，需加大结构尺寸，因此，为满足厂房的抗浮及结构强度要求，土建工程量较大。通过设计优化，在设计尾水位（巴贡水库平均水位）224.7m 的条件下，将厂房装机高程由 210.0m 抬高至 218.0m，并在尾水渠末端设置顶高程 224.0m 的尾水调节堰以满足机组尾水管吸出高度要求。水能及电量分

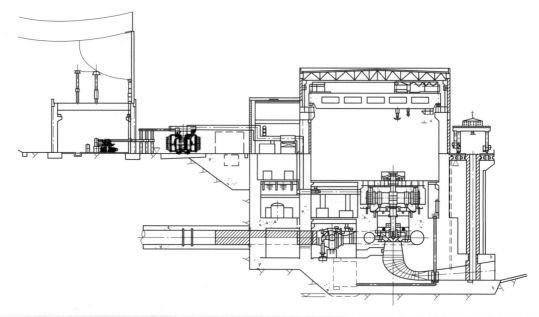

图 7.7.34　厂房横剖面图

析表明，厂房装机高程的上抬对计算发电量的影响甚小。优化后的厂房布置方案明显减小了电站厂房的水下高度、减小厂房基坑的开挖深度，进而减小电站厂房的土建工程量、降低施工难度。

　　结构布置中，为充分利用水轮机层以下大体积混凝土对厂房下游墙的支撑作用，提高其抵抗下游高水位的能力、减小结构尺寸及混凝土工程量，将副厂房设置在上游侧。这种布置及结构形式一方面可以充分利用厂房上游侧的空间，减小回填工程量，同时可以改善母线出线及油、气、水、电器等辅助设备的布置空间及运行条件。

　　施工及进度方面，为加快施工进度、满足厂房尾水闸门提前挡水的要求，对主机组段则采取了"预留大二期"的施工方案。在完成尾水管及底板基础混凝土浇筑后，即开始突击上游副厂房和下游尾水墩墙以及上部的吊车柱、梁等的施工，上下游厂房结构及左右安装场浇筑至地面高程 239m，主机组段浇筑到高程 213m，整体厂房形成封闭挡水结构，尾水闸门随即投入使用。由于厂房桥机及早投入使用，机组段尾水锥管至发电机层混凝土结构以及机电设备安装，均可获得厂房桥机的帮助。上述措施改善了厂房的施工条件，明显加快了厂房施工进度。

　　厂区位于热带雨林，雨量强度大，其排水措施需重点加强。排水措施分厂房边坡排水和厂区排水两部分，厂房边坡排水措施包括开挖区外截水沟和马道排水沟，以排走附近山体表面汇水及边坡浅层地下水。厂区排水措施主要采用排水沟，厂区周边坡脚处设置一道尺寸较大（1.5m×1.0m）的排水沟，主副厂房周边再设一道排水沟，两道排水沟均形成封闭结构，并连接至尾水渠，以排除四周边坡汇水及厂区地面汇水。

　　此外，在厂区绿化及环境保护方面，对开挖边坡及坡面格构梁间种植草坪，尽量恢复植被环境，厂房外观设计结合当地人文环境，与周边地区建筑风格统一协调。

7.8 安全监测

引水发电建筑物监测主要是边坡变形监测和主厂房基础的不均匀沉降观测。

主要针对进水口边坡开挖后揭示的局部不稳定块体进行监测，监测设施为多点位移计；布设锚索测力计观测无黏结预应力锚索的工作状态。在进口边坡及调压井和出口边坡布设表面位移测点，采用交会法观测边坡水平位移。在主厂房边坡支护处理区布设多点位移计监测边坡深部岩体变形情况。在主厂房水轮机层廊道内布设水准路线，观测基础的不均匀沉降。

另外，为保证施工期的安全，对边坡、引水隧洞及调压井部位还应进行巡视检查，必要时在开挖过程中对引水隧洞围岩变形采用收敛计临时观测。

7.8.1 边坡变形监测仪器布置

边坡表面变形采用在边坡马道上设置表观位移观测墩，并利用施工控制网点或扩大展点作为工作基点，采用交会法观测边坡水平位移。

表面变形测点根据现场地质情况布置，重点布置在断层、块体部位或预计变形较大部位。

（1）进水口边坡。局部不稳定块体布设 2 支多点位移计测孔，孔深均为 35m，每孔 4 个测点。无黏结预应力锚索布设锚索测力计 2 支。

（2）调压井开挖边坡。调压井开挖边坡布置 2 个表面水平位移测点。

（3）主厂房后缘边坡。在主厂房后缘边坡软岩支护区布设 6 支多点位移计测孔，监测边坡岩体深部变形情况和分布。多点位移计测孔孔深均为 35m，每孔 4 个测点。

7.8.2 边坡渗流监测仪器布置

（1）测压管。电站后缘边坡布置测压管 3 支，调压井开挖边坡布置测压管 2 支，监测该处地下水位变化情况。

（2）量水堰。主厂房后缘边坡排水洞内布置量水堰 8 个，监测洞内渗流情况。

8 导流建筑物

8.1 导流隧洞设计

由于地质勘察及水文等前期基础资料不足，导流隧洞采用勘察、设计及施工并行的方式。

开挖施工中，由于边坡地质条件与原设计资料差别较大（原资料显示隧洞进出口基本为岩石，实际发现覆盖层及全强风化层厚 30～40m），进口边坡多次发生垮塌，因此暂停施工，补充勘察工作，对进出口明渠边坡及建筑物布置进行现场修改。

2008 年 10 月，根据补充资料及现场情况，将 1 号、2 号导流隧洞进口上移，以避开高土石边坡不利影响。

2009 年 1 月 24 日，当 1 号导流隧洞进口上半洞施工至桩号 K0+038 左右，隧洞出现冒顶。

因塌方处理涉及洞室运行期结构安全、1 号导流隧洞进口左侧边坡稳定性、施工工期、施工难度、现场施工可行性及工程投资等方面，设计对塌方处理方案及导流隧洞调整方案进行研究后，提出了原地处理双洞方案、移线处理双洞方案及单洞方案三个方案，经过组织专家讨论分析，同意采用单洞方案布置，即上游段利用 2 号导流隧洞进口明渠及已施工上游段，下游段利用 1 号导流隧洞出口明渠及已施工下游段，同时隧洞底板下挖约 5m，以保证过流面积。

8.1.1 设计标准

导流隧洞设计流量为全年 30 年一遇、最大瞬时洪峰流量 3000m³/s，校核流量为全年 50 年一遇、最大瞬时洪峰流量 3270m³/s。

8.1.2 隧洞布置

上游段利用 2 号导流隧洞进口明渠及已施工上游段，下游段利用 1 号导流隧洞出口明渠及已施工下游段，采用圆弧上下平顺连接。隧洞轴线全长 1007.95m，进口明渠段长

88.5m，进口底板高程418~420m；洞身段长810.456m，底坡2.8725%，洞身段分为三个直线段和两个圆弧段，上游直线段长54.496m，中间直线段长316.785m，下游直线段长172.42m；上游圆弧段长186.128m，圆弧半径200.0m，中心角53.32°；下游圆弧段长80.628m，转弯半径150.0m，转角30.79°；导流隧洞出口高程394.72m，出口明渠段长109m。

8.1.3 隧洞断面尺寸与形式

由于设计方案调整时，部分洞段上半洞已开挖并支护完毕，为避免洞室扩挖对已施工部分产生影响，单洞方案断面设计无法采用最合理断面进行设计，因此采用在原设计断面基础上垂直下挖5.0m进行改造。

隧洞底板降低后，边墙垂直高度为9.9~10.9m，断面形状接近城门洞型，衬砌结构承载能力降低。考虑到导流隧洞顶拱已开挖成型，采取边墙及底板衬砌厚度加大、配置双层钢筋的方式满足结构受力要求。

调整后导流隧洞标准过水断面为斜墙平底马蹄形，尺寸为10.0m×15.9m，过流面积约137m²，其中V类围岩洞段衬砌结构见图8.1.1。

8.1.4 泄流能力

根据水力学计算成果，并经过水工模型做进一步验证后，修正后导流隧洞泄流能力曲线见图8.1.2。

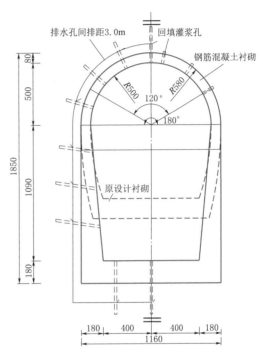

图 8.1.1 围岩洞段衬砌结构图

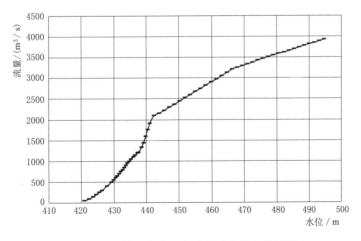

图 8.1.2 单洞方案导流隧洞泄流能力曲线图

8.2 隧洞衬砌

8.2.1 进口渐变段

进口段包括 30m 长渐变段和 10m 标准断面，设计衬砌厚度为 2.5m，其中渐变段断面由矩形渐变为斜墙平底马蹄形断面。临时支护方案为挂网喷锚支护，范围为顶拱及边墙；必要时辅以超前锚杆或钢拱架。挂网钢筋直径 6mm，网格间距 20cm×20cm；喷混凝土厚 10cm，洞周直径 25mm 系统锚杆间排距 1.5m×1.5m，长 6m，顶拱水平段加设 9.0m 长系统锚杆，锚杆间距 3m×3m。

8.2.2 Ⅲ级围岩洞段

Ⅲ级围岩洞段采用全断面封闭式钢筋混凝土衬砌，顶拱厚 0.5m，边墙厚 0.5～1.4m，底板衬砌厚度为 1.4m。

临时支护方案为：顶拱喷 5cm 混凝土，顶拱及边墙设系统锚杆支护，锚杆 ϕ25mm，长 3.0～4.0m，间排距 1.5m。

8.2.3 Ⅳ级围岩洞段

Ⅳ级围岩洞段顶拱厚 0.6m，边墙厚 0.6～1.6m，底板衬砌厚度为 1.6m。

临时支护方案为：范围为顶拱及边墙，喷混凝土厚度为 10cm，系统锚杆长 4.0～4.5m，ϕ25mm，间排距 1.5～2.0m。

8.2.4 Ⅴ类围岩洞段

Ⅴ级围岩洞段顶拱厚 0.8m，边墙厚 0.8～1.8m，底板衬砌厚度为 1.8m。

临时支护方案为：锚、喷（挂网）支护，范围为顶拱及边墙；必要时辅以超前锚杆或钢拱架。挂网钢筋直径 6mm，网格间距 20cm×20cm；喷混凝土厚 10cm，顶拱及边墙采用 ϕ25mm 系统锚杆支护，锚杆长 4.5～6.0m，间排距 1.5～2.0m。

8.2.5 出口渐变段

受已施工 1 号导流隧洞顶拱影响，单洞 0+703.455～0+810.455 段设置为渐变段，其中 0+653.455～0+753.455 段隧洞高度由 15.9m 降低至 14.9m，顶拱衬砌厚度为 1.95～2.735m，边墙及底板厚度为 1.95m。0+753.455～0+810.456 段边墙由斜墙变为直墙，设计衬砌厚度为 1.4m，超挖部分采用 C40 混凝土进行回填。

临时支护为挂网喷锚支护，必要时辅以超前锚杆或钢拱架，挂网喷锚支护范围为顶拱及边墙。挂网钢筋 ϕ6mm，网格间距 20cm×20cm，喷混凝土厚度 10cm；系统锚杆 ϕ25mm，锚杆长 4.5～6.0m，间排距 1.5～2.0m。

8.2.6 固结灌浆、回填灌浆和排水孔设计

导流隧洞的进出口段围岩、永久堵头范围应进行固结灌浆，以提高围岩的整体强度，

固结灌浆孔距 3m，排距 3m，对称布置，孔深深入围岩 8m。灌浆压力为 0.5~0.8MPa，在回填灌浆后进行施工，具体部位结合开挖施工所揭示地质情况确定。

导流隧洞洞身全断面钢筋衬砌的顶部，应进行回填灌浆。回填灌浆范围为顶拱中心角 120°以内，孔距 3m，排距 3m，梅花形布置，灌浆压力为 0.4~0.8MPa，于衬砌混凝土达到 70% 设计强度后进行施工。

在导流隧洞洞身衬砌的施工过程中，除洞身进口 30m 范围外，其余断面均应设置排水孔。排水孔按 3m×3m 布置，伸入围岩内 2.0m；边墙部位排水孔水平向下倾斜 5°，其余部位均垂直于衬砌面布置。

8.3 进口明渠

8.3.1 进口明渠设计

导流隧洞进口明渠引渠段边坡按 6°角收缩，坡比 1:1.5，其中进水塔前 21m 为 1:1.5 至坡地垂直面的渐变段。

导流隧洞进水塔底板顶高程 418.0m，厚 3.0m，进水塔筒体顶高程 449.0m。高程 449.0~469.5m 为塔架及次梁，次梁顶部有启闭机，以便导流洞闸门下闸封堵。

从平顺水流、减少水头损失、增加泄流量的角度出发，进水塔前设有喇叭口段。喇叭口段长 5.075m，边墙垂直，顶拱为椭圆曲线，椭圆曲线方程为 $\frac{x^2}{26.16^2}+\frac{y^2}{8.72^2}=1$。

8.3.2 边坡开挖与支护

进口明渠在现有开挖基础上加大开挖深度，在高程 445.0m 设置 3.0m 宽马道。高程 445.0m 以上开挖坡比为 1:1.0，以下开挖边坡按引渠及进水口体形控制，其中进水塔及喇叭口垂直开挖，对进口明渠干地开挖岩石边坡采用锚杆、喷锚随开挖及时支护，锚杆为 $\phi25mm$ 砂浆锚杆，砂浆标号为 M10，锚杆间排距均为 2m，锚杆长度为 4.5m 或 6.0m；对所有岩石坡喷 10cm 混凝土进行防护，并在坡面布设排水孔，排水孔间排距均为 3m，深入岩石 2m，孔径 42mm。

8.4 出口明渠与消能防冲

8.4.1 出口明渠设计

出口明渠桩号 0+810.456~0+845.456 段为出口翼墙段，长 35m，翼墙段底宽由 8m 增至 16.6m，两侧扩散角均为 7°，翼墙顶高程 405.5~408.5m，边坡为扭曲面，坡度从垂直渐变至 1:1.0。翼墙段采用钢筋混凝土结构，厚度为 2~3m，护坡及底板混凝土下设长 6m 的（深入岩石 5m）$\phi25mm$ 锚筋，锚杆间排距均为 3m。

桩号 0+845.456~0+865.456 段为挑流消能段，长 20m，挑流面半径 $R=35.008m$，

挑角 25°，下部设防掏槽，槽深 12～15m。底板及边坡设长 6m（深入岩石 5m）的 φ25 锚杆加固，锚杆间排距均为 3m。

桩号 0+865.456～0+919.456 段为挑流扩散段，长 54m，底板及两侧采用 3～5t 块石串进行保护。

8.4.2　隧洞出口消能

导流洞出口的消能防冲有以下特点：①隧洞进出口高差为 23.3m，汛期水头高，流量大；②地质环境差，左岸是滑坡体，基础是砂岩和页岩互层，以页岩为主；③河道坡降大（3%），下游水位低，在设计工况运行时为自由出流，消能条件差；④由于隧洞为典型的陡坡隧洞，在设计标准以下各级流量均为急流，出口流速基本在 20m/s 以上；⑤地形陡峻、狭窄，导流洞出口的消能防冲设施布置受到很大的限制。隧洞出口消能防冲问题关系到导流隧洞安全稳定运行和下游岸坡的稳定，设计方案必须技术上可靠、经济上合理。

（1）消能方式研究。国内的工程由于导流隧洞出口高程一般较低，下游河道水位变化较大，消能防冲形式多采用底流消能和挑流消能。底流消能对地基条件的适应性较广，但投资较高；挑流消能工程结构简单，不需要修建大量的河床防护工程，但对下游地质情况有一定的要求，且雾气大，尾水波动大。对沐若水电站隧洞出口消能形式，重点研究了底流消能和挑流消能方式。

1）底流消能方案（消力池结合尾坎）。导流洞出口扩散段后接消力池，消力池底板高程为 389.5m，池长 108m，池深 6.2m，尾坎高程为 397m。

经过计算分析以及模型试验验证可知，当流量小于 1800m³/s 时，消能情况较好；当流量大于 1800m³/s 时，水流在消力池内未形成水跃，坎后流速较大；当流量在 1500～2810m³/s 之间时，池内流速为 24～26m/s，直接冲击尾坎，可能使尾坎发生空化空蚀破坏，影响尾坎稳定，坎后最大流速为 11～14m/s，消能效果不佳。

由于出口水流佛氏数低，而低佛氏数水跃消能的特点是消能率低，跃后紊动能量大。因此消力池长度和深度都不足，急流冲射而出，对下游及岸坡都十分危险。由于消力池长度已达 108m，深度达 6.2m，继续加深加长消力池不仅布置上面临困难，工程投资也将增加。

2）挑流消能方案。导流洞出口扩散段长 40m，按洞内底坡坡度 2.83% 向下游延伸，后接 30°挑角圆弧，圆弧半径为 40.0m，挑坎高程 397.0m，扩散段两侧扩散角为 7°。导流洞扩散段末端流速为 21.9～27.4m/s，挑坎处流速为 17.3～21.0m/s。

根据水力学计算及模型试验成果可知，当流量较小，如下泄流量为 300m³/s 时，出口水流在挑坎内形成旋滚，水流未被挑出，过坎水流为跌水，入水点距挑坎较近，但由于挑流坎前壅水深度达到 3.6m 左右，能起到水垫的作用，水流越过坎顶后能量消减较多，对坎后冲刷影响不大。当流量大于 450m³/s 时，出口水流开始成为挑流下泄，水流过坎后呈抛物线状与下游水面衔接，挑距随流量增大而增大，在流量为 450～2810m³/s 时，挑距为 36.8～80m，冲坑最深点位置随流量增大而下移，距挑坎中心线为 56～88m，冲坑深度也随流量增大而加深，为 12～20m，冲坑位置距挑坎较远，坎后坡比较缓。

出口至挑坎段流速为 $21.0 \sim 27.4 \mathrm{m/s}$，虽然依然较大，但因出口扩散段与洞内坡度相同，其后以圆弧形式与挑坎相切，无折点，空化空蚀可能性低。出口洞线正对主河槽，水流归槽较好，未对弯道左岸形成顶冲。

3）方案比较。由于导流隧洞出口水深很小，底流消能方案对消力池深度和长度均要求较高，工程布置存在困难，工程量较大，下游防护难度也较大。采用挑流消能方式后，由于消能效率提高，不需下游消力池和防护设施等，工程投资大大减少，同时，工程下游无建筑物，水雾和水位波动影响不大，下游地质情况的问题可通过工程措施解决。因此，本工程采用挑流消能方式较为合适。

（2）消能防冲方案。

1）方案优化。确定采用挑流消能方案后，设计时对出口挑流消能布置方案进行了多种研究，从挑坎高程和挑角两个方面进行了比较。

为了确定合适的挑坎高程，对 30°挑角、399.0m 及 397.0m 挑坎高程进行方案比较。计算和试验表明：399.0m 方案由于挑坎高程较高，在 $Q < 1500 \mathrm{m^3/s}$ 时，出口水流未能被挑出，在 $Q \geqslant 1500 \mathrm{m^3/s}$ 时，出口水流可以被挑出，但由于导流隧洞运行时，小流量时间长，大流量时间短，消能效果欠佳。397.0m 方案在 $Q < 450 \mathrm{m^3/s}$ 时，出口水流未能被挑出，在 $Q \geqslant 450 \mathrm{m^3/s}$ 时，出口水流可以被挑出，且消能效果较好。

为寻找出合适的挑角，对挑坎高程 397.00m 选择 25°、30°、35°挑角方案进行了比较，各方案挑流效果见表 8.4.1。

从表 8.4.1 中可以看出，25°挑角方案挑距适中，冲坑较浅，下游河道防护难度相对较小，在 200m³/s 左右时即可形成挑流，消能效果好。

表 8.4.1 各 方 案 挑 流 效 果 表

挑角 /(°)	形成挑流流量 /(m³·s⁻¹)	挑距 /m	冲坑深度 /m	挑角 /(°)	形成挑流流量 /(m³·s⁻¹)	挑距 /m	冲坑深度 /m
25	200	40	16	35	700	90	23
30	450	70	20				

因此，选择挑坎高程为 397.00m，25°挑角方案。导流隧洞出口纵剖面详见图8.4.1。

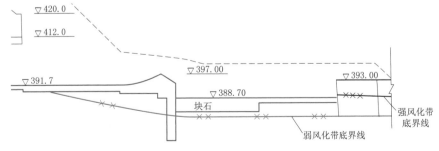

图 8.4.1 导流隧洞出口消能方案纵剖面图

2）其他消能措施。挑流消能方式虽然结构简单，工程投资较小，但存在着下游回旋水流对溢流堰体淘刷，产生堰体失稳和下游局部抗冲刷等问题，对下游基岩要求较高。故解决溢流堰体稳定和下游局部抗冲刷问题是采用挑流消能所要解决的首要问题。由于导流隧洞出口河道主要由细粒至粗粒砂岩、杂砂岩夹薄层页岩、泥岩组成，抗冲能力差。因此，设计在挑坎下建混凝土防淘墙，墙厚 3m，深度 15m（墙底高程 373.7m）。混凝土防淘墙可有效防止下游回旋水流对溢流堰体基础的淘刷。另外，由于导流隧洞出口地质情况较差，需在防淘墙下游抛填块石。同时，在导流隧洞出口明渠围堰拆除时，仅留 1 个 30m 宽的缺口，不但减小了拆除工程量，还适当增加了下游水垫厚度。通过以上措施，有效地解决了溢流堰体稳定和下游局部抗冲刷问题。

3）方案验证及效果评价。根据模型试验成果，在流量为 1000～2810m³/s 时，导流洞中心线扩散段末端流速为 21.6～25.43m/s，挑坎处流速为 21.2～26.6m/s，明渠各部位水流流态平顺。

从水流形态及冲坑形态来看，在流量小于 300m³/s 时，挑流坎前壅水能起到水垫的作用，当流量大于 300m³/s 时，出口水流开始在挑坎处形成挑流，下泄流量在 300～2810m³/s 范围时，挑距由 16m 增至 40m。当流量达到 2810m³/s 时，坎后冲坑高程为 386m，冲深约 2.7m，左右导墙两侧在回流作用下均被淘刷，右侧淘刷深度 14m，冲坑高程为 385m，左侧淘刷深度 18m，冲坑高程为 382m，均高于防淘墙底部高程，因此出口明渠及防冲结构均满足安全运行要求。

（3）研究结论。马来西亚沐若水电站导流隧洞于 2010 年 2 月全线贯通，2010 年 4 月河道截流。从导流隧洞运行情况来看，进口水流平顺，出口挑坎挑流效果明显，隧洞运行状况良好。通过沐若水电站陡坡导流隧洞设计研究工作，对陡坡导流隧洞出口防冲及消能设计有以下几点认识：

1）陡坡导流隧洞水力学条件较缓坡隧洞更复杂，明满流交替、洞身负压和出口消能对隧洞安全造成的不利影响必须在结构设计中给予足够重视。

2）陡坡导流隧洞出口流速水头增加部位，应通过体型优化使负压控制在规范允许范围内，避免发生空化空蚀破坏。

3）陡坡导流隧洞结构体型应确保水流衔接平顺，以消除高速水流因坡面折点产生的空蚀现象。沐若水电站导流隧洞在体型设计上采取了一系列措施：如出口坡度向下游延伸与挑坎切线相接，出口明渠均匀扩大，翼墙起始坡度为出口衬砌斜边墙坡度等。

4）导流隧洞运行期较永久水工隧洞短，出口消能在确保导流隧洞本身及周边建筑安全的前提下，采用挑流消能方式并结合混凝土防淘墙，可以缩小河道防冲保护的难度和范围，减小工程投资。

8.4.3 边坡开挖与支护

出口明渠采用台阶式开挖，高程 420.0m、435.0m、448m、463m 及 478m 设 5 级 2m 宽马道。第四系及全风化岩体开挖边坡为 1∶1.5、强风化岩体开挖边坡 1∶1、弱风化岩体开挖边坡 1∶0.7。

出口明渠两侧边坡视地质条件采用 4.5m、6.0m、9.0m 和 12.0m 长四种规格系统锚杆进行加固，锚杆间排距2m×2m至3m×3m。导流隧洞出口明渠边坡，除全、强风化层挂网喷混凝土外，其余均为素喷混凝土。所有明渠底板及边坡坡面均布设排水孔，排水孔间、排距均为3m，孔径56mm。

8.5 导流隧洞封堵

根据沐若水电站导流隧洞的地质及施工情况，确定导流隧洞封堵采用临时堵头和永久堵头相结合的方式进行。

8.5.1 临时堵头设计

按照工期要求，电站在2013年2月初下闸蓄水，临时堵头施工应在2013年3月中旬完成。在导流隧洞永久堵头2013年7月底、8月底和9月底完成三种工况下，水库上游水位分别为499.7m、502.6m和506.4m，临时堵头挡水水头分别为81.7m、84.6m和88.4m。临时堵头按挡水至2013年8月底、挡水水头84.6m设计（导流隧洞防渗帷幕以上段均按水库上游水位515.5m设计）。

为加快施工进度，临时堵头段不进行扩挖，仅对原隧洞衬砌混凝土进行凿毛处理，然后浇筑混凝土临时堵头长度达18m。

8.5.2 永久堵头设计

（1）设计标准。永久堵头属永久性建筑物，其设计标准与大坝设计标准相同，按Ⅰ级永久建筑物设计。其设计洪水为全年0.1%频率，流量5050m³/s，上游水位为541.91m；校核洪水为全年0.02%频率，流量7040m³/s，上游水位为542.46m。

（2）计算分析。作用在堵头上的荷载作用分别为堵头自重、静水压力、扬压力，堵头计算相应荷载组合见表8.5.1。

表8.5.1　　　　　　　　　　荷 载 作 用 组 合 表

工作状况	作用组合	考虑情况	上游水位/m	自重	静水压力	扬压力
1	基本组合	设计洪水	541.91	√	√	√
2	偶然组合	校核洪水	542.46	√	√	√

经计算，在设计洪水和校核洪水工况下需要堵头长度分别为32.3m和32.0m，堵头长度按32.5m设计。

（3）结构设计。堵头采用传力均匀、受力性能较好的截锥形堵头。

堵头段两侧及底板齿槽为1:0.5顺坡、2m长平段，然后接1:10反坡，顶拱仍按隧洞顶拱形状，与周边相接，形成类似瓶塞状的截锥体（长度为12.5m的底板和侧墙需进行扩挖，最大开挖深度为深入岩石1m，详见图8.5.1），堵头顶拱进行回填灌浆，堵头断面中部设3m×3.5m灌浆廊道，以对周壁岩层进行固结灌浆和接触灌浆。

在堵头段顶拱120°范围内进行回填灌浆，其余周边部位待堵头混凝土温度稳定后再进行接触灌浆。堵头的上游侧设有两道紫铜止水片，尾端设止浆槽。

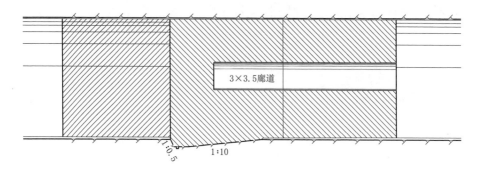

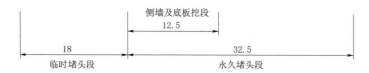

图 8.5.1 导流隧洞封堵示意图（单位：m）

9 机电及金属结构

9.1 水力机械

9.1.1 电站基本参数

（1）上游特征水位。最大可能洪水位547m，正常蓄水位540m，最小运行水位515m。

（2）下游特征水位。校核尾水位237m，设计尾水位228m，最低水位224m。

（3）电站运行参数。装机容量944MW，装机台数4台，机组额定功率236MW，最大毛水头324m，最小毛水头287m。

9.1.2 水轮发电机组选择

（1）水轮发电机组的主要技术参数。沐若水电站水轮发电机组运行水头范围为287～324m，额定水头300m，处于中高水头范围内，此水头段的混流式水轮机设计制造已非常成熟。根据动能资料以及电站的装机规模，选择4台单机功率为236MW的立轴混流式水轮发电机组，水轮发电机组的主要技术参数见表9.1.1。

表 9.1.1　　　　　　　　　　水轮发电机组的主要技术参数表

项　目	236MW方案	项　目	236MW方案
水轮机形式	立轴混流式	发电机形式	立轴，三相同步
台数	4	额定容量/MVA	277.65
额定水头/m	300	额定功率/MW	236
额定功率/MW	239.6	功率因数	0.85
额定转速/(r/min)	300	额定电压/kV	15.75
额定流量/(m³/s)	86.1	温升	F级绝缘，B级温升标准
转轮直径/m	3.85	冷却方式	密闭自循环空气冷却
额定效率/%	94.96	额定频率/Hz	50
安装高程/m	218	飞轮力矩GD²/(t·m²)	12000

（2）安装高程选择设计。根据水轮机模型试验的实际情况，在电站最低尾水位为224m的情况下，确定水轮机安装高程为218m，能够满足水轮机空化特性的要求。

9.1.3 调速系统

调速器采用 PID 数字式电液调速器，额定工作油压为 6.3MPa。根据该电站运行特点，调速系统应具有速度调节、功率调节、开停机和紧急停机控制、导叶开度限制、频率跟踪控制、适应式控制、在线自诊断及其处理、水轮机启动、停机、紧急停机、快速同步等功能。所有电气控制功能由微机系统完成。调节规律应为：具有比例、积分、微分 PID 调节规律，速度采用 PID 调节，功率采用 PI 调节；PID 参数应具有足够的可调增益范围。

调速系统应采用冗余结构，并应具有良好的可维修性，方便维护、检查、检修与调试。

9.1.4 水轮机进水阀选择

根据电站水头条件，进水阀选用球阀，进水阀的直径与蜗壳进口直径相同。根据水轮机的选择计算，蜗壳进口直径为3000mm，选择液压操作直径为3000mm的球阀，主阀开启和关闭压力油源来自球阀油压装置，压力等级为 6.3MPa。

9.1.5 水力过渡过程分析研究

9.1.5.1 过渡过程计算标准

（1）转速上升率。电站将在电网中承担基荷任务，单机容量占系统容量的比重较大，机组最大转速升高率宜控制在 50% 以下。马来西亚砂捞越州能源公司（SEB）要求机组最大转速升高率不大于 50%。

（2）尾水管进口真空度。按有关规范的规定，其允许最大值为 8mH₂O。

（3）蜗壳压力升高率。按规程、规范的规定，蜗壳的最大压力升高率宜控制在 25%～30% 范围内。马来西亚砂捞越州能源公司（SEB）要求最大压力值控制在 429m 以内。

9.1.5.2 输水系统过渡过程计算

电站为长引水式地面厂房，机组采用两机一洞引水，共两条引水隧洞，设上游调压室。调节保证计算选择输水线路稍长的 2 号引水隧洞进行。

电站进水口设置有拦污栅、检修闸门。调压井后输水系统 $\sum LV=10036m^2/s$，水力惯性时间常数 $T_w=3.42s$。输水系统总长约 2753m，调压井距厂房约 1360m。调压井前引水隧洞直径为 8.0m，引水隧洞长度约 1344m；调压井后压力钢管长度约 1360m。

输水系统的水力过渡过程计算的主要结果见表 9.1.2。

表 9.1.2　　　　输水系统的水力过渡过程计算的主要成果表

	接力器关闭时间	s	20
机组过渡过程参数	机组最大转速升高率	%	49.9
	蜗壳最大压力值/上升值	m	428.8
	尾水管进口压力	mH₂O	−4.7

从表 9.1.2 中可以看出，在给定的导叶关闭规律及各种最不利的组合工况下，机组过渡过程计算满足规程规范要求，小波动稳定。

9.1.6 水力机械辅助系统

9.1.6.1 起重设备

（1）主厂房桥式起重机。根据发电机转子组装后的吊装重量、定子不带线棒的起吊重量、进水阀的起吊重量，经方案比较后，选择 2 台 350t/50t/10t 单小车桥式起重机。进水阀及其他设备采用一台桥机吊装，发电机转子采用两台桥机利用一根平衡梁联合吊装。桥机轨顶高程 251.0m，跨度 22.5m。为了便于安装场端头设备的吊装，在每台桥机大梁上加装一台 10t 电动葫芦。

（2）GIS 室和机修车间起重机。根据 GIS 室设备和机修车间设备可能的最大起重量，在 GIS 室选用一台 16t 双梁电动葫芦，机修车间选用一台 10t 单梁电动葫芦。

9.1.6.2 油系统

油系统分为透平油系统和绝缘油系统。透平油系统设备布置在厂内，绝缘油系统设备均布置在厂外。

透平油系统用于机组各轴承的用油、调速系统和球阀操作用油的供排油。系统配置 2 个 20m³ 净油罐、2 个 20m³ 运行油罐、2 台齿轮油泵（12m³/h，0.5MPa）、一台流量为 9m³/h 精密过滤机、2 台流量为 9m³/h 透平油过滤机。另外，为方便加油，设置一台 0.5m³ 的移动式油车。

绝缘油系统用于主变压器供排油。单台变压器用油量约为 50t。系统配置 2 个 35m³ 净油罐、2 个 35m³ 运行油罐、2 台齿轮油泵（12m³/h，0.5MPa）。一台流量为 9m³/h 高真空净油机、2 台流量为 9m³/h 精密过滤机。

9.1.6.3 技术供水系统

技术供水系统的供水对象有：发电机推力轴承冷却器、发电机上导轴承冷却器、发电机空气冷却器、发电机下导轴承冷却器、水轮机导轴承冷却器等，其总供水量约为 900m³/h。

沐若水电站为高中水头水电站，技术供水系统宜采用下游取水水泵加压供水方式。

技术供水系统采用单机单元并联运行供水系统。即在每台机尾水设 2 个取水口取水，每路经加压水泵、全自动过滤器后并联运行，一路工作、一路备用，完全能满足机组技术供水的要求。

机组技术供水水泵流量约为 900m³/h，扬程约为 35m，单台滤水器过流量约为 900m³/h，滤水器公称直径为 DN350，压力等级为 1.0MPa。

9.1.6.4 排水系统

排水系统包括机组检修排水系统、电站厂房渗漏排水系统和坝体渗漏排水系统。

（1）机组检修排水系统。电站机组检修排水系统按排除机组流道内积水同时兼顾一条压力隧洞的检修需要进行设计。机组检修排水采用直接排水方式，即水轮机流道中的积水由盘形阀经排水管引自水泵，排至下游。

可选用的泵型有离心泵、干式安装的潜水泵，但离心泵防潮问题难以解决；干式安装的潜水泵布置在检修泵房内，克服了离心泵的缺点，检修方便。经综合比较，机组检修排水系统选用干式安装的潜水泵。潜水泵台数和主要参数如下：

表 9.1.3　潜水泵台数和主要参数 (1)

水泵形式	潜水泵
水泵台数	3 台
水泵流量	330m³/h
水泵扬程	30m

（2）电站厂房渗漏排水系统。厂房总渗漏水量按 100m³/h 考虑，总的排水量考虑了机组排水、辅助系统排水和电站生活用水排水等，排水方式采用间接排水。

可选用的泵型有离心泵、深井泵和潜水泵，离心泵需要布置在尾水管底部高程以下，泵房所需土建开挖量较大；深井泵可布置在集水井顶部，泵房布置在集水井上部，但深井泵安装、检修较困难；潜水泵布置在集水井底部，不需另设泵房，检修方便。经综合比较，机组渗漏排水系统选用污水污物潜水泵，水泵的启停及报警根据集水井中的液位变送器所整定的水位自动控制，潜水泵台数和主要参数如下：

（3）坝体渗漏排水系统。坝体渗漏水量按 150m³/h 考虑，排水方式采用间接排水，排水泵房布置在 10 号泄洪坝段。

可选用的泵型有离心泵、深井泵和潜水泵，深井泵可布置在集水井顶部，但深井泵安装、检修较困难；潜水泵布置在集水井底部，安装、检修方便。经综合比较，坝体渗漏排水系统选用潜水泵，水泵的启停及报警根据集水井中的液位变送器所整定的水位自动控制，每个泵房潜水泵台数和主要参数如下：

表 9.1.4　潜水泵台数和主要参数 (2)

水泵形式	潜水泵
水泵台数	3 台
水泵流量	200m³/h
水泵扬程	32m

表 9.1.5　潜水泵台数和主要参数 (3)

水泵形式	潜水泵
水泵台数	3 (2+1) 台
水泵流量	200m³/h
水泵扬程	32m

9.1.6.5　压缩空气系统

电站压缩空气系统包括制动供气系统、工业供气系统和油压装置供气系统。

电站设 0.8MPa 工业供气系统、0.8MPa 机组制动供气系统和 6.3MPa 水轮机调速器油压装置和球阀操作油压装置供气系统。

为保证供气的可靠性及充分发挥设备的作用，将制动用气与工业用气联合设置，选用 3 台生产率为 3.05m³/min、排气压力为 0.8MPa 的低压空压机，在给制动储气罐和工业用气储气罐补气时，3 台空压机互为备用；检修维护用气时，根据实际用气量大小决定投入空压机的台数。为了满足该系统稳定运行，选用 2 个容积为 4m³ 的储气罐和 1 个容积为 2m³ 的储气罐。为满足其他用户临时供气要求，设有 2 台移动式空压机。

电站中压气系统采用一级压力供气方式，选用 2 台生产率为 2.15m³/min、排气压力为 8MPa 的中压空压机和 2 只 $V=5m^3$，$P=7$MPa 的中压储气罐。2 台空压机正常运行时互为备用，初次向储气罐充气时，2 台空压机全部投入。空压机启停由储气罐上的压力控制器控制。每台油压装置上均设有自动补气装置，由油压装置上的油位开关和压力信号器控制。

9.1.6.6 测量监视系统

电站测量监视系统的对象为机组运行工况、水力参数、机组的稳定性能以及机组完成检修后检修门前后压力等。

测量监视系统的项目设置包括：全电站性测量和机组测量两个部分。全电站性测量项目包括上游库水位、下游尾水位、电站水头和水库水温测量。机组测量项目包括拦污栅前后压差、检修门平压、机组流量、蜗壳进口压力、蜗壳末端压力、尾水管进口和出口压力、尾水管锥管压力脉动、发电机层噪音、主轴摆度、机组振动、发电机气隙等项目。

9.1.6.7 机修设备

该电站单机容量为 236MW，根据业主的要求，本电站的机修设备配置了以下设备：卧式车床、万能铣床、锯床、钻床、弯管机。

9.1.7 水力机械主要设备布置

该电站采用引水式厂房，装机 4 台。从左至右依次布置有安装场、机组段。调速器及油压装置布置在第一象限水轮机层；进水阀油压装置及控制柜布置在上游副厂房水轮机层；渗漏集水井、检修排水泵房分别布置在 1 号、3 号机组段相应的 206.00m、205.80m 高程；技术供水室布置在进水阀层和水轮机层上游副厂房内；空压机室布置在安装场下部发电机层；机组透平油系统布置在厂房右端 232.30m 高程；主变绝缘油系统布置在厂外；坝体渗漏排水泵房布置在坝体廊道内。

9.1.8 生态电站

(1) 生态电站主要参数。

1) 上游特征水位。最大可能洪水位 547m，正常蓄水位 540m，最小运行水位 515m。

2) 下游特征水位。最高尾水位 419.6m，最低尾水位 419.6m，设计尾水位 419.6m。

3) 电站运行参数。装机容量 7.4MW，装机台数 2 台，机组额定功率 3.7MW，最大水头（毛）120.5m，最小水头（净）91.9m，加权平均水头（净）110.0m，额定水头（净）110.0m。

(2) 水轮发电机组形式及主要参数。

1) 水轮发电机组形式选择。水轮发电机组利用沐若水电站生态流量发电，向沐若水电站提供厂用电。电站水头变化范围为 91.9～120.5m，处于中等水头范围内，适用的机型主要是混流式。因此，水轮机选择混流式机型。

2) 水轮发电机组主要参数。水轮发电机组采用卧轴混流式水轮发电机组，机组主要参数见表 9.1.6。

表 9.1.6   生态电站水轮机主要参数表

名　称	单位	参　数　值	名　称	单位	参　数　值
水轮机型号		HLA550a－WJ－96	额定电流	A	423.8
额定出力	kW	3855	额定功率因数		0.8（滞后）
转轮直径	m	0.96	额定频率	Hz	50
额定转速	r/min	750	相数		3
额定流量	m³/s	4	额定转速	r/min	750
额定水头	m	110	飞逸转速	r/min	1258
额定效率	%	0.924	飞轮力矩 GD^2	t·m²	14.3
装机高程	m	418.85	额定效率	%	96.5
发电机型号		SFW3700－8/2150	旋转方向		从发电机端看顺时针
额定功率	kW	3700	通风冷却方式		密闭循环空气冷却
额定容量	kVA	4625	励磁方式		自并激静止晶闸管
额定电压	kV	6.3			

（3）调速器及油压装置。生态电站水轮发电机组采用 PID 调节规律的全数字式可编程微机调速器。该调速器具备：频率-出力调整、转差调整、电网频率和相位跟踪、自诊断和稳定功能，并与计算机监控系统进行数字通信、实行遥控开机；也可在现地进行手动开、停机。其功率控制采用并联 PI 调节规律，频率控制采用 PID 调节规律，频率信号采用数字测频方式。油压装置采用蓄能罐式油压装置，油压等级采用 16.0MPa。

（4）进水阀及油压装置、生态电站旁通管路。水轮发电机组每台机组设一进水阀。根据生态电站水头及引水系统尺寸，进水阀选用液压操作蝶阀，直径为 1.0m。蝶阀采用卧轴布置、油压操作，操作油压 16.0MPa，选用蓄能罐式油压装置与之配套。

为保证在生态电站机组检修时有足够生态流量下泄，生态电站设置了旁通管路和阀门。当一台或两台机组检修或停机时，开启旁通管路上的调节控制阀门进行调节，使下泄生态流量维持 8m³/s。生态电站旁通管路阀门包括一台 DN1000 活塞式多功能控制阀、一台 DN1000 偏心半球阀。活塞阀用于调节旁通管路中生态流量和压力；偏心半球阀为检修阀，用于活塞阀检修时切断旁通管路中水流。

（5）辅助设备及布置。

1）起重设备。生态电站主厂房长 35m，宽 11m。为满足生态电站机组设备安装、检修，设有一台 20t/5t 电动葫芦桥式起重机，轨顶高程为 426.00m，桥机跨度为 9m。

2）技术供水系统。水轮发电机组技术供水系统主要包括机组推力轴承及导轴承油冷却器所需要的冷却水。

生态电站运行水头范围为 91.9~120.5m，机组技术供水采用减压供水方式。在电站二台机组进水阀前各设一个取水口，互为备用。滤水器设置两台，一用一备。

3）机组检修排水系统。根据厂房布置的特殊性，机组检修排水采用自然排放。每台机组尾水渠底板设有开敞式排水管，下游水位低于 413.60m 时自然排空；当下游水位高于 413.60m 时（此种工况很少）可不安排机组检修；特殊情况时可采取临时措施排水。

4）渗漏排水系统。厂内的渗漏水主要来源于厂内水工建筑物的渗漏水、机组顶盖与主轴密封漏水、钢管伸缩节漏水、各供排水阀门和管件漏水、厂内的生产用水、生活用水、厂内消防时所用消防水等。厂内的渗漏水经排水管和排水沟引至集水井，通过集水井排水管排至下游。

按照马来西亚环保要求，为防止渗漏水中含有的油污直接排往下游，因此，设置了油水分离设备。集水井中水通过油水分离设备分离后，分离出的油污排至回收油罐，分离后的水排放至下游。

5）透平油系统。根据要求，生态电站不设透平油系统，由沐若水电站统一提供。

6）绝缘油系统。生态电站不单独设置绝缘油系统，由沐若水电站统一提供。

7）压缩空气系统。生态电站调速器及进水阀采用蓄能罐式油压装置，不需设置中压压缩空气系统，只设置低压压缩空气系统，以供机组制动用气、风动工具及检修吹扫用气。设置两台 $Q=2.57\text{m}^3/\text{min}$，$P=0.8\text{MPa}$ 的空压机，一用一备；设置两个 1.5m^3 储气罐。

8）机电设备水消防系统。生态电站厂房内设置室内消火栓和灭火器若干。

9）水力测量监视系统。电站测量监视系统的对象为机组运行工况、水力参数、机组的稳定性能等。

生态电站设有上游库水位、水库水温、拦污栅压差、检修门平压、下游尾水位、电站水头以及进水阀平压、蜗壳进口压力、蜗壳末端压力、尾水管进口压力等测量项目。

10）机修设备。生态电站不单独设置机修设备，由沐若水电站统一考虑。

（6）生态电站水力机械设备布置。生态电站主厂房，地面高程为 418.05m。安装场位于主厂房中部，安装场两边各布置一台卧式水轮发电机组，机组安装高程为 418.85m。每台机组调速器及油压装置靠近蜗壳布置，进水阀油压装置布置在每台进水阀坑的上游附近。技术供水系统和压缩空气系统设备布置在厂房左侧，油水分离设备布置在厂房右侧渗漏集水井附近。

电站旁通管路阀门设备布置在主厂房外右侧下游旁通阀坑中，旁通阀坑地面高程为 416.20m，旁通管路阀门中心高程为 417.10m。

9.2 电气一次

9.2.1 电气主接线

发电机额定电压 15.75kV，4 台发电机-变压器组均采用单元接线，每台发电机经相应的主变压器升压为 275kV 后接入 GIS，GIS 采用双母线接线，由 4 个进线间隔、1 个母联间隔、2 个出线间隔、2 个 PT 间隔和避雷器间隔组成。11kV 厂用电系统接线采用单母线分段接线方式，接有 4 回 11kV 进线电源，其中，2 回电源取自 1 号和 3 号发电机机端，经 4800kVA 高压厂用变压器降压为 11kV 后接入 11kV 母线，另 2 回进线电源取自 2 台单机容量为 3700kW 的生态电站机组，经 2 台容量为 5000kVA 的变压器将电压由 6.3kV 升压为 11kV 后接入 11kV 母线。沐若水电站设一台容量为 800kW 的柴油发电机组作为保安电源，生态电站设 2 台容量为 250kW 的柴油发电机组作为保安电源。

9.2.2 主要电气设备选择

（1）短路电流计算。

1）三相短路电流计算结果如表 9.2.1 所示。

表 9.2.1　　　　　　　　　　　三相短路电流计算结果表

275kV 高压母线三相短路电流			发电机机端三相短路电流		
电站侧提供的短路电流 7.175kA	系统侧提供的短路电流 25kA	短路点处三相短路电流 32.175kA	发电机侧提供的短路电流 57.59kA	系统侧提供的短路电流 60.46kA	短路点处三相短路电流 118.05kA

2）单相短路电流计算结果如表 9.2.2 所示。

表 9.2.2　　　　　　　　　　　单相短路电流计算结果表

一台变压器接地运行时，275kV 高压母线单相短路电流			四台变压器接地运行，275kV 高压母线单相短路电流		
电站侧提供的单相短路电流（流过变压器中性点的短路电流）3.52kA	系统侧提供的单相短路电流 23.75kA	短路点处最大单相短路电流为 27.27kA	电站侧提供的单相短路电流（流过变压器中性点的短路电流）12.5kA	系统侧提供的单相短路电流 21.1kA	短路点处最大单相短路电流为 33.6kA

（2）发电机封闭母线。发电机与主变压器采用铝管离相封闭母线连接。从发电机主母线引出分支母线与高压厂用变压器、励磁变压器、PT 柜相连。根据增大的发电机额定容量，对原报告中离相封闭母线主回路主要参数的修改见表 9.2.3。

表 9.2.3　　　　　　　　　　　离相封闭母线主要参数表

额 定 电 压	15.75kV	
最 高 电 压	18kV	
额 定 频 率	50Hz	
	主回路母线	分支回路母线
额 定 电 流	12000A	630A
额定短时耐受电流 2S（rms）	80kA	160kA
额定峰值耐受电流	200kA	400kA
额定短路持续时间	2s	
雷电冲击耐受电压（峰值）	125kV	
工频耐受电压 1min（有效值）	50（湿试）/68（干试）kV	

（3）发电机断路器。为从系统倒送厂用电，在 1 号、3 号发电机主回路设有发电机断路器，其主要参数见表 9.2.4。

（4）主变压器。

1）型式。主变压器为户外三相双线圈强迫油循环有载调压升压变压器。

表 9.2.4　　　　　　　　　　发电机断路器主要参数表

型　　式	SF₆	
额定电压	24kV	
额定频率	50Hz	
额定电流	13000A	
额定开断电流/额定短时耐受电流（rms）	100kA/100kA	
额定峰值耐受电流	280kA	
额定短路持续时间	3s	
绝缘水平	相对地	断口
雷电冲击耐受电压（峰值）	125kV	145kV
工频耐受电压 1min（有效值）	60kV	70kV

2）主要参数。发电机额定容量为 277.6MVA，主变压器容量选择应与之相匹配，为 278MVA，另外，考虑生态电站机组也需通过主变压器接入 275kV 电力系统，故将主变压器容量增大为 284MVA；主变压器型号为 SFPZ10－284/290kV±8×1.25％/15.75kV。4 台三相变压器布置在户外，位于上副厂房的上游侧。变压器高压侧经油/SF₆ 套管与 SF₆ 管道母线连接，变压器低压侧与发电机离相封闭母线连接，其主要技术参数见表 9.2.5。

表 9.2.5　　　　　　　　　　主变压器主要技术参数表

型　　式	三相	型　　式	三相
数量	4 台	冷却方式	强迫导向油循环风冷（ODAF）
额定容量	284MVA	额定雷电冲击耐压（BIL）	高压侧：1050kV 峰值
额定电压	290kV±8×1.25％		低压侧：125kV 峰值
调压方式	有载调压	额定操作冲击耐压	高压侧：850kV 峰值
连接组别	YNd1	额定工频耐压	高压侧：460kV rms
阻抗电压	14％～16％		高压侧：50kVrms
安装方式	户外	高压中性点接地方式	固定接地

（5）高压配电装置。275kV GIS 采用双母线接线，当一组母线及连接设备发生故障，不影响另一组母线所有元件的正常运行，经倒闸操作后，可将故障母线所连接的元件切换到正常运行的母线上恢复供电，灵活性及可靠性较高；两组母线可根据各线路负荷情况，通过切换，达到两组母线的负荷大致平衡；任一组母线及连接设备检修，经过切换操作，不影响供电。275kV GIS 共有 4 个进线间隔、2 个出线间隔、2 个 PT 间隔及 1 个母联间隔。因 GIS 电压等级较高，GIS 母线及其他设备均选用离相式，其主要技术参数见表 9.2.6。

GIS 的短路水平按 40kA 进行设计。

表 9.2.6   275kV GIS 的主要技术参数表

型　式		GIS 户内式
额定电压		275kV
额定电流	进线单元回路	630A
	出线回路	2500A
	主母线设备	2500A
额定雷电冲击耐压（BIL）		1050kV
额定操作冲击耐压		850kV
额定工频耐压		460kV rms
额定短路开断电流		≥31.5kA
额定短时耐受电流		≥31.5kA/3s
额定峰值耐受电流		≥80kA

9.2.3　过电压保护及接地

（1）避雷器的配置。

1）275kV 变电所避雷器配置。沐若水电站为双母线接线的 GIS 配电装置，在 GIS 配电装置与架空出线相连接的 2 回出线连接处（紧靠套管）各设一组敞开式氧化锌避雷器，承担整个变电所的雷电侵入波过电压保护。由于该避雷器离主变压器有一定的距离，考虑到出线避雷器保护范围有限，在每台主变压器高压侧附近各设置一组罐式避雷器。

2）主变压器低压侧避雷器配置。沐若水电站共装机 4 台，均采用发电机-变压器组单元接线方式，其中 1 号、3 号主变压器低压侧（15.75kV 侧）离相封闭母线上接有高压厂用变压器。为防止来自主变压器高压绕组的雷电波传递过电压危及低压绕组绝缘和对发电机绝缘造成损害，在每台主变压器低压侧发电机主回路上装设了一组氧化锌避雷器。

（2）直击雷保护。利用电站 275kV 架空出线上装设的避雷线，对布置在 GIS 屋顶的 275kV 敞开式出线设备进行直击雷保护，在 GIS 室和主副厂房屋顶还设置避雷带进行直击雷保护。对于布置在地面 239.0m 高程的户外主变压器和其他设施采用在 GIS 屋顶出线门构上装设避雷针进行保护。

其他建筑物，如大坝、进水口等处的突出建筑物均设有避雷带等直击雷保护措施。

（3）接地。沐若水电站地处山区，电站坝址范围内多为岩石地层，土壤电阻较高，为限制电站工频电压升高，可充分利用站内水工建筑物水下部分的金属物体，即自然接地体作为接地装置。此外，为满足电站接触电势和跨步电势的要求，对于部分高电压场所，将进行均衡电位接地设计。

沐若水电站为引水式电站，电站构筑物主要有大坝、进水口和厂房，还设有两条引水洞。接地网主要利用这些主体建筑以及引水洞的钢筋网或金属构件组成。

在厂房区域，接地网采用电站水轮机尾水底板的钢筋网、蜗壳钢管以及尾水洞的钢筋等；在进水口利用进水口底板及引水洞的钢筋网、拦污栅门槽轨道等作为接地网。

在电站范围内，还通过两条引水洞的钢筋以及贯穿电站的电缆通道中的接地干线将厂房、进水口等处的接地网连接成一个整体。

电站和进水口内所有需要接地的设备和设施均就近与地网相连。

因大坝距电站较远，大坝设置单独地接地网，利用导流洞及大坝水下结构钢筋及金属构件形成大坝接地网。大坝所有电气设备就近与接地网连接，变电所等建筑物按建筑物防雷要求设置防雷接地装置。

9.2.4 厂用电系统

（1）厂用电接线。11kV 厂用电系统采用单母线分段接线方式，当一段母线及所连接的设备检修或故障，只影响该母线及所连接的回路停电，可靠性高于单母线。

（2）厂用电电源。沐若水电站总装机容量为 944MW（4×236MW），属大型电站，要求厂用电具有较高的可靠性和灵活性。推荐的主接线为：1～4 号发电机均为单元接线，其中 1 号、3 号发电机出口设发电机断路器。

取得厂用电源的方式可以考虑以下几种：

1）从发电机端引接电源。从发电机端引接的电源引接方式简单，可靠性高，投资省，将作为主供电源。但该电源受机组运行方式的影响而随机组开停机频繁切换。电站装 4 台机组，考虑厂用电负荷特性及母线分段运行要求，仅从 1 号、3 号机组引接共 2 回电源，同时发电机出口装设发电机断路器，以便必要时从 275kV 系统倒送电源。

2）从生态电站机组引接电源。沐若水电站共有 2 回 275kV 出线，为保证当 275kV 系统发生故障、全厂停机失去全部厂用电源时仍能有其他电源从生态电站机组引接 2 回电源，该电源不经常切换，运行稳定。生态电站设有 2 台单机容量 3700kW 的水轮发电机组，经 2 台容量为 5000kVA 的变压器将电压由 6.3kV 升压为 11kV 后接入沐若水电站 11kV 厂用母线。由于生态电站为常年发电的电站，为使生态电站机组既为沐若水电站厂用电系统供电，并保证剩余电能的送出，同时为避免生态电站机组孤网运行降低其供电可靠性和电源品质，生态电站机组需经沐若水电站 11kV 厂用母线和主变压器升压后接入 275kV 电力系统。这样，从生态电站机组引接的电源和从沐若水电站发电机端引接的电源将并联接入沐若电站 11kV 厂用母线，同时作为沐若电站厂用电系统的主供电源，且互为备用。

3）设置柴油发电机组作为保安电源。在厂内设有一台 800kW 的柴油发电机组作为保安电源。当电站所有正常交流电源失去时，启动柴油发电机组，为电站水轮发电机组和渗漏排水系统及应急照明等应急供电。

大坝变电所与生态电站厂用电系统结合布置在生态电站厂房内，另设 2 台 250kW 柴油发电机作为生态电站保安电源。

（3）高压厂用变压器容量选择。本电站的厂用负荷包括厂区用电、坝区用电、进水口用电和当地用电四部分。本电站厂坝区用电负荷约为 3.3MVA，再考虑当地负荷约为 1.2MVA，因此，11kV 厂用电系统的总负荷约为 4.5MVA；另外，高压厂用变压器容量选择时，需考虑生态电站一台机组容量 4625MVA 能通过沐若电站高压厂用变压器送入 275kV 电力系统，故高压厂用变压器容量不应小于 4625MVA。考虑上述因素并适当留有余量后，高压厂用变压器容量选择为 4.8MVA，变压器型式为单相干式，单相额定容量为 1.6MVA。

（4）厂用电供电点设置。11kV 厂用电系统共设有 4 块进线断路器柜、20 块馈线断路器柜、1 块母联断路器柜及 2 块 PT 和避雷器柜，共有 27 块 11kV 开关柜。

415V厂用电系统根据用电设备的重要性程度、运行方式及用电设备布置位置，设置7个低压厂用电供电点：1号和2号机组自用电供电点、3号和4号机组自用电供电点、1号和2号机组公用电供电点、机修间与场外油库供电点、照明供电点、进水口变电所、大坝变电所（设置在生态电站厂房内）。

9.2.5 照明

（1）照明设计原则。根据电站建筑物的布置特点，照明设计分厂内、厂外两部分。厂内照明包括主、副厂房、室内重要通道、电缆夹层、电缆廊道等部位；厂外照明包括GIS开关站、主变压器场地、进水口、尾水口、调压井、大坝、生态电站及进厂公路等部位。

该电站除正常工作照明和事故照明满足有关规定外，故各部位照明的照度计算值和照明光源、灯具的选型是根据《水力发电厂照明设计规范》进行选定的。各主要场所最低照度值选定如表9.2.7所示。

表9.2.7　厂内照明主要场所最低照度值表　单位：lx

工作场所	正常照明		事故照明
	混合照明	一般照明	
主机室	300	100	10
中控室		200	30
GIS室	200	75	10
重要通道		10	0.5

上述照明部位将根据工作场所的需要做必要的调整和调节，以达到照度要求值。

（2）照明电源。电站照明设置了工作照明、事故照明及应急照明。工作照明电源取自工作照明供电点，应急照明取自UPS事故照明电源系统。

厂外照明除GIS开关站、主变压器场地由电站照明供电点供电外，其他部位均采用动力、照明共网运行方式；厂外照明负荷分别接在各建筑物的低压配电柜上。

（3）照明器具。照明光源尽可能采用金属卤化物灯、高压钠灯与荧光灯等高光效光源，照明器（灯具）则选用外形美观、新颖，适合厂房环境条件，且安装维护方便的灯具，其布置应与建筑艺术处理相协调。

为保证火灾事故情况下正常工作和人员疏散，配置有应急照明和疏散指示标志照明灯具。

9.2.6 主要电气设备布置

发电机离相封闭母线从发电机机端引出到上游副厂房222.9m高程，经电缆夹层上引至239.0m高程主变压器层，再向上游方向引至主变压器低压侧相连。励磁变压器和一组PT柜布置在主厂房水轮机层第二象限离相封闭母线下，发电机断路器（仅1号、3号机有）、高压厂用变压器、另一组PT和避雷器柜布置在上游副厂房239.0m高程，通过分支离相封闭母线与主离相封闭母线连接。

主变压器布置在主厂房上游侧239.0m高程，4台主变压器采用一列式布置于户外，变压器之间设置防爆隔墙，变压器低压侧靠近主厂房，发电机组的引出线离相封闭母线与之连接，变压器高压侧采用油/SF₆套管出线，经SF₆管道母线引至275kV GIS室。另外，根据业主要求，在本电站预留高压并联电抗器的布置位置、高压并联电抗器与主变压器一列式布置，待业主电力系统计算确定后再决定是否在本电站装设高压并联电抗器及装设台数。

275kV GIS 布置在主变压器上游侧 239m 高程的 GIS 室内，与主变压器同层布置。在 GIS 室内预留近区电站接入本电站的 GIS 间隔位置。为了便于检修和安装，在 GIS 室内设有吊车。GIS 共有 9 个间隔（4 个进线间隔、2 个出线间隔、2 个 PT 间隔及 1 个母联间隔），主母线、分支母线、断路器等均采用离相式。变压器的高压出线经 SF_6 管道母线引入 GIS 室内，电站出线设备（包括 SF_6 出线套管、避雷器、电容式电压互感器）布置在 GIS 室屋顶，电站出线门构也布置在 GIS 室屋顶，2 回 275kV 出线经出线设备引至出线门构，电站出线门构以外的线路及铁塔不属本电站的设计范围。

11kV 系统开关柜布置在上副厂房 232.3m 高程。415V 低压开关柜布置 232.3m 高程与 11kV 开关柜布置在同一层，在开关柜室楼板下设置电缆夹层，便于高低压电缆的进出线。

厂内柴油发电机组布置在电站厂房右侧端头 239.0m 高程，通过电缆与厂内机组自用电供电点和公用电供电点的 415V 开关柜连接。

9.2.7 生态电站

（1）电气主接线。发电机额定电压 6.3kV，主接线采用发电机-变压器一线路组接线，发电机出口设置发电机断路器，2 台发电机经相应的主变压器将电压由 6.3kV 升压为 11kV 后通过 2 回 11kV 架空线路分别接入大电站二段 11kV 母线。

（2）主要电气设备选择。

1）发电机主回路出线。因发电机额定电流仅为 423.9A，额定电压为 6.3kV，因此，发电机主回路出线可采用 6kV ZRYJV62-1×240 型的电力电缆。

2）发电机断路器。根据发电机、主变压器参数，发电机断路器初步选则额定电流 1250A、额定短路开断电流 25kA 的真空断路器。

3）主变压器。发电机额定容量 4625kVA，相应的主变压器额定容量配套选为 5000kVA，由于布置在户内，主变压器型式选为三相干式变压器，其主要技术参数见表 9.2.8。

表 9.2.8　　　　　　　　　　　主变压器主要技术参数表

型　　式	三　　相	型　　式	三　　相
数量	2 台	冷却方式	AN
额定容量	5000kVA	额定雷电冲击耐压（BIL）	高压侧 75kV 峰值
额定电压	$11kV^{+3 \times 2.5\%}_{-1 \times 2.5\%}$		低压侧 60kV 峰值
调压方式	无励磁调压	额定工频耐压	高压侧 28kV rms
连接组别	YNd11		低压侧 20kV rms
安装方式	户内	高压中性点接地方式	固定接地

（3）厂用电系统。415V 厂用电系统接线采用单母线分段接线方式，接有 2 回 415V 进线电源，分别取自 1 号和 2 号发电机机端，经 630kVA 厂用变压器降压为 415V 后接入 415V 母线。由于发电机出口设置了发电机断路器，因此，可从大电站 11kV 厂用电系统给生态电站倒送厂用电，以提高生态电站厂用电系统的可靠性；设 2 台容量为 250kW 的

柴油发电机组作为生态电站的保安电源。

(4) 电气设备布置。发电机主回路出线采用 6.3kV 电缆，经电缆沟引至 6.3kV 发电机电压设备及主变压器。每台机组的发电机电压设备（包括发电机断路器、励磁变压器、PT 柜、PT 及避雷器柜、厂用变压器分支断路器柜）一列式布置在各自机组段的副厂房 418.05m 高程；2 台主变压器布置在副厂房 418.05 高程中间；11kV 断路器柜、11kV PT 柜、2 台厂用变压器及 415V 开关柜一列式布置在副厂房的 423.00m 高程。上述设备除厂用变压器与 415V 开关柜的连接采用铜排外，其余均采用电缆下进下出线方式。

9.3 电气二次

9.3.1 电站计算机监控系统

(1) 监控范围。本电站计算机监控系统的主要监控对象为：

1) 4 台 236MW 水轮发电机组及其附属设备；

2) 4 台 284MVA 主变压器；

3) 2 台套 3.7MW 生态机组、变压器及其附属设备、生态电站公用设备；

4) 全厂公用设备包括厂用电系统（包括 1 台柴油发电机组）、排水系统、气系统等；

5) 交流 275kV 开关设备。

(2) 系统设计原则。本电站计算机监控系统按以下原则设计：

1) 电站按无人值班、少人值守设计；

2) 电站计算机监控系统分主站级和现地控制单元级两层，不另设常规自动控制系统；

3) 现地控制单元能独立工作，完成与之相连设备的自动监控，保证系统的安全运行；

4) 电站的各种现场设备在与现地控制单元失去联系时，可以独立地完成所属设备的自动监控，并允许操作人员在现地通过现场监控设备进行操作，包括事故处理；

5) 机组现地控制单元设置简单的常规水机保护，并与计算机监控系统进行信息交换；

6) 计算机监控系统需具有与电站保护及故障录波信息管理系统、火灾自动报警及联动控制系统、图像监控系统、直流系统、电能计量系统及水情测报与水库调度系统、梯级调度中心、州电力公司等的通信接口，实现信息交换。

(3) 系统主要任务和功能。

1) 准确、及时地对电站运行设备的信息进行采集与处理；

2) 对机组及主要机电设备实时监控，保证电站安全运行并实现电站运行与管理自动化；

3) 根据梯级、州电力调度及水情等的要求，对本电站发电设备进行控制和调节，实现经济运行；

4) 对电站设备的模拟量、数字量等进行实时采集，对所采集的数据进行分析、计算、整理、记录（包括打印）、归档和处理；

5) 机组或设备的起/停、同期并网、工况运行方式转换、断路器和隔离开关的投/切操作等，实现 AGC 和 AVC 功能；在事故后能恢复电能生产和传送；

6）通过人机接口，运行人员能实时了解电站的运行情况，并完成对电站设备的监控和管理；

7）系统自诊断及报警功能；

8）电能量管理功能；

9）接收 GPS 信息，实现电站监控系统内部以及与励磁、调速、保护等系统的时钟同步；

10）实现电站主控级和各现地控制级之间、现地控制级与所属子单元之间以及与电站保护及故障录波信息管理系统、火灾自动报警及联动控制系统、图像监控系统、直流系统、电能计量系统等之间的通信和信息交换；

11）实现电站与水情测报及水库调度系统、梯级调度中心、州电力公司的通信和信息交换。

（4）系统结构和配置。

1）系统结构。系统采用全开放全分布式网络体系结构，整个系统分成主站级和现地控制单元级。监控系统网络采用冗余光纤以太环网，采用 TCP/IP 协议。

2）主控级配置。主控级配置 2 台数据服务器、2 台操作员工作站、1 台培训仿真工作站、1 台工程师工作站、2 台调度通信工作站、1 台报表及电话语音报警工作站、1 台厂内通信工作站、1 套模拟屏驱动器及模拟屏、1 套 GPS 时钟装置、1 台黑白激光打印机、1台彩色激光打印机及 2 台便携式工作站。

3）现地控制级配置。现地控制级根据监控对象的分布，全站共设置 7 套现地控制单元。LCU1～LCU4 的监控对象分别为 4 台 236MW 水轮发电机组、主变压器及其附属设备；LCU5 的监控对象为 275kV 开关站配电设备；LCU6 的监控对象为厂用电设备及空压机、排水、通风空调等全站公用设备；LCU7 的监控对象为 2 台 3.7MW 生态机组、变压器及其附属设备、生态电站公用设备（包括直流系统、站用电系统、排水系统、气系统等）。

LCU 采用远程 I/O 结构，其中 LCU7 设置 2 套机组远程 I/O 单元，每台 3.7MW 生态机组设置 1 套，每套机组远程 I/O 单元配置独立的 CPU 模块。

9.3.2 继电保护、故障录波及安全自动装置

（1）设计原则。

1）继电保护的设计原则。

a. 保护装置必须满足可靠性、选择性、灵敏性和速动性的要求。

b. 保护装置必须技术先进、经济合理，并具有成熟的运行经验。

c. 采用全微机保护系统，双重化配置。

d. 保护的组盘原则：

①236MW 机组：发电机（含励磁变压器）和主变压器（含厂用变压器）电气量保护组 1 块盘，双重化配置，共 2 块盘；主变、厂变、励磁变非电量保护组 1 块盘。整套发变组保护共 3 块保护盘。

②275kV 母线保护（含母线充电保护）、275kV 线路保护分别组盘，保护双重化

配置。

③11kV 保护设备、备自投装置等安装在相应 11kV 开关柜上，不单独组盘。

④柴油发电机组保护设备由柴油发电机组配套提供。

⑤0.4kV 备自投装置安装在相应 0.4kV 分段开关柜上，不单独组盘。

2）故障录波的设计原则。

a. 本电站每个 236MW 发变组配置 1 套微机型故障录波装置，275kV 系统配置 1 套微机型故障录波装置；

b. 录波装置必须满足可靠性、选择性、灵敏性的要求；

c. 录波的组盘原则：每个 236MW 发变组配置 1 块故障录波盘，275kV 系统配置 1 块故障录波盘。

（2）保护配置。

1）236MW 机组发电机（含励磁变压器）保护包括：发电机完全差动保护、发电机不完全差动保护、发电机零序电流型横差保护、发电机完全裂相横差保护、定子一点接地保护、定子过电压保护、定子过负荷保护、发电机后备保护、发电机负序电流保护、失磁保护、过激磁保护、失步保护、转子一点接地保护、转子过负荷保护、轴电流保护、逆功率保护、机组误上电保护、励磁变压器电流速断/过流/过负荷保护、电压互感器断线保护、电流互感器断线保护。

2）236MW 机组主变压器（含厂用变压器）电气量保护包括：主变差动保护、主变压器零差保护、主变压器零序保护、厂用变压器电流速断/过流/过负荷保护、电压互感器断线保护、电流互感器断线保护。

3）236MW 机组主变压器（含厂用变压器、励磁变压器）非电量保护包括：主变重瓦斯保护、主变轻瓦斯保护、主变冷却器故障保护、主变压力释放保护、主变温升保护、厂变温升保护、励磁变温升保护。

4）275kV 母线保护。275kV 母线采用双母线接线方式，每条母线配置双重化电流差动保护、母联充电保护、母联过流保护、母联开关三相不一致保护、复合电压闭锁功能以及断路器失灵保护等。

5）275kV 线路保护。本电站出线 2 回，每回线路配置 2 套光纤分相电流差动保护作为主保护，三段式相间及接地距离保护作为后备保护及定时限零序电流保护。并配置断路器失灵启动回路、三相不一致保护、分相操作箱及综合重合闸。

（3）236MW 机组发变组及 275kV 开关站故障录波系统。每个 236MW 机组发变组单元设置 1 套故障录波采集单元，275kV 开关站设置 1 套故障录波采集单元。每套采集单元应配有现场分析、显示及打印设备，需要时可打印出所记录的信息。每个发变组采集单元设置 1 块盘，开关站采集单元设置 2 块盘。

（4）电站保护及故障录波信息管理系统。全站设置 1 套保护及故障录波信息管理系统，实现对厂内各种保护、录波装置包括发电机保护、主变压器保护、275kV 母线保护、275kV 线路保护、发变组录波、275kV 开关站录波等的在线整定、管理、控制与维护，并对故障录波文件、保护行为等进行分析、打印及将数据送至电站计算机监控系统。各保护、录波单元与信息管理系统主机通过光纤以太网（TCP/IP）连接。

9.3.3 励磁系统

本电站 236MW 机组励磁系统采用自并励可控硅励磁系统，励磁电源取自发电机机端。根据系统要求，本电站励磁系统顶值电压倍数为 3 倍，且在发电机机端正序电压下降至额定电压的 80% 时，励磁顶值电压应予以保证。

（1）励磁变压器。励磁变压器采用户内、自冷、无励磁调压、环氧树脂浇注单相干式整流变压器，每相变压器装在封闭的金属外壳内。

（2）可控硅整流装置。可控硅整流装置采用三相可控硅全控整流桥并联构成。可控硅整流桥的并联支路数不大于 3，当其中一个可控硅整流桥退出运行时，励磁系统能在各种运行方式下连续运行，包括强励在内；每条支路串联元件数为 1；并联支路间均流系数需大于 0.85。

可控硅整流装置交、直流侧需设置过电压、过电流保护。可控硅元件需设有抑制可控硅换向过电压的保护；冷却方式采用强迫风冷。

（3）灭磁及转子过电压保护。

1）灭磁。发电机正常停机采用可控硅整流器逆变灭磁，机组事故时采用快速直流断路器加非线性电阻灭磁。

2）转子过电压保护。转子过电压保护采用可控硅跨接器加非线性电阻构成，过电压保护装置允许连续动作。动作电压最低瞬时值需高于最大整流电压的峰值及灭磁装置正常动作时产生的过电压值，最高瞬时值需低于功率整流桥的最大允许电压，且最大不得超过励磁绕组出厂对地试验电压幅值的 70%。

（4）励磁调节器。采用双通道微机励磁调节器，双通道间采用热备用运行方式，工作励磁调节器通道故障时，自动无扰动地切换至备用通道；调节器每一通道包括自动电压调节器（AVR）和励磁电流调节器（FCR）。

（5）起励。机组起励以残压为主，直流起励为辅，起励的控制、报警由励磁调节器中的逻辑控制器完成。

（6）检测、保护和信号装置。励磁系统需根据《大中型同步发电机励磁系统技术条件》《大中型水轮发电机静止整流励磁系统及装置技术条件》以及本报告的有关规定装设检测、保护、信号装置及必要的表计。

9.3.4 图像监控系统

为了提高电站监控及运行管理的自动化水平，并适应电站无人值班、少人值守的要求，本电站设置图像监控系统，监视范围包括电站主厂房蜗壳层、水轮机层、发电机层、安装场层、上游副厂房各层、主变压器室、275kV GIS 室、275kV 出线场、开关站保护盘室等建筑物和场地。

9.3.5 控制电源系统

本电站全站控制电源分为直流和交流两种，主要用于计算机监控系统、操作/控制/继电保护和信号系统、断路器及灭磁开关跳合闸操作、事故照明等。

(1) 直流操作电源。在电站厂房、275kV 开关站分别设置一套直流电源系统，电压等级均为 110V。每套直流电源系统均采用单母线接线，配置两组阀控式密封铅酸蓄电池，分别通过开关连接在两组单母线上独立运行，两组单母线间设置联络开关；每套直流电源系统均设置两套高频开关充电装置，分别通过开关连接在两组直流母线上独立运行。每套直流电源系统蓄电池均采用铅酸免维护蓄电池，蓄电池容量分别为 1500Ah、300Ah。

为了确保直流电源系统的可靠性，直流电源系统均采用高频开关电源充电装置（模块按"N＋1"配置），每套直流电源系统单台充电装置的额定电流分别为 750A、200A。

(2) 交流操作电源。在电站厂房、275kV 开关站分别设置 1 块交流电源配电屏，交流电源系统采用单母接线，设 2 回进线，并设置双电源自动切换装置，2 回进线电源分别取自电站 0.4kV 配电柜。

电站计算机监控系统主站所需的交流电源由 2 套 UPS 电源设备提供，每套 UPS 电源容量为 30kVA，每套 UPS 电源设备需带有自己的蓄电池组和充电装置；全站事故照明由电站 EPS 电源提供。

9.3.6 通信系统

为满足沐若水电站内部生产调度和行政管理对通信的需求，以及对外电力系统通信以及与当地公用电信网通信联系的需要，在沐若水电站设置相应的行政调度通信系统、电力系统及对外通信系统、通信电源系统。

(1) 行政调度通信。为满足沐若水电站内部生产调度、行政管理的需要，在沐若水电站需设置相应的行政和生产调度程控交换机、调度台、数字录音系统、维护管理终端、音频配线架（柜）等通信及配套设备。

根据电站和机电设备布置特点，在沐若水电站管理楼内布置 1 套容量为 512 线的生产调度和行政功能合一的交换机，生产调度和行政交换机配套设置 1 套双座席调度台、1 套 32 通道的数字录音系统、1 套维护管理终端、1 套 1000 回容量配线柜（架）等通信设备。

在沐若水电站厂房内、大坝、调压井、电站进水口等处设置各类通信用户，在厂房发电机层、水轮机层、安装场、副厂房、技术供水机组厂房、管理楼、电站进水口、调压井等部位分别布置电话分线箱、出线盒、电话插座和电话机等通信用户设备。

(2) 电力系统及对外通信。沐若水电站至系统变电站建 2 回 275kV 的架空输电线路，沐若水电站对电力系统和公用电信网的通信采用光纤通信方式。

在电站管理楼设置两套传输容量为 622Mbit/s（STM-4）的 SDH 光传输设备，SDH 光传输设备配置相应的板件（光接口板、供电板、交叉板、时钟板等），光接口板和重要板件按照"1＋1"原则配置，两套 SDH 光传输设备通过 OPGW 构成与电力系统通信的两条互为保护的路由。

两套 SDH 设备应能为继电保护信号提供复用 2M 通道。利用至系统变电站的 275kV 架空输电线路中的 OPGW 中的通信光纤作为传输介质和通道，与对侧系统变电站构成两条电力系统通信传输通道，以满足沐若水电站对外通信、保护和远动信号传输的需要。为保证光纤通信系统各类低速通信速率的传输，在电站管理楼配置 2 套 PCM 设备，同时设置 1 套光纤配线架和 1 套数字配线架等通信配套设备。

（3）通信电源系统。为保证沐若水电站通信设备的正常运行还需相应配置通信电源系统，通信电源采用双重化配置设计，在电站管理楼配置两套独立的高频开关电源，每台高频开关电源配置一组蓄电池，开关电源按照每台 150A 配置，整流模块满足"N＋1"原则，蓄电池按照每组 500Ah 配置。

9.3.7 关口电能计量系统

本电站关口计量点设在 275kV 2 回出线上，每个关口计量点配置 2 块高精度双向有功无功多功能电能表（主、副表），共 4 块，全站配置 2 块轮换备用表（主、副表）、2 块故障备用表及 1 套电能量采集终端。

电能表的电能数据通过串行口传送到电能量采集终端，电能量采集终端将电能数据传送到梯级调度中心、州电力公司及电站计算机监控系统。

关口电能计量系统电能表的计量精度：有功 0.2S 级，无功误差不大于 1%。

9.3.8 电梯

本电站共设置 2 台垂直电梯，分别布置在上游副厂房两侧，提升高度均为 24.1m（从 222.90m 高程至 247.00m 高程）。

主要技术参数及性能要求包括以下几个方面的内容：

（1）梯型：客梯。

（2）额定载重量：1000kg。

（3）驱动方式：交流变频变压调速。

（4）控制方式：微电脑集选控制。

（5）额定提升速度：1.5m/s。

（6）轿厢门：电动式自动中分门。

（7）厅门：中分门，由轿厢门拖动。

（8）轿厢内设施：包括轿内操纵盘、照明、排风、报警、电话机预留线、称重显示器、应急照明（照明时间不少于 60min）、轿顶检修箱、报站钟等设施。

（9）轿厢内操纵盘：包括数字式楼层显示器、方向指示器、紧急呼叫按钮、对讲机、开/关门按钮、带应答灯选层按钮、超载报警灯、消防功能信号灯等。

（10）厅门呼梯按钮：包括数字式楼层显示器、方向指示器、带应答灯按钮。

（11）电梯的装饰：轿厢、轿门、厅门、门套均为发纹不锈钢装饰。

（12）电气设备及电气元器件均采用湿热带（TH）型产品，满足工程防潮、防腐、防霉的要求，适用于水利工地的使用环境。

9.3.9 电气试验室

（1）电气试验的任务。本电站装机容量为 $4 \times 236MW$，其电气试验室按Ⅳ类发电厂电气试验室配置要求配置。电气试验的任务如下：

1）电气设备的交接和预防性试验；

2）电工仪表、仪器的校验及修理；

3）继电保护及自动装置的调试和维护；

4）自动化元件的调试和维修；

5）计算机监控系统设备的调试和维护；

6）电气二次其他设备的调试和维护。

（2）试验仪器、仪表设备的配置。试验设备基本配置范围如下：

1）高压试验设备；

2）一般试验用电工仪表、仪器设备；

3）新型专用的仪器、仪表和工具；

4）电子测试仪器；

5）其他校验、修理仪器及仪表设备。

（3）电气试验室的设置。根据试验任务要求，在电站内设置 2 个电气试验室，即 1 个高压试验室、1 个电工二次综合试验室。

9.3.10 生态电站

9.3.10.1 计算机监控系统

（1）监控范围。

1）2 台（套）3.7MW 机组、变压器、进水蝶阀及其附属设备；

2）2 回 10kV 出线；

3）公用设备（包括直流系统、站用电系统、排水系统、气系统等）。

（2）系统结构和配置。电站设置 1 套现地控制单元（LCU7），主控级与 236MW 机组电站共用，LCU7 下设 2 套机组远程 I/O 单元，每台 3.7MW 生态机组 1 套，每套机组远程 I/O 单元配置独立的 CPU 模块。

9.3.10.2 继电保护

每台机组设置发电机（含励磁变压器）变压器（含厂用变压器）组保护 1 套、10kV 线路保护 1 套（含 236MW 机组厂房侧）、0.4kV 备自投 1 套。发变组保护、10kV 线路保护单独主盘，备自投布置在 0.4kV 开关站内。

发变组配置发电机差动保护、变压器差动保护、后备保护、定子一点接地保护、定子过电压保护、定子过负荷保护、失磁保护、转子一点接地保护、励磁变压器速断/过电流/过负荷保护、厂用变压器速断/过电流/过负荷保护、电压互感器断线保护、电流互感器断线保护、变压器温升保护、励磁变温升保护、厂用变温升保护等。

10kV 线路配置光纤差动保护及后备保护、重合闸等。

9.3.10.3 励磁系统

机组励磁系统采用自并励可控硅励磁系统，励磁电源取自发电机机端。励磁系统顶值电压倍数初步定为两倍，且在发电机机端正序电压下降至额定电压的 80% 时，强励倍数应予以保证。

（1）励磁变压器。励磁变压器采用户内、自冷、环氧树脂浇注的三相干式整流变压器。

（2）可控硅整流装置。可控硅整流装置采用单个晶闸管三相全控桥，能满足包括强励在内的所有功能。整流柜采用热管自然冷却或强迫风冷，配备必要的保护。

（3）灭磁及转子过电压保护。发电机正常停机采用逆变灭磁，事故停机采用磁场断路器及非线性电阻灭磁。设置瞬态过电压保护回路，转子过电压保护采用跨接器和灭磁电阻完成。

（4）励磁调节器。采用微机励磁调节器，包括自动和手动 2 个通道，自动无扰动切换。

（5）起励。机组起励采用直流起励方式，起励电源由电站直流 220V 电源供给。

（6）检测、保护和信号装置。励磁系统需参考《大中型同步发电机励磁系统技术条件》《大中型水轮发电机静止整流励磁系统及装置技术条件》以及本报告的有关规定装设检测、保护、信号装置及必要的表计。

9.3.10.4 图像监控系统

图像监控系统监视范围包括主厂房、副厂房、进厂公路、大坝等建筑物和场地。设置分区控制器 1 套及摄像机 6 套，接入 236MW 机组电站图像监控系统。

9.3.10.5 控制电源系统

（1）直流操作电源。全站设置一套可靠的直流电源系统，电压等级 110V，采用单母线接线，配置两组阀控式密封铅酸蓄电池，分别通过开关连接在两组单母线上独立运行，两组单母线间设置联络开关；设置 2 套高频开关充电装置，分别通过开关连接在两组直流母线上独立运行。蓄电池采用铅酸免维护蓄电池，蓄电池容量 300Ah。

为了确保直流电源系统的可靠性，直流电源系统配置 2 套容量相同的高频开关电源充电装置（模块按"N+1"配置），每套充电装置的额定电流 150A。

（2）交流操作电源。全站设置 1 块交流电源配电屏，交流电源系统采用单母线接线，设 2 回进线，并设置双电源自动切换装置，2 回进线电源分别取自电站 0.4kV 配电柜。

9.3.10.6 通信系统

为满足沐若水电站对本电站内部生产调度和行政管理通信的需求，设置 2 套音频光端机设备（两侧各 1 套）及电话用户，共享沐若水电站。

通信电源由电站 110V 直流电源逆变提供。

9.3.10.7 火灾自动报警及联动控制系统

本电站设置 1 套区域控制器及探测器，接入沐若水电站火灾自动报警及联动控制系统。

9.4 通风空调及生活给排水

9.4.1 主厂房发电机层排风系统

在主厂房发电机层顶部砖墙上，每个机组段及安装场各布置 2 台排风机，共 10 台，风机风量、静压分别为：$1.2 \times 10^4 \text{m}^3/\text{h}$，$H=200\text{Pa}$，抽排主厂房发电层上部热空气。室外空气从安装场进人门、上下游承重墙上部高窗流入厂内补充。

发生火灾时，上述排风机用来抽排主厂房发电机层上部烟气。

9.4.2　水轮机层送风系统

电站副安装场外 239.10m 层设置有风机房，机房内设离心风机箱 2 台，风机风量、静压分别为：$12000m^3/h$，$H=550Pa$；风机前设置电动风阀，两台风机分别通过风管吸取室外新风，经风机加压后，通过纵观全厂的送风管送至水轮机层。

9.4.3　主厂房水轮机层、副厂房通风空调系统

（1）副厂房空调水系统。在副厂房 232.30m 高程及 239.00m 高程分别设置有 3 台超薄吊顶柜式风机盘管机组，负责对副厂房电气设备房间进行就地循环降温。单台超薄吊顶柜式风机盘管机组风量 $3500m^3/h$，冷量 44kW。

空调冷源包括：1 台风冷模块式冷水机组，冷量 240kW；1 台冷冻水循环水泵，流量 $50m^3/h$，$H=28m$，1 台电子水除垢仪，流量 $50m^3/h$，以及定压装置、管道、阀门等；风冷冷水机组设置在室外风机房附近，水泵、水处理设备及定压装置设置在室外的风机房内。

（2）副厂房分体多联中央空调系统。副厂房 247.50m 高程、243.42m 高程、239.00m 高程部分房间设置分体多联空调系统及相应的新风系统，多联机系统的室外机位于副厂房顶部。

（3）副厂房通风系统。在副厂房 2 号楼梯间通风竖井旁，分别在 222.90m 高程、228.80m 高程、232.30m 高程各层副厂房吊装离心风机箱 1 台进行排风，222.90m 高程、232.30m 高程风机风量、静压分别为：$12000m^3/h$，$H=420Pa$；228.80m 高程风机风量、静压分别为：$6800m^3/h$，$H=350Pa$；风机前设置电动风阀，风机接入 2 号楼梯间通风竖井处设置重力式防火阀，各层与主厂房相通处设置 4 个 500mm×400mm 的防火风口作为进风口。

在副厂房 1 号楼梯间通风竖井旁，在 232.30m 高程风机房设置离心风机箱 1 台，风机风量、静压分别为：$6800m^3/h$，$H=350Pa$；在 235.80m 高程电缆夹层设置离心风机箱 1 台，风机风量、静压分别为：$12000m^3/h$，$H=420Pa$；分别对备用房间、空压机房及电缆夹层进行排风，风机前设置电动风阀，风机出口处设置重力式防火阀，电缆夹层设置 500mm×400mm 的防火风口作为进风口。

在 239.0m 高程设置 3 台混流风机进行排风，风机风量、静压分别为：$9000m^3/h$，$H=320Pa$；排风机前设置重力式防火阀，通过上游砖墙上 4 个 800mm×800mm 的防雨百叶窗进风。

247.50m 高程设置双速排风/排烟风机对该层进行排风，风机风量、静压分别为：$4700m^3/h$，$H=196Pa$；同时该层设置 1 套新风系统，风机风量、静压分别为：$4200m^3/h$，$H=200Pa$；平时对 247.50m 高程进行通风，火灾时转入排烟工况队走道进行排烟，排烟时风量、静压分别为：$8000m^3/h$，$H=570Pa$。

9.4.4 GIS室蓄电池室、油库等特殊部位排风系统

GIS室设置8台排风机，上下各4台，GIS室风机风量、静压分别为：9000m³/h，$H=320$Pa；通过下部砖墙上的10个800mm×600mm的防雨百叶窗进风。

副厂房239.00m高程蓄电池室、开关站蓄电池室分别设置防爆风机1台，风机风量、静压分别为：2500m³/h，$H=200$Pa。

油库设置防爆离心风机箱进行排风，防爆风机箱设置在室外右副风机房内，通过风管对油库排风，风机风量、静压分别为：8000m³/h，$H=320$Pa。

9.4.5 开关站控制楼分体多联中央空调系统

在开关站副厂房设置1套分体多联中央空调系统，多联机系统的室外机位于副厂房顶部；室内机全部采用天花板嵌入式四面出风型室内机。

9.4.6 厂内除湿系统

厂内各潮湿部位设置4台移动式除湿机进行除湿，除湿量为5kg/h。

9.4.7 其他通风空调系统

每个电梯机房设置分体空调1台，分体空调制冷量为5.6kW。

9.5 消防设计

9.5.1 火灾分析及灭火方案

电站内机电设备（主要为：水轮发电机组、主变压器、透平油油罐、电缆廊道等）失火时，火灾一般为B类火灾和带电物体燃烧火灾，不易扑灭，且对生产设备危害性较大。故本电站消防总体设计方案是以水消防为主，部分不适宜采用水消防的部位、场所，采用移动式化学灭火器；重要的生产用机电设备配有专用消防设施，建筑物内外配置一定数量的消火栓和移动式灭火器。

9.5.2 消防通道

生态电站以大坝坝顶公路及生态电站下游交通公路形成交通网，大电站通过进场公路、上游平台形成交通网，通过上述交通公路，外部救援消防车可以顺利到达电站厂房入口、开关站、室外主变压器场、生态电站进口处等消防主要部位。

9.5.3 消防供水系统

（1）大电站水源。沐若水电站设计按照消防所需最高水压（折合高程315m）及供水时阻力损失考虑。为提高消防供水系统的可靠性，消防供水一路水源来自高位水池，另一路供水来自厂内消防水泵。

高位水池供水方案按照消防所需最高水压及供水时阻力损失考虑,在厂外 320～340m 高程处新建 1 座容积为 400m³ 的消防水池,消防水池的补水取自附近的小溪,其容积能够满足主变、机组和厂房消防的要求。

(2) 生态电站水源。生态电站消防水从技术供水系统一级减压阀后引接,设计压力为 0.7MPa,主要向电站室内消火栓供水。技术供水系统在电站 2 台机组进水阀前的压力钢管上各设有 1 个取水口,连通后互为备用。

9.5.4 机电消防设计方案

电站机电设备消防对象主要为厂房内外布置的机电设备,具体包括:水轮发电机组、主变压器、透平油罐室、绝缘油罐室及厂房内其他辅助设备等。

9.5.5 火灾自动报警系统

电站厂房、GIS 室、GIS 控制楼、生态电站按所有控制室和厂内丙类及以上火灾危险场均设火灾自动报警设备的原则设计。电站厂房、GIS 控制楼火灾自动报警系统采用分布式总线结构,由 1 套消防工作站、1 台集中报警控制器、网络设备及各类火灾探测器、手动报警按钮、声光报警器、联动控制设备等组成,完成对电站厂房、GIS 室、GIS 控制楼建筑物火灾报警和联动控制。消防工作站、集中报警控制器、网络设备布置在电站中控室内,探测、报警及联动设备布置在现地。

生态电站设置 1 套区域报警控制器,完成对生态电站建筑物火灾报警和联动控制。区域报警控制器、火灾探测器、手动报警按钮、声光报警器、联动控制设备等均布置在生态电站现场。区域报警控制器通过电站与生态电站间的光纤通道(该光纤通道由电站通信系统设置,火灾自动报警系统使用其单独光芯)将火灾信息送给电站消防工作站,用于完成工作站对生态电站的远程监视。

各火灾报警控制器探测回路采用二总线方式,线路结构可为星型或环型,连接电缆选择 A 级阻燃型。

9.5.6 消防供电、照明及防雷接地

消防供电的任务是确保消防用电设备的连续可靠供电,当火灾事故时各项消防系统仍能正常运行,从而保证人员疏散,迅速及时地扑灭火灾,最大限度地减小火灾损失和人员伤亡。

消防电源供电的重点部位是:消防水泵、防排烟设施、消防事故照明、疏散指示标志、火灾自动报警和自动灭火装置等。

9.6 金属结构

9.6.1 大坝和生态电站金属结构

9.6.1.1 大坝泄洪表孔金属结构设计

沐若大坝无闸控泄洪表孔,位于河床部位的 9～11 号坝段。泄洪表孔堰顶高程 540m,

与正常蓄水位相同,溢流堰净宽54.2m,共设4孔。为便于溢流堰检修,在泄洪表孔上游设反钩检修门,挡水水头2.35m(按生态基流加5年一遇洪水设计),孔口宽13.55m,采用汽车吊进行启闭操作。

检修门为单节门体,梁系采用实腹式双主梁同层结构,面板和止水布置在闸门下游,闸门支承采用金属镶嵌复合材料滑块,为反钩式门槽结构。

反钩门槽布置在坝面土建结构前缘,具有不占用土建结构、节省工程投资的优点,较适合于闸门操作较少、坝面布置尺寸受限的情况。反钩门槽与闸门布置见图9.6.1。

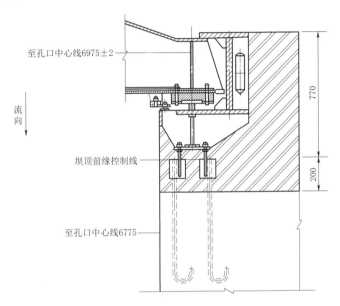

图 9.6.1 反钩门槽与闸门布置示意图 (尺寸单位:mm)

9.6.1.2 生态电站进口金属结构设计

生态电站引水系统在大坝7号坝段坝体内设置一进水口,底坎高程508.60m。顺水流向依次布置拦污栅、事故检修门和引水压力钢管。压力钢管直径1.5m,支管直径1.0m,通过岔管分别连接两台3.7MW的卧轴混流式水轮发电机组和一台生态水供水控制球阀。

(1) 进口拦污栅。拦污栅为平面直立活动拦污栅,布置在进口最前沿。栅槽孔口尺寸2.8m×3.4m,底坎高程508.60m。栅体整节制作,通过吊杆连接临时机械,静水操作启闭。拦污栅堵塞严重时,停机提栅清污。

拦污栅栅条设计水头4m,主梁设计水头6m,栅条间距50mm。栅体主要受力结构选用Q345B钢材制作。栅槽埋件为一期埋设,拦污栅采用汽车吊进行启闭操作。

(2) 进口事故检修门和启闭机。事故检修门孔口尺寸为2.8m×2.8m,底坎高程508.6m。闸门为平面滑动型,利用水柱重动水快速闭门,小开度充水平压后静水启门。闸门设计水头31.4m,总水压力2536kN,由1250/550kN液压启闭机启闭。

事故检修门为单节门体、实腹式梁结构、平面滑道支承。门体整体制作,利用吊杆与液压启闭机连接。闸门面板布置在上游侧,止水布置在下游侧,门体主要承载材料采用Q345B,平面滑道采用金属镶嵌自润滑复合材料。

　　事故检修门液压启闭机布置在泄洪坝坝顶，高程 546.00m，液压泵站安装在坝体内的专用机房，安装高程 542.00m，快速闭门时的补油箱（重力油箱）布置在油缸尾端支承平台上。启闭机额定启门力 1250kN，额定持住力 550kN，快速闭门时间 2.0min。

　　启闭机总体布置形式为单吊点，油缸前部固定支承。控制方式采用现地或远方集中控制。液压系统采用插装式集成，在主阀级和先导方向阀级设置阀芯位置监测指示器，向电控系统反馈阀芯位置信号。为充分保证快速闭门动作的可靠性，液压系统快速闭门回路采用了冗余设计。同时配置手动操作油泵，以便在闸门安装检修时，与启闭机精确连接定位。

　　（3）压力钢管。生态电站安装了两台机组和一个生态供水阀，由一条布置在大坝背面的压力钢管接岔管分别向机组和供水阀引水，钢管末端经岔管与机组进水蝶阀相连。钢管正常工况最大设计静水头 123.7m，末端最大内水压力水头为 170.0m（含水锤）。钢管主管直径 1.5m，支管直径 1.0m，压力钢管长（主、支管总长）206.3m，采用 Q345R 钢分段卷制，压力钢管布置见图 9.6.2。

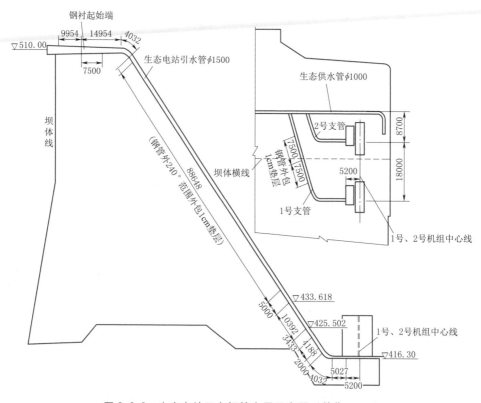

图 9.6.2　生态电站压力钢管布置示意图（单位：mm）

　　钢管按单独承担全部内水压力设计，上弯段、岔管段及下弯段设有镇墩，钢管全部埋设在坝体混凝土中。在斜直段（除镇墩范围外）钢管表面 240°范围外包垫层，以减少钢管内水压力传给外围混凝土引起开裂，导致雨水进入钢管外壁，降低防腐效果。由于 1 号支管跨 7 号、8 号坝体间横缝，1 号支管 15m 范围采用垫层管，以适应横缝不大于 4mm

的变形。

9.6.2 电站厂房金属结构

沐若水电站进水塔顺水流方向依次布置有拦污栅、事故检修门及启闭机设备，在机组出口段布置有尾水检修门及启闭机设备。

9.6.2.1 拦污栅及启闭设备

拦污栅布置在进水口前沿，为贯通式平面直立活动式拦污栅，两条隧洞共设 8 套拦污栅。栅槽孔口尺寸为 4.7m×18.85m，底坎高程 496.0m，栅体沿高度方向分 6 节，每节高 3.2m，通过吊梁连接吊杆，由设在进水塔顶的门式启闭机的回转吊操作，静水启闭。

拦污栅采用平面滑块支承，主梁和栅条设计水头为 4m，主要受力结构选用 Q345B 钢材。栅条间距为 120mm，采用普通圆头扁钢。

9.6.2.2 事故检修门及启闭设备

（1）事故检修门及埋件。每条引水隧洞进口设 1 道事故门槽，两孔进口共设 2 扇事故检修门。闸门孔口尺寸 8.0m×8.562m，底坎高程 496.0m，自重动水快速闭门，平压阀充水平压后静水启门，由设置在进水塔顶的液压启闭机进行启闭操作。闸门安装检修提升由进水塔塔顶的门式启闭机进行操作。

事故检修门采用实腹式主梁结构，简支定轮支承。门体分为 3 个制造运输单元，在工地用高强螺栓连接为整体，利用吊杆与液压启闭机连接。闸门设计水头 44m，总水压力 2797kN，闸门面板和止水布置在上游侧，利用闸门自重闭门，门体主要受力结构选用 Q345B 钢材。定轮最大设计轮压 2900kN，定轮直径 700mm，由双列向心球面滚子轴承支承、偏心套调节定轮共面。应业主要求，采用防锈性能高的钢材。定轮制造材料采用进口高强度 S32205 双相不锈钢制造，调质处理后材料机械性能见表 9.6.1。

表 9.6.1　　定 轮 材 料 机 械 性 能 表

σ_b/(N/mm²)	σ_s/(N/mm²)	δ_5 延伸率/%	α_k/(N/mm²)	HB	淬硬层深度/mm
>600	>450	30	40	270~300	>15

闸门埋件主轨主体材料为 ZG35CrMo 铸钢，轨顶踏面材料为进口高强度 S32750 双相不锈钢，调质处理后机械性能见表 9.6.2。

表 9.6.2　　轨 顶 踏 面 材 料 机 械 性 能 表

σ_b/(N/mm²)	σ_s/(N/mm²)	δ_5 延伸率/%	α_k/(N/mm²)	HB	淬硬层深度/mm
>620	>500	15	50	300~330	>15

S32750 是美标 UNS 系列超级奥氏体-铁素体型双相不锈钢的牌号，与之相似的中国牌号为 00Cr25Ni7Mo4N。S32205 是美标 UNS 系列高级奥氏体-铁素体型双相不锈钢的牌号，与之相似的中国牌号为 00Cr22Ni5Mo3N。

S32750 是在腐蚀特别严重情况下使用的高合金双相不锈钢，是专为苛刻的含氯化物等海水环境下使用而开发的，在有机酸（如甲酸和乙酸）中可替代高合金奥氏体和镍基合金，相比于 S32205 而言，具有更高的强度和更为优越的耐氯离子点蚀、耐应力腐蚀性能。

S32205 也属于在腐蚀较严重情况下使用的高合金双相不锈钢,是在 S31803 不锈钢的基础上,提高其化学成分上限的改良钢种,由于 Ni 和 Mo 的含量提高,钢材的焊接性能和耐蚀性能有了进一步的提高。

S32750 和 S32205 常用于热交换器及蒸发器、海洋工程、石油化工工业等。

(2) 液压启闭机。事故检修门液压启闭机布置在进水塔塔顶门槽区 548.00m 高程,液压泵站布置在塔顶两侧专用机房内。启闭机额定启门力 3000kN,持住力 2200kN,工作行程 9.6m,快速闭门时间 2.5min。

启闭机总体布置形式为单吊点、中部球面法兰支承、双作用油缸,采用现地或远方集中控制操作。启闭机具有 4 种运行方式:①快速闭门操作,用于水轮发电机或引水隧洞发生事故时紧急截断水流。快速闭门动作可以电控操作,也可机旁手动操作。②慢速闭门操作,用于启闭机安装检修工作。③慢速启门操作,用于正常启门动作,或安装检修。④手动油泵操作,只用于安装、检修时启闭机与闸门连接的精确定位。

启闭机油缸缸体和活塞杆采用 45 号锻钢制造,活塞杆工作表面镀双层铬,镀前先消除应力,镀后进行去氢处理。油缸机架采用板焊对开结构,以便于拆装。

液压系统采用插装式集成,在主阀级和先导方向阀级设置阀芯位置监测指示器,向电控系统反馈阀芯位置信号。为充分保证快速闭门动作的可靠性,液压系统快速闭门控制回路采用了冗余设计。

9.6.2.3 进水塔顶双向门式启闭机

进水塔顶布置一台 2000/400/100kN(双向)门式启闭机,其主钩容量为 2000kN,用于电站进口事故检修门及液压启闭机的安装检修吊运。在上游左右两侧各设一台双钩回转吊,主副钩容量分别为 400kN、100kN,用于拦污栅、清污抓斗的操作,以及坝面零星物品的吊运。

门机设计寿命为 30 年。小车主起升机构总起升高度 67m,坝面以上起升高度 16m,采用交流变频调速,满载调速范围 1:10,总调速范围 1:20。回转吊双钩可同步运行,也可单独分别运行,操作双绳清污抓斗和拦污栅。门机跨度 10.9m,大车运行机构采用交流变频调速,满载调速范围 1:10,开环同步控制运行。

沐若水电站两条引水隧洞在平面上采用相互平行的布置方式,自调压井前渐变段后为压力钢管。压力钢管正常工况最大设计静水头 322.0m,末端最大内水压力为 429.0m(含水锤),HD 值为 239.5m^2,属于大型地下埋管。

引水隧洞上平段洞径 8m,在调压井前经渐变段后管径变为 7m;经上弯段、竖井段、下弯段至下平段后管径渐变为 5.7m,岔管后支管段管径为 4.2~3.4m,压力钢管的长度约为 1350m。

钢管采用 Q345R 和 07MnCrMoVR 分段卷制,Q345R 材料厚度分别为 30mm、32mm、36mm,07MnCrMoVR 材料厚度为 30~150mm。其中,岔管管壁厚度为 72mm,月牙肋板厚度为 150mm。约 58% 为加劲环钢管,42% 为光面管,加劲环间距为 1~2m,加劲环材料与管壁材料相同。

引水隧洞沿线穿过砂岩段、泥岩段及砂岩与页岩互层段 3 种岩层。钢管上覆岩层厚度为:调压井和上弯段约 85m,竖井及下弯段 100~246m,下弯段至下平段 240~25m,下平段末段约 20m。

压力钢管按 SL 281—2003《水电站压力钢管设计规范》设计，山体内钢管按埋管设计，岔管和邻近厂房段按明管设计。钢管锈蚀裕量 2mm。按内压确定钢管厚度，按外水压力复核钢管稳定性。外压控制的管段采用加劲环和增加管壁厚度等方法提高钢管抗外压能力，考虑制造安装及围岩开挖等因素，加劲环间距不小于 1000mm，高度不大于 250mm，加劲环材料与该段管壁材料相同；压力钢管布置见图 9.6.3。

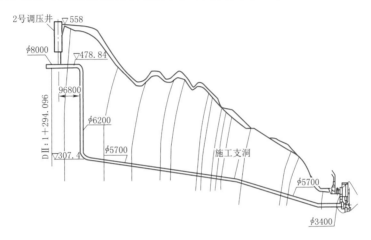

图 9.6.3 电站引水压力钢管布置图

钢岔管后的支管段穿越厂房与山体间的垂直分缝后与机组球阀连接，其间不设伸缩节。在垂直分缝处两侧钢管外包垫层以适应和减小混凝土结构变形和温度变化所产生的附加应力的影响。

9.6.2.4 电站尾水闸门和启闭机

电站每台机组尾水出口设一道检修门槽。考虑到施工期挡水需求，每个出口均设置一套检修门。检修门为平面滑道门型，孔口尺寸 9.35m×3.75m（宽×高），设计水头 20.5m，静水操作，由尾水 2×400kN 的门机借助液压自动挂钩梁起吊；检修门平时锁定在尾水门槽内。

检修门采用实腹式梁结构，门体不分节，整体制作。闸门按挡下游设计水位 228.00m 设计，设计水头 20.5m，总水压力 6920kN，按 1m 不平衡水头差计算启门力。闸门面板和止水设置在上游侧（机组侧），门顶设置平压阀。

在电站尾水平台布置一台单向门式启闭机，用于电站尾水闸门的启闭和吊运，以及尾水平台零星物品的吊运。门机工作寿命 30 年，主起升机构额定启门力 2×400kN，起升速度 2.5m/min，总起升高度 40m，坝面以上起升高度 8m，双吊点机械同步。门机跨度 5m，大车运行机构采用交流变频调速，满载调速范围 1:10，电气同步控制运行。

9.6.3 压力钢管

9.6.3.1 设计概况

沐若水电站共安装 4 台机组，由两条引水隧洞经岔管分别向这 4 台机组引水。两条引水隧洞在平面上采取相互平行的布置形式,由进口渐变段、上平段(坡比 1.465%)、调压井、上弯段、竖井段、下弯段、下平段(坡比 7%、13%)、渐变段、岔管段、支管段等组成。水库正常蓄水位为 540.0m,机组安装高程为 218.0m;正常工况下最大设计静水头 322.0m,末端最大内压水头为 429.0m(含水锤)。上平段隧洞直径为 8.0m,在调压井前经渐变段后管径变为 7.0m。调压井岔管为外加强的三梁岔管,井管直径 7.0m,两管垂直相接,为大管径三梁岔管。经上弯段、竖井段、下弯段(直径 6.2m)至下平段后管径渐变为 5.7m。下平段月牙肋岔管采用对称 Y 形月牙肋的结构形式,主管管径 5.5m,最大设计水头 429m,PD 值为 2359.5m²,属于大(1)型工程。岔管后接支管段,管径分别为 4.2m 和 3.4m,支管末端与机组球阀相连。两条压力钢管的长度分别约为 1340m、1380m,采用 07MnCrMoVR 的高强钢和 Q345R 钢分段卷制而成,压力钢管布置见图 9.6.4。

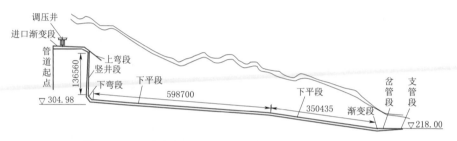

图 9.6.4 压力钢管沿管轴线纵剖面图(尺寸单位:mm)

压力钢管按地下埋管设计,PD 值达到 2359.5m²,放空时钢管外水压力较高。设计时既要考虑钢管内压强度,又要考虑钢管的抗外压稳定性,还要尽可能降低钢管制造安装难度;对受力情况复杂的岔管段,应充分优化体形结构,减小过流产生的水头损失,并用三维有限元方法计算运行工况及水压试验工况下的钢管应力及变形。

9.6.3.2 钢管设计原则

沐若水电站压力钢管结构按埋管设计,岔管按明管设计,临近厂房段按明管设计,钢管锈蚀裕量为 2mm。按 SL 281—2003《水电站压力钢管设计规范》,Q345R 材质钢管按埋管设计时,其允许应力设计值 $[\sigma]=217.8$MPa;07MnCrMoVR 材质钢管按埋管设计时,其允许应力设计值 $[\sigma]=286.1$MPa。外压稳定安全系数取值:光面管为 2.0,加劲环式钢管管壁为 1.8,加劲环式钢管的加劲环为 1.8。

引水隧洞钢管沿线穿过砂岩段、泥岩段及砂岩与页岩互层段 3 种岩组(部分断层破碎带)。钢管设计外水压力水头为 84.7~246m,内水压力水头为 79.3~429.0m。设计时,首先对不同管段钢管按内压确定钢管厚度,再按相应管段外水压力复核钢管稳定性。对于外压控制管壁厚度的管段,采用增设加劲环和增加管壁厚度等方法提高钢管抗外压能力,考虑钢管制造、安装及围岩开挖、混凝土回填、灌浆等因素,取加劲环间距不小于 1000mm,高度不大于 250mm,加劲环材料与该段管壁材料相同。钢管管壁在内水压力荷载下的应力计算依据第四强度理论。

钢管为 Q345R 材质的管壁计算厚度分别为 30mm、32mm,钢管设计内压水头为 200~429m。钢管材质为 07MnCrMoVR 的管壁计算厚度分别为 30mm、32mm、36mm、

40mm、45mm、50mm、55mm、72mm。Q345R 材质钢管段管壁应力控制在 78～156.1MPa 之间，07MnCrMoVR 材质钢管段管壁应力控制在 135～253.9MPa 之间，均满足规范要求。所有管壁的外压稳定安全系数在 2.16～7.62 之间，加劲环外压稳定安全系数在 1.81～1.89 之间，符合设计规范要求。

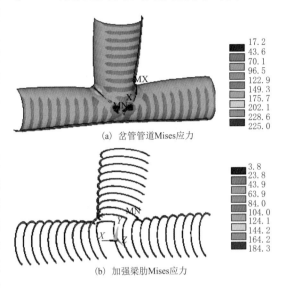

(a) 岔管管道Mises应力

(b) 加强梁肋Mises应力

图 9.6.5　调压井岔管管道及梁肋 Mises 应力图（单位：MPa）

9.6.3.3　岔管设计

（1）调压井岔管设计。调压井管道内径为 7000mm，管道壁厚 36mm，梁截面尺寸为（400～800)mm×72mm，肋截面尺寸为 250mm×30mm，肋与肋间距为 1350mm。调压井岔管管壁与肋材料为 Q345R，梁材料为 07MnCrMoVR。调压井岔管荷载为内水压力，最高内压为 0.85MPa，调压井外加强三梁岔管水平管道总长 30m，竖向管道长 15m，管口的边界条件为管端部轴向与切向（回转）约束，径向自由。调压井岔管管道及梁肋 Mises 应力，如图 9.6.5 所示。

调压井岔管外围混凝土中布置有钢筋，并进行接缝灌浆，因此，该岔管所承受的内水压力要小于 0.85MPa。考虑全部内水压力由岔管承担的情况，调压井岔管各构件最大 Mises 应力如表 9.6.3 所示。

表 9.6.3　　　　　　　　　调压井岔管各构件最大 Mises 应力表　　　　　　　　　单位：MPa

计算荷载	管壁应力	肋板应力	外加强梁应力
0.85	255.0	184.3	260.2
0.9×0.85	229.5	165.9	234.2
0.8×0.85	204.0	147.4	208.2
容许应力 σ	260.0	217.7	286.1

除考虑岔管承担全部水压的情况外，还计算了围岩承担 10% 内压（钢管内压为 $0.9×0.85$MPa）、围岩承担 20% 内压（钢管内压为 $0.8×0.85$MPa）时各构件的最大应力及允许应力。根据有限元分析，调压井管道最大 Mises 应力为 255.0MPa，外加强梁最大 Mises 应力为 260.2MPa，加强肋最大 Mises 应力为 184.3MPa，应力均小于允许应力，满足规范要求。

（2）月牙岔管设计。岔管分岔角对过流条件及钢管结构受力影响较大，设计过程中需合理布置。该工程月牙岔管采用对称 Y 形布置形式，分岔角 $\theta=60°$，管壁内水压力设计水头 $H_s=429$m，主管内半径 $R_1=2750$mm，两支管内半径 $R_2=R_3=2100$mm，岔管最大公切球半径 $R_0=3100$mm，主锥管半锥顶角 $\alpha_1=10.3326°$，支锥管半锥顶角 $\alpha_2=\alpha_3=$

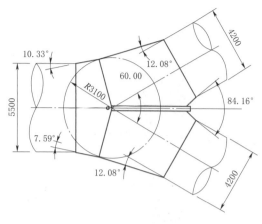

12.0815°，最大内半径 $R_4 = 3161\text{mm}$，钝角区腰线折角 $\alpha_0 = 7.5859°$。岔管材质选用低焊接裂纹敏感性高强度钢 07MnCrMoVR，其力学性能参数为：材料屈服强度 $\sigma_s = 490\text{MPa}$，材料抗拉强度 $\sigma_b = 610\text{MPa}$（屈强比 $\sigma_s/\sigma_b = 0.8 > 0.7$）。按 SL 281—2003《水电站压力钢管设计规范》设计规范，按明管设计时岔管段材质 07MnCrMoVR 允许应力设计值 $[\sigma] = 234.9\text{MPa}$，厂房内明管允许应力设计值 $[\sigma] = 187.9\text{MPa}$；按埋管设计时其允许应力设计值 $[\sigma] = 286.1\text{MPa}$；月牙岔管结构如图 9.6.6 所示。

图 9.6.6 月牙岔管体形大样图（尺寸单位：mm）

综合膜应力区及局部应力区计算管壁厚度取值 72mm，岔管体形根据空间构造要求及规范规定布置并校核肋板强度。在用 ANSYS 软件计算月牙岔管应力时，岔管用高精度的二次壳体单元模拟，用壳体中面模拟壳体。运行工况，直管段长度取 5500mm；水压试验工况，直管段长度取 400mm；运行工况岔管管壁与月牙肋都扣除 2mm 的锈蚀厚度，即运行工况岔管管壁计算厚度 70mm，月牙肋计算厚度 148mm。主管与支管及闷头厚度与岔管管壁厚度相同。岔管有限元分析模型如图 9.6.7 所示。

建立直角坐标系如图 9.6.7 所示，xy 平面位于岔管中间，负 x 轴指向主管轴线，z 轴向上。运行工况下管口的边界条件为，主、支管端部轴向与切向（回转）约束，径向自由。水压试验工况管口的边界条件为，主管端部、支管端部加闷头。根据对称性，实际计算时取岔管下半部分计算。运行工况有限元模型共有 2484 个壳体单元，7697 个节点，44855 个自由度。运行工况下月牙岔管 Mises 应力如图 9.6.8 所示。

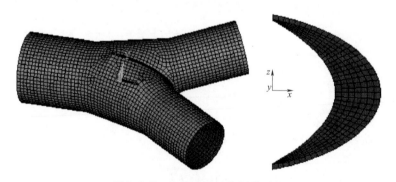

图 9.6.7 岔管有限元分析模型图

根据有限元模拟计算结果，运行工况下，岔管管壁应力最大值发生在支管与月牙肋交线内壁处，为 271.3MPa，小于允许应力 324.5MPa。主管管壁应力最大值为 278.6MPa，支管管壁应力最大值为 213.2MPa，小于允许应力 324.5MPa，应力均满足规范要求。运行工况下，月牙肋中部内侧有较大的拉应力存在，最大拉应力为 234.6MPa，最大 Mises

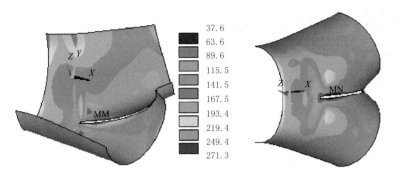

			37.6
			63.6
			89.6
			115.5
			141.5
			167.5
			193.4
			219.4
			249.4
			271.3

图 9.6.8　运行工况下月牙岔管 Mises 应力（单位：MPa）

应力为 233.7MPa（$0.58\sigma_s$）。按有限元方法计算应力时，允许应力可以相应提高 10%，即 $[\sigma]=1.1\times0.5\sigma_s=234.8$MPa，计算应力小于允许应力，满足规范要求。

水压试验工况在端部加半圆形闷头，岔管管壁厚度为 72mm，月牙肋厚度为 150mm，有限元模型共有 1884 个壳体单元，5795 个节点，33898 个自由度。

水压试验工况下，岔管管壁应力最大值发生在支管与月牙肋交线内壁处，其应力值为 349.5MPa，小于规范规定的允许应力 405.7MPa。主管管壁应力最大值为 305.6MPa，支管管壁应力最大值为 229.2MPa，小于规范规定的允许应力 405.7MPa。水压试验工况下，月牙肋中部内侧有较大的拉应力存在，最大拉应力为 216.7MPa，最大 Mises 应力为 204.7MPa，计算应力满足规范要求。闷头应力主要集中在闷头与管壁连接处，主管闷头最大应力为 182.1MPa，支管闷头最大应力为 139.1MPa，应力满足规范要求。各工况下结构最大 Mises 应力汇总见表 9.6.4。

表 9.6.4　　　　　各工况下结构最大 Mises 应力　　　　　单位：MPa

部位	应力性质	运行工况		水压试验工况	
		最大应力	允许应力	最大应力	允许应力
岔管	局部应力	271.3	324.5	349.5	405.7
	膜应力		203.0		284.0
主管、支管	局部应力	278.6	324.5	305.6	405.7
	膜应力		203.0		284.0

（3）支管段钢管设计。沐若水电站压力钢管厂房支管段与机组连接段间不设伸缩节，支管段钢管穿过岩石层和厂房上游墙体。考虑岩石层与墙体基础可能发生不均匀垂直沉降，应适当增强支管段钢管的强度和刚度。支管段钢管距厂房墙体分缝线 6000mm 范围内采用垫层全包方案，周边设置外包垫层，垫层厚度为 20mm，垫层弹性模量 2.5MPa。钢管外包混凝土等级为 C25，支管段钢管设计水头（包括水锤升压）429m，同时考虑钢管温度下降 5℃ 和 10℃ 两种情况下的结构变形。支管厂房段在内水压力作用下会发生结构自身变形，从而增大传给混凝土基础的压力。为避免厂房墙体混凝土基础产生裂缝，距厂房墙体分缝线 8500mm 范围内对厂房段钢管采用外包垫层半包方案，以提高钢管刚度来约束结构自身变形。

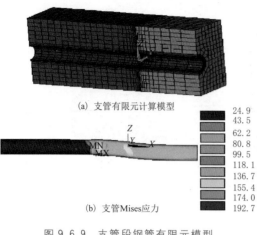

(a) 支管有限元计算模型

	24.9
	43.5
	62.2
	80.8
	99.5
	118.1
	136.7
	155.4
	174.0
	192.7

(b) 支管Mises应力

图 9.6.9 支管段钢管有限元模型
及应力计算结果图（单位：MPa）

通过 ANSYS 软件对支管段钢管进行三维有限元计算分析。计算考虑在岩石层固定时，钢管基础在接缝处发生垂直错动，厂房墙体段垂直位移为 10mm，钢管温变计为 10℃。支管段钢管有限元模型及计算应力见图 9.6.9。

三维有限元计算结果显示，支管在设计水头、温降及厂房位移作用下，钢管及管道混凝土应力集中部位主要发生在岩体与厂房接缝处，原因主要是垫层形状发生变化，钢管为适应垫层形状改变而产生应力集中。接缝处厂房端部的混凝土需特别处理以防破坏，厂房段支管垫层底部形状设计为圆滑过渡，防止钢管突然变形。

根据机组调保计算，一台机组处于检修状态（球阀处于关闭状态），而另一台机组处于甩负荷时，检修状态机组球阀最大水头为 385m，球阀所受的轴向水压力为 34955kN。钢管止推环的布置需综合考虑钢管壁厚及球阀允许位移变形等因素，为此将止推环布置在距球阀中心线 25m 处。支管止推环与外围混凝土及岩石层紧密连接，不考虑止推环下游钢管与外围混凝土及球阀基座的摩擦力，可视止推环为固定端，支管在轴向水压作用下的弹性变形约为 7.8mm，小于机组球阀轴向位移允许值 8.0mm。

9.6.4 导流洞进口金属结构

沐若水电站大坝左岸布置一条导流洞，导流洞进口尺寸 10.0m×15.9m，底坎高程 418.00m，动水闭门。下闸遇卡阻时，可以在不大于操作水头条件下启门后重新下闸闭门，由门槽顶部高排架上 2×3600kN 固定卷扬机操作。

封堵门形式为平面滑动闸门，挡水水位 515.50m，挡水设计水头 97.5m，总水压力 154225kN，截流封堵时操作水头 10.1m。闸门结构采用双主梁焊接结构，平面滑块支承。闸门面板和止水布置在下游侧，封堵下闸操作可以自重闭门。整扇闸门共分 7 个制造运输单元，运至工地后在门槽内逐节吊装连成整体。

封堵门固定卷扬式启闭机布置在导流洞闸顶高排架上，额定启门力 2×3600kN，双吊点机械同步。总起升高度 33m，起升速度 20m/min。

9.6.5 进水口事故检修门

沐若水电站引水发电系统从进口开始依次布置进口拦污栅、进口事故检修门、上平段（无压洞）、调压井、竖井段、下平段，最后经岔管（一洞两机）接入机组。

事故检修门布置在拦污栅后，两条引水隧洞各布置两道检修门槽，通过液压启闭机操作，采用塔顶门机安装和检修，按快速门要求设计。

由于事故检修门前未设置检修门，导致事故检修门及埋件的检修困难。因此，业主要求所有埋件的外露面均采用不锈钢，闸门主支承定轮的滚轮也应采用不锈钢。这种要求在以前国内的水电站闸门设计中是没有的，故不锈钢主轨和不锈钢滚轮的设计是事故门设计的关键。

9.6.5.1　闸门设计

事故检修门孔口尺寸 8.0m×8.65m（宽×高），设计水头 44.0m。闸门止水布置在上游侧。闸门通过吊杆和液压启闭机连接，闸门分 3 个制造运输单元，在现场通过高强螺栓连接成整体。闸门动水闭门，通过设置在门顶的平压阀充水平压后静水启门。事故检修门和液压启闭机的安装及今后的检修通过布置在进水塔顶的 2×1600kN 门机进行，闸门的整体布置和结构形式是比较常规的，下面着重介绍主支承定轮的设计。

（1）调整各主轮轮压大小基本相同。由于闸门设计水头不是很高，在考虑制造、运输及安装等条件的情况下，通过调整各节门叶的高度及定轮的具体分布位置，使得各定轮的轮压基本相同，最大轮压 $P=2600kN$。每个定轮直径为 700mm，设置 5mm 的偏心调节量；这样简化了定轮的品种和制造的难度。

（2）主支承定轮的滚轮采用不锈钢。国内水电站平板定轮门的滚轮一般采用合金铸钢 ZG35CrMo。本工程应业主要求，滚轮材料应采用不锈钢。经过调查研究，选定滚轮不锈钢材料为 S32205。S32205 是美标 UNS 系列高级奥氏体-铁素体型双相不锈钢牌号，与之相近的中国牌号为 00Cr22Ni5Mo3N。UNSS32205 熔炼分析化学成分按以下标准执行：$C \leq 0.030$，$Si \leq 1.00$，$Mn \leq 2.00$，$P \leq 0.030$，$S \leq 0.020$，Cr 为 22.0～23.0，Ni 为 4.50～6.50，Mo 为 3.00～3.50，N 为 0.14～0.20。

经热处理后，其性能指标能达到以下标准：抗拉强度 $\sigma_b=600MPa$，屈服强度 $\sigma_{0.2} \geq 450MPa$，伸长率 $\delta_5 \geq 30\%$，冲击功 $AKU \geq 40J$，硬度 HBS 为 270～300。

从化学成分、热处理工艺和机械性能等指标综合考察，S32205 能满足事故检修门主支承滚轮的设计要求。

（3）主支承定轮的滚轮轴采用不锈钢。国内定轮轴设计一般采用 40Cr，为满足采用不锈钢的要求，经比较，选择 2Cr13，其机械性能与 40Cr 接近，属国产成熟品牌。

9.6.5.2　主轨设计

国内设计时，主轨材料通常选用铸钢 42CrMo 或 35CrMo 即可，但不能满足沐若水电站业主对采用不锈钢防腐的要求。经调查研究，选定主轨不锈钢材料为 S32750。S32750 是美标 UNS 系列超级奥氏体-铁素体型双相不锈钢牌号，国内与之相近的牌号为 00Cr25Ni7Mo4N。S32750 奥氏体-铁素体型双相不锈钢生产难度很大，以前国内一直依赖进口，国外也只有极个别国家可以生产。近几年，随着我国不锈钢领域技术的迅猛发展，国内几个厂家开发成功了此系列钢种，已具备国产化条件。其牌号及熔炼分析化学成分按以下标准执行：$C \leq 0.030$，$Si \leq 0.80$，$Mn \leq 1.20$，$P \leq 0.035$，$S \leq 0.020$，Cr 为 24.0～26.0，Ni 为 6.00～8.00，Mo 为 3.00～5.00，N 为 0.24～0.32，$Cu \leq 0.50$。

热处理工艺为：严格按工艺控制终锻温度，锻后直接固溶或热处理炉二次加热固溶；冷却方法为水冷。

经热处理后，其性能指标能达到以下标准：抗拉强度 $\sigma_b=620～880MPa$，屈服强度 $\sigma_{0.2} \geq 500MPa$，伸长率 $\delta_5 \geq 15\%$，冲击功 $AKU \geq 50J$，硬度 HBS 为 300～330。

从化学成分、热处理工艺和机械性能等指标综合考察，S32750 能满足事故检修门铸钢轨道的设计要求。

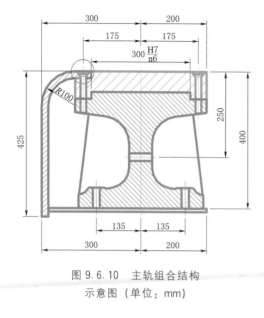

图 9.6.10 主轨组合结构
示意图 (单位：mm)

据此提出铸钢轨道的两种设计方案。一是主轨采用不锈钢材料 S32750 整体铸造；二是主轨由两部分组合而成，即踏面不锈钢材料 S32750 和轨道铸钢 35CrMo 镶嵌在一起。如果整体铸造，结构和工艺简单，加工量小，但不锈钢用量大，成本高。如果采用组合结构，则结构复杂，加工量大，但不锈钢用量少，成本相对较低。经过和制造厂家对制造安装工艺等反复研究，最终选定组合结构形式，见图 9.6.10。

其他部位埋件如副轨、反轨门楣、底坎等外露面均要求采用不锈钢。经研究，对于较薄的外露面板材直接用 1Cr18Ni9。对于较厚的外露面板材，可以直接用 1Cr18Ni9，或者采用复合钢板。经研究，考虑到孔口数量少，用量不大，最后决定直接选用 1Cr18Ni9 板材。

电站进口事故检修门从孔口尺寸、设计水头等设计指标来看，其规模并不是很大，但业主要求主支承定轮的滚轮及轴、埋件的外露面和主轨等部位采用不锈钢，这是该闸门设计的特殊之处。

通过调研，滚轮材料选用 UNSS32205，主轨踏面选用不锈钢材料 UNSS32750，通过严格控制冶炼及热处理工艺，从最终的检测结果来看，国产品牌所有性能指标均满足牌号及设计要求，这为今后同类设计积累了一定的经验。

参 考 文 献

[1] 长江勘测规划设计研究院. 马来西亚沐若水电站工程大坝工程地质勘察报告地质报告 [R]. 武汉：长江勘测规划设计研究院，2010.

[2] 胡中平，吴效红，杜华冬. 马来西亚沐若水电站大坝布置研究 [J]. 人民长江，2009，40 (23)：12-14.

[3] 周建平，钮新强，贾金生. 重力坝设计二十年 [M]. 北京：中国水利水电出版社，2008.

[4] 长江勘测规划设计研究有限公司. 马来西亚沐若水电项目大坝坝基工程地质总结报告 [R]. 武汉：长江勘测规划设计研究有限公司，2011.

[5] 长江勘测规划设计研究有限公司. 马来西亚沐若水电项目引水发电系统竣工地质报告 [R]. 武汉：长江勘测规划设计研究有限公司，2012.

[6] 长江勘测规划设计研究院. 马来西亚沐若水电站大坝设计专题报告 [R]. 武汉：长江勘测规划设计研究院，2012.

[7] 长江勘测规划设计研究院. 马来西亚沐若水电站工程地质报告 [R]. 武汉：长江勘测规划设计研究院，2012.

[8] 桂林. 大型发电机主保护配置方案优化设计的研究 [D]. 北京：清华大学，2003.

[9] 桂林. 大型水轮发电机主保定量化设计过程的合理简化及大型汽轮发电机新型中性点引出方式的研究 [R]. 北京：清华大学博士后研究报告，2006.

[10] 桂林，王维俭，孙宇光，等. 三峡右岸发电机主保护配置方案设计研究总结 [J]. 电力系统自动化，2005，29 (13)：69-75.

[11] 孙宇光，王祥珩，桂林，等. 偶数多分支发电机的主保护优化设计 [J]. 电力系统自动化，2005，29 (12)：83-87.

[12] 胡世明，张政，魏利军，等. 危险物质意外泄漏的重气扩散数学模拟 [J]. 劳动保护科学技术，2000 (2)：32-35.

[13] 马江燕，李安桂，武晔秋，等. 地下水电站主厂房母线层端部火灾烟气流动与机械排烟模拟 [J]. 暖通空调，2011 (2)：17-19.

[14] 雷兴顺，张勇，欧阳松，等. 大朝山水电站碾压混凝土重力坝台阶式溢流面设计 [J]. 水利水电技术，2005 (2)：60-63.

[15] 吴宪生. 东西关台阶溢流坝的水力特性 [J]. 水电工程研究，1995 (2)：51-57.

[16] 易晓华，卢红. 溢洪道及其在索风营水电站的试验研究 [J]. 贵州水力发电，2003，17 (2)：70-72.

[17] 李国润，华国祥. 重力坝台阶式溢洪道的设计 [J]. 四川水力发电，1995 (2)：53-55.

[18] 艾克明. 台阶式泄槽溢洪道的水力特性和设计应用 [J]. 水力发电学报，1998 (4).

[19] 长江勘测规划设计研究院. 马来西亚沐若水电站碾压混凝土重力坝设计专题报告 [R]. 武汉：长江勘测规划设计研究院，2009.

[20] 长江科学院. 马来西亚沐若水电站台阶式溢洪道1：40水工断面模型试验研究报告 [R]. 武汉：长江科学院，2010.

［21］ 长江勘测规划设计有限责任公司. 马来西亚沐若水电站导流隧洞设计方案调整专题研究报告 ［R］. 武汉：长江勘测规划设计有限责任公司，2009.

［22］ 长江科学院. 马来西亚沐若水电站施工导流（单洞方案）1：80 水工整体模型试验成果报告 ［R］. 武汉：长江科学院，2009.

［23］ 李炜. 水力计算手册 ［M］. 北京：中国水利水电出版社，2006.

［24］ 段国学，徐化伟，武方洁. 三峡大坝安全监测自动化系统简介 ［J］. 人民长江，2009，40（12）：71－72.